HANS JÖRG FAHR **DER URKNALL KOMMT ZU FALL**

Hans Jörg Fahr

Der Urknall kommt zu Fall

Kosmologie im Umbruch

Franckh-Kosmos

Mit 8 Farbtafeln und 8 Grafiken von Atelier Reichert, Stuttgart

Die Deutsche Bibliothek – CIP-Einheitsaufnahme

Fahr, Hans Jörg:
Der Urknall kommt zu Fall: Kosmologie im Umbruch/
Hans Jörg Fahr. – Stuttgart: Franckh-Kosmos, 1992
ISBN 3-440-06504-9

© 1992, Franckh-Kosmos Verlags-GmbH & Co., Stuttgart
Alle Rechte vorbehalten
ISBN 3-440-06504-9
Lektorat: Hermann-Michael Hahn
Herstellung: Heiderose Stetter
Printed in Austria / Imprimé en Autriche
Satz: Steffen Hahn FotoSatzEtc., Kornwestheim
Druck und buchbinderische Verarbeitung: Wiener Verlag, Himberg

Inhalt

Kapitel 1

Läßt sich die Welt als Ganzes verstehen?

Kosmologie – gibt es das überhaupt? Was können wir denn schon über den Kosmos als ganzen aussagen? „Die Welt als Ganzes" ist fatalerweise einer jener Totalitätsbegriffe, mit denen man immer nur unter größter Vorsicht umgehen sollte. Wenn wir mit dem Begriff des Kosmos an die größten Fernen im Weltall denken wollen, so muß das uns Nahe vor diesen kosmischen Dimensionen zur absoluten Bedeutungslosigkeit verblassen. Wenn aber der „Denker" sich selbst und sein Denken ausschließt, kann man von vornherein nicht vom Ganzen reden.

Dennoch redet alle Welt vom Universum und von seiner Entstehung aus einem Urknall. Aber wissen wir denn eigentlich, was ein solcher Urknall ist?

Urknall – das soll die maximale Energiekonzentration auf engstem Raum sein, der Beginn eines einsinnig zeitlich gerichteten Entwicklungsprozesses, der die Welt sozusagen aus einer Expansion hervorkommen läßt.

Doch es stellt sich die Frage, ob die Welt heute wirklich nach einer solchen Raumzeitexplosion aussieht. Wird der Kosmos bei seiner Evolution wie ein abgeschlossenes physikalisches System immer „unordentlicher", oder bewahrt er nicht vielmehr die Information, die in ihm und in seiner hierarchischen Dynamik steckt?

Die Welt ist endlich in Raum und Zeit. Sie hat einen Anfang, aber kein Ende. Sie besitzt eine gekrümmte Raumzeit und eine negative Gesamtenergie. – So oder so ähnlich klingen alle kosmologischen Aussagen!

Welche Berechtigung haben wir jedoch zu solchen Aussagen? Gibt es überhaupt eine legale, das heißt, zu rechtfertigende Basis für ein Ansinnen, das auf ein Verständnis der Welt in ihrer Ganzheit hinausgeht? Oder anders gefragt: Ist der Kosmos, als die Allumfassung aller Naturrealität gedacht, überhaupt ein legitimer Gegenstand unserer Vernunft? Oder läßt sich vielmehr erweisen, daß der Begriff der Ganzheit aller Naturrealität unsinnig, weil inhaltlich nicht geschlossen, ist, und weil deswegen nicht klar ist, was zu ihm gehört und was nicht?

Alle Totalitätsbegriffe besitzen solche begrifflichen Untiefen, die es von vornherein fragwürdig erscheinen lassen, ob ein Einlassen auf sie überhaupt der Mühe wert ist. Das ist mit dem Begriff von Gott als dem „ens perfectissimum", dem allervollkommensten Wesen, nicht anders als mit demjenigen vom Kosmos als dem „ens totum et unum rerum naturalium", dem allumfassenden und geeinten Naturwesen. Wenn unter dem Begriff „Kosmos" alles verstanden werden soll, was überhaupt da ist, so fragt sich, ob zum Kosmos nicht auch unser Denken über ihn beziehungsweise das Denken über einen Kosmos gehört, in dem gedacht wird. Dann aber wäre ein solcher Begriff unabgeschlossen vom Konzept her, denn der primäre Begriff hätte sich in immer höheren Begriffshierarchien selbst zu spiegeln, um schließlich zu sich selbst gebracht werden zu können.

Der Verstand kann sich mit Dingen befassen, die er erfassen kann und die ihm von der Erfahrung her zugänglich sind. Die Vernunft kann mit Begriffen umgehen, wenn diese ausreichend klar konzipiert sind, beziehungsweise wenn sich deren Konzeption hinlänglich eindeutig erweitern läßt, so daß jedesmal bei gegebener Entscheidungsnot ein gültiges Kriterium benutzt werden kann, wonach ein bestimmter, zusätzlicher Aspekt als dem entsprechenden Begriffe inhaltsmäßig zugehörig oder als von ihm ausgeschlossen erkannt werden kann.

Wie steht es in dieser Hinsicht mit dem Begriff des „Kosmos" vor der Vernunft einerseits, wie mit dem Empiriegegenstand „Welt" für den Verstand andererseits? Können wir den Begriff vom Weltganzen überhaupt so abfassen, daß ein pragmatischer, also sinnbringender Umgang der Vernunft mit diesem Begriff möglich wird? Diese Frage wird bei den meisten, positivistisch eingestellten Zeitgenossen deswegen auf Unverständnis stoßen, weil es doch die Kosmologie als Wissenschaft in unserer Zeit ja eben gibt. Warum also lange fragen, ob sie möglich ist? Die konventionelle kosmologische Wissenschaft schreibt uns doch heutzutage eine fast lückenlose Biographie des Weltalls, in der alles klar zu sein scheint: Das Weltall ist vor 20 Milliarden Jahren aus einem Urknall entstanden, expandiert seither und wird dieses voraussichtlich bis zum Ende aller Tage tun. Irgendwann auf dem Wege dieser Expansion haben sich die heute bekannten Kraftfelder und ihre materiellen Quellen herausgebildet, danach die materiellen Großstrukturen und Substrukturen unseres heutigen Universums (also Galaxien und Sterne), und schließlich die Erde und der Mensch mit seinem Denken über das Ganze. Das klingt alles einsträngig und eingängig und wird von allen Mitgängern im Denken unserer Zeit als zugesichert hingenommen.

Nun sollte aber auch gesehen werden, daß nicht unbedingt diejenige Wahrheit am besten und tiefsten ist, für die am lautesten geworben wird. Das ist in der Politik wie in der Philosophie wie auch in den Naturwissenschaften so! Was nun die Kosmologie anbelangt, so läßt sich feststellen, daß die vielgebetete Urknalltheorie zumindest nicht so gut ist, als daß es zu ihr nicht auch Alternativen gäbe. Es gibt derer sogar erstaunlich viele! Eine darunter ist zum Beispiel die christlich-theologische Schöpfungslehre. Eine andere, mehr physikalische Theorie behauptet die kalte Entstehung der Welt mit erst anlaufender Energieerzeugung im Prozeß der Strukturbildung.

Eine wenn auch nur schwach sich gegen die übliche Urknallkosmologie absetzende Alternative entsteht schon allein aus der etwas ketzerischen Frage, wie denn der sogenannte Urknall selbst eigentlich physikalisch verstanden werden soll. Meist wird der Urknall nur einfach als ein „regressus ad imperceptibilem", als eine Rückführung auf das nicht mehr Wahrnehmbare, weil in seiner Konzeption Utopische, gedacht. Zum Urknall zurück nimmt das materielle Weltsubstrat immer höhere Massen- und Energiedichten an. Mit einem solchen Rückgang auf utopische materielle Phasenzustände stößt man in der heute physikalisch beschreibbaren Welt jedoch schon bald an unüberwindbare Grenzen: Wie soll die Welt denn überhaupt beschrieben werden, wenn sie immer kleiner wird?

Der „Weltradius" sollte schließlich zum Anfang der Welt hin kleiner als der ja konstante Schwarzschildradius der endlichen und unveränderlichen kosmischen Gesamtmasse werden; er sollte sogar kleiner als die quantenmechanisch zugeordnete kosmische Comptonwellenlänge des Universums werden, die dieser Gesamtmasse zugeschrieben werden muß, also die kleinste quantentheoretisch zulässige Manifestationslänge für eine solche kosmische Masse. Dann aber, so die Quantentheorie zwingend, wäre die Weltmasse in dieser Phase folglich immer mit endlichen Wahrscheinlichkeiten auch außerhalb ihres eigenen Weltradius befindlich, so daß der Kosmos auf solch kleinen Raumskalen mit den klassischen Mitteln der Einsteinschen Allgemeinen Relativitätstheorie überhaupt nicht mehr sinnvoll durch seinen Weltradius beschrieben werden kann.

Auf solch kleinen Raumskalen muß das Energiefeld des Universums vielmehr nach quantenfeldtheoretischen Regeln quantisiert werden. Dies führt zu einem quantisierten Energie-Impuls-Tensor, der nach Einsteinscher Vorschrift das allgemeine Gravitationsfeld des Kosmos beziehungsweise, was äquivalent ist, die kosmische Raumzeitstruktur zu beschreiben hätte. Das kann nur sinnvoll geschehen in Verbindung mit einer entsprechenden Vorschrift für die Quantisierung des Raumzeitmetrikfeldes selber, wofür es bisher überhaupt noch keine Vorstellungen gibt.

Man weiß einfach überhaupt kein Rezept und keinen Sinnuntergrund dafür, wie man eine Quantisierung der Raumzeitstruktur unserer Welt durchführen und rechtfertigen soll. Welche Raumzeitquanten und, noch komplizierter zu beantworten, welche Raumzeitkrümmungsquanten sollte man denn wohl sinnvollerweise hier einführen können?

Würde man aber eine solche erforderliche Raumzeitquantisierung für den Kosmos in der Urknallnähe wie auch immer durchführen, indem man zum Beispiel die Elemente des Metriktensors nur quantisierte Werte annehmen ließe, so wäre von vornherein praktisch klar, daß es dann keine Weltmodelle mit einer Urknallsingularität mehr geben würde, wenn sich die Krümmung der kosmischen Raumzeit nur in diskreten Schritten ändern kann. Der Urknall wäre damit einfach „wegquantisiert" worden! Es gäbe ihn folglich gar nicht mehr.

Noch ganz andere Konsequenzen ziehen Astrophysiker wie Andrej Linde oder Stephen Hawking bei der Betrachtung der quantenmechanischen Exotik des Urknallkosmos. Der russische Theoretiker Andrej Linde kommt wie A. A. Starobinsky, Yakov Zel'dovich oder Isaac Khalatnikov aus der Schule der berühmtesten Moskauer Kosmologen unserer Zeit, die sich am dortigen Lebedew Institut gebildet hat. Sein Alternativmodell zum konventionellen Urknallkosmos ist die „Vielweltentheorie", mit der er besagen will, daß der Urknall im Prinzip überall und immer wieder stattfindet. Er sieht diese Welten, die alle nebeneinander oder auch nacheinander bestehen, als die Folgephänomene des energetisch fluktuierenden Vakuums, das alleine unser Weltall eigentlich darstellt und in dem die Materie wie zufällig aus dem Nichts lokal raumzeitlich entsteht und später wieder vergeht. Von ihm wird später in diesem Buch noch eingehender die Rede sein. Welten bilden sich zufällig bei einer positiven Energiefluktuation im Vakuum, wie sie nach dem quantenmechanischen Unschärfegebot überall spontan auftreten kann. Vom Innenbereich dieser Fluktuation her sieht sich dies dann wie eine inflationäre Raumzeit-Blase an, in der sich ein Privatschicksal, wie eben auch dasjenige mit unserem expandierenden Kosmos abspielt; von allen Außenbereichen aber sieht dieses Geschehnis wie die Singularität eines „Schwarzen Miniloches" aus.

Unser Universum ist nicht allein und einzig. Es ist nur

eine Blase unter vielen anderen, und erst mit allen anderen zusammen stellt es das „brodelnde Weltvakuum" dar, die Bühne allen Geschehens überhaupt. Aber ebenso wie Dampfblasen sich in einem Kessel heißen Wassers bilden und danach wieder vergehen, so bilden sich überall inflationäre Welten, die jedoch von außen betrachtet einem schnellen Untergang geweiht sind, dabei allerdings immer wieder durch andere Welten ersetzt werden. Linde nennt dies „chaotische Inflation". Nach seiner Meinung entstehen auch heute immer noch neue Universen als solche Blasen in der Raumzeitmetrik der fluktuierenden Quantenfelder. Die Schöpfung ist demnach noch längst nicht zu Ende; sie geht vielmehr immer weiter! Sporadisch entstehen immer wieder hier und da in der Raumzeit neue singuläre Universen ganz nach der Art des unsrigen.

Unser Weltgeschehen ist denn ja auch keine Explosion in Raum und Zeit, es ist vielmehr eine Explosion von Raum und Zeit, wie sie die Feldgleichungen der Allgemeinen Relativitätstheorie formulieren. Hier explodiert nicht irgend etwas zu einer bestimmten Zeit an einer bestimmten Stelle im Raum. Es explodiert vielmehr die Raumzeit selbst. Das wird immer wieder von allen dieser Theorie Fernerstehenden mißverstanden: Der Urknall und die sich daraus herleitende kosmologische Expansion erscheint ihnen wie etwas einem Explosionsvorgang Analoges, gerade so, als sei im Urknall ein auf engstem Raum versammelter zündfähiger Stoff zur Explosion gebracht worden und sei der „materielle Rückstand und Verbrennungsrauch" dieses lokalen Explosionsereignisses dann nach Maßgabe der ihm erteilten kinetischen Energien mit größerer oder kleinerer Geschwindigkeit vom Zentrum der Zündung radial nach außen weggeflogen.

Erste Folge dieses naiven Bildes wäre eine extreme Auszeichnung eines einzigen Punktes im Universum, nämlich desjenigen Punktes, an dem die Explosion erfolgte und von dem alle Explosionsprodukte dieses Ereignisses hernach zentrifugal wegfliegen würden. Zweite Folge wäre zudem, daß die Entfernung der Objekte im Weltall von diesem ausgezeichneten Punkt nach der anfänglichen Energie- beziehungsweise Geschwindigkeitsverteilung unter den Explosionsrückständen geregelt wäre: nahe dem Zentrum die langsamen, fernab die schnelleren Produkte, wobei sich das Absolutmaß der Entfernungen ständig mit der Zeit ändern würde.

Wenn man sich ein derartiges Geschwindigkeits- und Entfernungsfeld in der Konsequenz für das zu erwartende Bild unseres Kosmos vorstellt, so zeigt sich schnell, daß ein solches einfaches Explosionsmodell des „Big Bang" ganz und gar nicht den tatsächlichen Gegebenheiten im heutigen Universum entsprechen würde. In diesem Fall würde sich praktisch nur von einem einzigen Weltenpunkt des Kosmos aus so etwas wie die aus der astronomischen Beobachtung bekannte Hubblesche Galaxienflucht erkennen lassen, während sich den Astronomen in allen anderen Weltenpunkten ein davon abweichendes, wesentlich komplizierteres Himmelsgeschehen darbieten würde.

Dazu nehmen wir einmal an, daß die „Trümmer" der Urexplosion im Moment des Auseinanderfliegens unterschiedliche Geschwindigkeiten mitbekommen, die sich durch eine bestimmte Geschwindigkeitsverteilung (etwa nach der Art einer Maxwellschen Gleichgewichtsverteilung) beschreiben läßt. Jede solche Verteilung hat jedoch als Charakteristikum ein Wahrscheinlichkeitsmaximum bei einer bestimmten Geschwindigkeit, die auch gleichzeitig die Zentrifugalgeschwindigkeit der meisten vorhandenen Explosionsprodukte darstellt. Sowohl zu kleineren als auch zu größeren Geschwindigkeiten hin nimmt die Verteilungswahrscheinlichkeit, also die Häufigkeit von Trümmern dieser Geschwindigkeit, ab. Verbrennungsrückstände – und als solche kann man die heutigen Galaxien und Galaxienhaufen ansehen – mit sehr kleinen sowie solche mit sehr großen Geschwindigkeiten sind nach Aussage einer Maxwellschen Verteilungsfunktion sehr unwahrscheinlich und kommen demnach äußerst selten vor.

Nach dieser Überlegung sollten also Galaxien, die noch heute dem Urexplosionszentrum sehr nahe stehen, äußerst unwahrscheinlich sein, ebenso wie solche, die am Außenrand des derzeitig abgesteckten Universums stehen. Gesetzt den Fall, wir hätten nun einmal das besondere Glück, dennoch gerade in einer dieser ganz unwahrscheinlichen, zentrumsnahen Galaxien zu leben, so könnten wir also das universelle Explosionsgeschehen zufälligerweise vom Zentrum der Explosion her betrachten. Entsprechend ihrer anfänglichen Zentrifugalgeschwindigkeit würden wir dann die anderen Galaxien um uns herum als Urknallprodukte in kleineren oder größeren Entfernungen sich von der unsrigen fortbewegen sehen, und zwar genauso, wie das Hubblesche Gesetz das möchte: die schnelleren proportional ihrer Geschwindigkeit weiter von uns entfernt.

Die einzeln und voneinander unabhängig auseinanderfliegenden Galaxien nehmen dabei im Laufe der Zeit ein immer größeres Raumgebiet ein, und es läßt sich leicht errechnen, daß die räumliche Dichte von Galaxien einer bestimmten Geschwindigkeit umgekehrt zum Quadrat ihrer Geschwindigkeit und zum Quadrat der seit dem

Urknall verstrichenen Zeit abfällt. Zu einer gewissen Zeit ist demnach die räumliche Dichte von Galaxien mit einer Geschwindigkeit von 100 km/s nur ein Viertel derer mit 50 km/s, wenn ihre Erzeugungswahrscheinlichkeiten im Urknall gleich waren.

Interessiert man sich nun aber statt für die Dichte vielmehr für die Zahl der Galaxien, die man – statistisch gesehen – pro Winkelfläche am Himmel in einer bestimmten Entfernung antreffen sollte, so kompensieren sich gerade zwei Dinge in günstiger Weise: Einerseits fällt die Dichte der Galaxien mit bestimmter Geschwindigkeit umgekehrt proportional zum Quadrat dieser Geschwindigkeit ab, andererseits vergrößert sich aber das zu einer festen Winkelfläche am Himmel gehörige Raumvolumen genau mit dem Quadrat des Abstandes, also mit dem Quadrat der Geschwindigkeit, dieser Galaxien, so daß die Zahl der Galaxien mit bestimmter Entfernung pro Winkelfläche am Himmel konstant bleiben sollte. Das hieße dann aber doch, daß wir noch heute in der Anzahl von Galaxien bestimmter Entfernung pro himmlischer Winkelfläche ein Abbild der anfänglichen Geschwindigkeitsverteilung unter den „Trümmern" der Urexplosion wiederfinden sollten.

Wenn wir das Glück hätten, in einer der völlig unwahrscheinlichen Galaxien nahe dem Zentrum der Urexplosion zu leben, so würden ganz in unserer Nähe ebenfalls die sehr unwahrscheinlichen langsam bewegten Nachbargalaxien sein, und ihre Zahl pro Winkelfläche sollte demnach sehr gering sein. Bis hin zu dem Abstand, der der wahrscheinlichsten Geschwindigkeit der Anfangsverteilung entspricht, würde die Zahl der Galaxien mit entsprechenden Entfernungen ständig zunehmen; danach jedoch sollte sie rapide abnehmen und insbesondere in Entfernungen zugehörig zu lichtgeschwindigkeitsnahen Geschwindigkeiten völlig verschwinden, weil materiellen Objekten keine solch hohen Geschwindigkeiten vermittelt werden können.

Soweit betrachtet, könnte man eigentlich denken, würde doch dieser hypothetische Hintergrund den Tatsachen gar nicht einmal so schlecht gerecht werden. Zwar zeigen die von den amerikanischen Astronomen M. J. Geller und J. P. Huchra veröffentlichten Galaxienzählungen in Abhängigkeit von der Entfernung zwei Maxima, wogegen eine physikalisch normale Maxwellsche Geschwindigkeitsverteilung einer Explosionswolke „einhöckerig" sein sollte und damit nur zu einem Maximum in der Galaxiendichte führen sollte, doch könnte man die Urexplosion versuchsweise auf zwei oder mehrere Explosionen hochstufen, um damit dem wahren Tatsachenbild näher zu kommen. Auch muß man bedenken, daß die ferneren Galaxien wegen ihrer Leuchtschwäche eher der astronomischen Beobachtung entgehen.

Gehen wir von einer minimalen Grenzhelligkeit aus, unter der kein astronomischer Objektnachweis mehr möglich ist und unterstellen wir eine Gleichverteilung aller Galaxien im Raum, wobei deren Leuchtkraft überall einem Einheitswert entsprechen soll, so würden wir die auf Seite 84 gezeigte Erwartungskurve für die Zahl der Galaxien als Funktion der Entfernung erhalten. Wie deutlich wird, widersprechen die Tatsachen auf jeden Fall ziemlich eindeutig der Idee einer Gleichverteilung der galaktischen Objekte. Zumindest aber wäre von dem einzigartigen und „auserwählten" Standpunkt aus, den wir uns für einen Blick auf den zentrifugal expandierenden Kosmos ganz nahe beim Explosionszentrum gewählt haben, ein Umstand wenigstens recht gut repräsentiert, der aus den Tatsachen doch eine weitgehende Bestätigung erfährt – nämlich daß die Welt nach allen Richtungen hin expandiert, also durch eine isotrope Expansion ausgezeichnet ist.

Wie aber sähe das Bild eines Universums aus, das sich aus einer Urexplosion heraus entwickelt, wenn wir es von einer nicht zentrumsnahen, dafür aber wesentlich wahrscheinlicheren Galaxie her betrachten könnten. Dann sähen wir in bestimmten Richtungen auf Galaxien, die sich je nach Entfernung unter bestimmten Winkeln unterschiedlich schräg zur Sichtlinie bewegten. Könnte diese Situation noch auf ein Hubblesches Universum hoffen lassen?

Dazu müßten doch von einer beliebigen Bezugsgalaxie A her gesehen alle Nachbargalaxien B in einer Entfernung R_{AB} von A sich mit jeweils gleicher Geschwindigkeit $V_{AB} = R_{AB}/t$ längs ihrer Sichtlinie von A fortbewegen, wenn t die absolute Zeit ist, die seit der Urexplosion vergangen ist. So unwahrscheinlich dies auch unter den gemachten Vorgaben zu sein scheint, es würde dennoch in dem Explosionsbild genau den Tatsachen entsprechen, wenn Galileische Orts- und Geschwindigkeitstransformationen zwischen den bewegten Bezugssystemen der Galaxien benutzt werden. Dies ergibt sich ganz zwanglos für den Sehstrahl von einer beliebigen Galaxie zum Urexplosionszentrum hin beziehungsweise den in die genau diametral gegenüberliegende Richtung gehenden. Zum Zentrum hin sieht man in zentrifugaler Richtung langsamer bewegte Galaxien, vom Zentrum weg schneller bewegte, in beiden Fällen bewegen sich diese Galaxien jedoch, gesehen von einer dazwischen positionierten Galaxie, abstandsproportional von letzterer fort, wie es das Hubblesche Gesetz will.

18

Die kritische Frage, die sich nun stellt, geht eher auf die Anzahldichte der Nachbargalaxien als Funktion des Abstandes hinaus. Wiewohl das Hubblesche Fluchtgesetz offensichtlich auch von einer beliebigen Galaxie des Explosionskosmos her als erfüllt gelten würde, bleibt die Frage nach der Isotropie (oder Richtungsunabhängigkeit) der Anzahldichteverteilung der Nachbargalaxien im umgebenden Weltraum hierbei noch offen. Fragen wir uns hier einmal kurz, wie es denn mit letzterer bestellt sein sollte:

Vom Urexplosionszentrum weg wird die Anzahldichte bestimmter Galaxien mit einer Fluchtgeschwindigkeit V umgekehrt proportional zum Quadrat dieser Geschwindigkeit und zum Quadrat der Fluchtzeit t abfallen. Schaut man also von einer bestimmten Galaxie A in Richtung Zentrum zurück, so sieht man im Abstand R_{AB} Galaxien, die seit Fluchtbeginn eine wesentlich kleinere geometrische Verdünnung erfahren haben als Galaxien, die man bei gleichem Abstand R_{AB} genau in der gegenüberliegenden Richtung sehen würde. Das bedeutet nun aber einen starken Verstoß gegen die Isotropie der Galaxienverteilung in der kosmischen Umgebung der Galaxie A.

Zu dieser Ungleichverteilung, die durch die geometrische Verdünnung bedingt würde, käme noch eine andere hinzu, die durch die Geschwindigkeitsverteilung unter den „Trümmern" der Urexplosion entsteht und die außerhalb des Zentrums für eine Anisotropie der beobachtbaren Galaxienverteilung sorgen sollte. Nur in einem Bereich der Verteilungsfunktion, in dem das Wahrscheinlichkeitsgewicht gerade proportional zum Quadrat der Geschwindigkeit V ansteigen würde, könnte die geometriebedingte Anisotropie gerade aufgehoben werden. Da ein solcher Verlauf höchstens in einem ganz begrenzten

Geschwindigkeitsintervall realisiert sein sollte, wäre eine kosmische Isotropie der absolute Sonderfall, der nur in einem begrenzten Umgebungsbereich um einen absolut einzigartigen Standpunkt abseits vom Explosionszentrum herum erfüllt wäre. In allen anderen Punkten des Kosmos wäre zwar eine isotrope Form der Hubbleschen Expansion wahrzunehmen, aber sie vollzöge sich an einer anisotropen Galaxienverteilung im Weltall mit einer deutlichen Auszeichnung der jeweils zentrifugalen und der zentripetalen Richtungen.

Im Gegensatz nun zu dieser naiven Vorstellung von einem Explosionskosmos macht sich die moderne Kosmologie heute ein ganz anderes Bild von der Expansion des Universums. Hiernach schießen nicht Explosionsprodukte von einem Zentrum weg in den vorhandenen absoluten Raum hinaus, sondern der Raum selbst beziehungsweise die vierdimensionale Raumzeit expandiert: Ihre metrischen Bestimmungsgrößen wie Krümmungsradien und Eichdistanzen unterliegen einer zeitlichen Veränderung. Die Situation wird von den Kosmologen immer gerne mit derjenigen der Außenhaut eines Luftballons verglichen, der aufgeblasen wird: Die Oberfläche der Ballonhaut sowie die metrische Antipodendistanz eines Punktes auf dieser Haut (der Abstand zum „gegenüber"liegenden Punkt) werden dabei systematisch größer. Auch die Relativdistanzen vieler Punkte zueinander, die als Markierungen auf dieser Ballonhaut gedacht werden mögen, ändern sich im Sinne eines Hubbleschen Expansionsflusses, wenn sie in ihrer Bewegung streng an die Lage der ungestörten Ballonhaut gebunden sind.

Nach der vorher schon erwähnten Vorstellung von Andrej Linde blasen sich nun solche Ballons an verschiedenen Stellen im Weltall auf, und das führt jeweils zu singulären „Big-Bang"-Welten. Unser kosmisches Geschehen, das wir beobachten können, ist nur die Innenansicht einer inflationären Blase, in der der Raum selbst expandiert und die Zeit ihren je eigenen Lauf entfaltet. Doch die Frage stellt sich dann, wer dieses Geschehen überhaupt antreibt. Ist eine solche Raumaufblähung überhaupt auf eine Ursache zurückzuführen, oder ist sie zufällig und grundlos? Vielleicht braucht ein solches Geschehen keinen Grund, während es seinerseits offenbar dann einen Grund für die Entstehung der Materie, der Kraftfelder und der Strukturen eines solchen Binnenkosmos liefert.

Als erster hatte 1980 der amerikanische Elementarteilchenphysiker Alan Guth die Hypothese von einer inflationären oder überschnellen und ständig beschleunigten Expansionsphase des Universums in die Öffentlichkeit gebracht. Eine solche Form der Expansion ist gekennzeichnet durch eine zeitlich anwachsende Expansionsrate des Universums, wie sie schon in analoger Form, aber mit anderem physikalischen Hintergrund, von dem belgischen Astronomen G. Lemaître in seinen Weltmodellen analysiert worden war. Die Idee hinter dieser Hypothese Alan Guths war, daß immer dann, wenn der Vakuumzustand aller Quantenfelder eine positive Energiedichte annimmt, die größer als das Einsteinsche Energiedichteäquivalent der reellen kosmischen Materie ist, sich eine inflationäre Expansion des Weltraumes als Folge einstellen muß. Eine solche Expansionsdynamik steht im Gegensatz zu einer normalen Friedmanschen Expansion, die sich für ein materiedominiertes Weltall ergibt und bei der sich die Expansionsrate mit der Zeit wegen der Arbeit verlangsamt, die die expandierende Materie gegen ihre innere Gravitationsbindung leisten muß.

Ohne eine solche Inflationsphase scheint nach heutigem Tatsachenbefund jede Urknallkosmologie ohnehin zum Scheitern verurteilt zu sein, wie wir an späterer Stelle dieses Buches noch genauer ausführen werden. Das „inflationäre Szenarium" stellt sich somit als unabdingbarer Bestandteil, als das „sine qua non" jeder kosmischen Evolutionslehre dar, die von einem explosiven Anfang wie dem „Big Bang" ausgehen will. Ob ein solches Urknall-Universum in unserem weiteren Denken und Theoretisieren jedoch überhaupt Sinn behalten wird, hängt stark von der Entwicklung unserer Vorstellungen über die Natur der Quantenfelder ab, die das Geschehen in diesem Kosmos bestimmen. Nur wenn es verschiedene Zustände für den Vakuumzustand dieser Felder gibt, nämlich „falsche" Vakuumzustände mit verschwindender Energiedichte und „wahre" Vakuumzustände mit positiver Energiedichte, läßt sich überhaupt erst ein inflationäres Verhalten der Raumzeitmetrik erwarten.

In Kapitel 8 werden wir dies noch eingehender zu erläutern haben. Hier soll nur vorweg gesagt werden, daß Vakua heute einfach als die Grundzustände physikalischer Felder verstanden werden. Sie sind also nicht einfach identisch mit dem Nichts wie in früheren Denkperioden, die noch weitgehend von den Philosophen geprägt waren. Solche Grundzustände haben bereits eine endliche Energie, und wenn ein Vakuum von einem in einen anderen, „wahreren" Grundzustand umschlägt, so bedeutet dies auch sogleich eine Änderung in der Vakuumenergie.

Die Bestimmung der Energiedichte des Vakuums ist jedoch bis heute ein schon allein konzeptionell ungeheuer schwieriges und de facto völlig ungelöstes Problem geblieben. Mit Gewißheit läßt sich heute lediglich sagen, daß es keine Leere im eigentlichen Sinne gibt, auch nicht im sogenannten Vakuum. Alle Kraftfelder, auch in ihren Grundzuständen, die ja das Vakuum darstellen, fluktuieren nach der allgemein anerkannten Aussage der quantenmechanischen Unschärferelation Heisenbergs. Das heißt, sie bilden spontan virtuelle Teilchenpaare, zwischen denen während ihrer aktuellen Präsenzzeit Feldquanten ausgetauscht werden und also Wechselwirkungen stattfinden. Jeder solche Quantenaustausch repräsentiert jedoch eine reelle Form von Wechselwirkungsenergie, die sich nach der Aussage der Allgemeinen Relativitätstheorie wie jede andere Form von Energie auf das Gravitationsfeld des Kosmos auswirkt und die Raumzeitstruktur mitprägt.

Solche Quantenfluktuationen, auch virtuelle Quanten genannt, sind nur lokal und kurzzeitig vorhanden. Gemittelt über große Raumgebiete und große Zeiten dürfen im Vakuum keine reellen Quanten verbleiben, aber die Energie ihrer gegenseitigen Wechselwirkung während ihrer Kurzzeitexistenz verbleibt dem Kosmos als Inflationsmittel oder „Explosionsstoff". Dort, wo sich im allgemeinen kosmischen Vakuum eine positive Energiefluktuation ereignet, wo also ein Umschlag von einem „falschen" in ein „wahres" Vakuum erfolgt, dort findet Inflation statt, sagt Andrej Linde: Die Raumzeit bläht sich dort inflationär auf, es entsteht eine neue Weltenblase.

Auch Stephen Hawking bringt Farbe in das Spiel mit dem Urknall, wenn er sich die quantenmechanischen Konsequenzen in der unmittelbaren Umgebung eines „Schwarzen Loches" überlegt. Zu jeder Masse M sollte nach allgemeinrelativistischen Einsichten ein bestimmter Schwarzschildradius $R_S = 2\,GM/c^2$ (G ist die Gravitationskonstante, c die Lichtgeschwindigkeit) gehören. Wenn das Weltall als ganzes nun eine solche Masse M repräsentieren würde, so sollte es bei Weltenradien R kleiner als dem zugeordneten Schwarzschildradius ganz und gar in seinen eigenen Schwarzschildradius eingebettet sein. In der unmittelbaren Urknallnähe müßte dies demnach immer der Fall sein, ganz gleich, welche Masse dem Urknallkosmos auch immer zukommen würde.

Man kann sich nun fragen wollen, wie groß denn wohl die Gesamtmasse des Kosmos sein könnte, um damit die Größe des kosmischen Schwarzschildradius abzuschätzen. Dies aber ist freilich nicht ganz einfach, denn wie soll man die Massen bis in die fernsten Tiefen des Kosmos richtig abschätzen? Geht man von der mittleren Dichte der sichtbaren Materie in unserer kosmischen Umgebung aus, so errechnet sich eine totale Ruhemasse des Universums von 10^{54} Gramm oder 10^{78} Baryonen vom Typ des Protons oder Neutrons. Dies entspräche einer enormen kosmischen Energie, wenn man an das Energieäquivalent dieser kosmischen Ruhemasse denkt, und die Frage nach der Erschaffung einer solchen Energiemenge müßte sich stellen.

Die Quantentheorie der Felder mit ihren aus der Heisenbergschen Unschärfe bedingten Fluktuationen könnte für das virtuelle Auftreten einer Energiefluktuation solchen Ausmaßes unmöglich als Erklärung herhalten; nur Energiefluktuationen kleinsten Ausmaßes, also im Bereich von Elementarteilchenenergien, wären im Bereich endlicher Wahrscheinlichkeiten denkbar. Wenn der Kosmos also trotzdem als eine Energiefluktuation des Vakuums gedeutet werden soll, so müßte er schon insgesamt eine sehr kleine Gesamtenergie darstellen. Bei 10^{78} Baryonenmassen im Weltall ist das jedoch nur dann möglich, wenn

24

diese Massen insgesamt untereinander so stark durch Kraftfelder gebunden sind, daß dadurch ein kosmischer Massendefekt enormen Ausmaßes auftritt (ein solcher Massendefekt führt auf atomarer Ebene dazu, daß bei der Verschmelzung von 4 Wasserstoffatomkernen zu einem Heliumkern Fusionsenergie freigesetzt wird). Die insgesamt resultierende Bindungsenergie müßte als eine negativ zu bewertende Energie genauso groß wie das Energieäquivalent aller Baryonenmassen sein, damit die Gesamtenergie des Weltalls dann gerade praktisch gleich „Null" wäre, und die Schöpfung ließe sich dann tatsächlich ohne größere geistige Klimmzüge als verschwindend kleine Gesamtenergiefluktuation des Vakuums verstehen.

Nur wenn die Gesamtmasse des Kosmos, gegeben durch das Massenäquivalent der kosmischen Gesamtenergie (also $M = E_{kos}/c^2$), verschwindend klein wäre, würde der Kosmos ein Gebilde mit verschwindend kleiner Schwarzschildsphäre darstellen, und er müßte sich zugleich von Anfang an in dieser winzigen Sphäre aufhalten. Ein solch winziger Schwarzschildkosmos kann aber nach Hawking nicht stabil sein, sondern zerstrahlt durch gravitative Vakuumpolarisation (auf die Hintergründe dieses Phänomens werden wir in einem späteren Kapitel dieses Buches noch genauer eingehen, hier soll nur hervorgehoben werden, daß ein solcher Schwarzschildkosmos wie eine heiße strahlende Kugel auf ihre Umgebung einwirkt und stets materielle Quanten aller Art emittiert). Der Kosmos ist in dieser Phase also nicht mehr auf seine materielle Urmitgift angewiesen, sondern erzeugt laufend neue reelle Teilchen. Dann aber bestünde die Schöpfung eigentlich nicht in einer verschwindend kleinen Energiefluktuation, sondern eher in der Bereitstellung eines polarisierbaren Vakuums um diese Fluktuation herum.

Man möge sich an dieser Stelle nach allem Vorangesagten einmal kurz Einhalt gebieten und erkennen, wie unausgegoren doch eigentlich die Konzeption vom Urknall ist. Um so erstaunlicher muß es erscheinen, daß alle Welt glauben möchte, unser Kosmos entstamme tatsächlich diesem noch nicht einmal vage physikalisch faßbaren Urknall. Doch es kommt noch „schlimmer".

Die große Botschaft aller Urknallkosmologien gipfelt immer in der Festlegung eines Informationsgefälles vom Anfang unseres Kosmos zu seinem Ende hin. Im Urknall wird per „Schöpfung" ein Maximum an Information, das heißt Ordnung, unter den physikalischen Naturrealitäten vorgegeben, und die gesamte sich daran anschließende kosmische Evolution geht einher mit dem Verschleiß dieser Anfangsinformation, das heißt mit der Entwicklung immer größerer Unordnung oder, wie die Physiker sagen, zunehmender Entropie. Damit wird auch methodologisch gesehen ein Zeitpfeil im Sinne eines Entropiepfeiles in das Evolutionsgeschehen unseres Kosmos eingebettet. Ein solcher Weg des Kosmos kann jedoch ansatzgemäß erst vollendet sein, wenn alle Anfangsinformation verschlissen ist, das heißt, wenn sich ein Zustand herausgebildet hat, in dem dem Kosmos nicht mehr anzumerken ist, daß er aus einem Urknall stammt.

Ein solcher Kosmos wäre völlig informationslos und von maximaler Unordnung. Solange nun aber unser Kosmos, wie wir ihn wahrnehmen, angeblich die Aussage macht, daß er aus einem Urknall stammt, solange steckt offenbar grundlegende Information in ihm, und der Mensch müßte einsehen, daß er in einer ausgezeichneten Zeit der kosmischen Evolution lebt – es sei denn, daß die Information von der Urknallabstammung gar nicht wirklich und eigentlich im Evolutionsbild unseres Kosmos drinsteckt, sondern von uns nur in dieses Bild hineininterpretiert wird.

Wenn der Mensch jedoch nicht in einer ausgezeichneten kosmischen Zeit lebt, sondern eine dauerhafte und zwangsläufige Erscheinungsform der Realität in diesem Kosmos darstellt, so folgt daraus zwangsläufig, daß des Menschen Epoche nicht durch eine bestimmte Phase der kosmischen Information ausgezeichnet ist. Letzteres wäre jedoch nur dann denkbar, wenn der Informationsgehalt des Kosmos nicht verlorengeht, sondern konstant auf gleichbleibendem Gesamtniveau gehalten wird! Das wäre dann gegeben, wenn beim Ablauf des kosmischen Geschehens überhaupt keine Information verschlissen wird, sich also im Wandel der Dinge nur die eine Form der Information in eine andere, aber gehaltmäßig gleichwertige verwandelt!

Genau in eine solche Richtung gehen zum Beispiel die Gedanken des österreichischen Naturforschers Theodor V. Souzek, die er in seinem Buch *Ungleichheit vom Uratom zum Kosmos* niedergelegt hat. In einer großangelegten Beweisführung versucht er dort nachzuweisen, daß kein Gebilde in unserem riesigen Universum jemals irgendeinem anderen glich oder gleichen wird. Alle Realitäten sind geprägt von absoluter Einzigartigkeit und Unvergleichbarkeit. Niemals geht das eine im anderen von seinen Bestimmungsstücken her restlos auf, nicht einmal ein Atom gleicht dem anderen. Allenfalls der mittlere Zustand eines Wasserstoffatoms im Grundzustand ist demjenigen eines anderen Wasserstoffatoms gleich, niemals jedoch sind die aktuell momentanen Zustände einander gleich. Alles Werden kann demnach nur immer wieder ein Anderswerden sein. Die Welt als ganze evolutioniert nicht, sie führt nur einen fortdauernden Gestaltenwandel durch, hält aber ihren Informationsgehalt dabei stets konstant.

In den nachfolgenden Kapiteln wollen wir nun der Frage nachgehen, welchem kosmologischen Konzept man angesichts aller Tatsachen und aller logischen Strenge am ehesten anhängen sollte. Die bewegende Frage übergeordneter Art wird dabei immer sein müssen, was wir denn überhaupt von der Welt verstehen zu können hoffen dürfen.

Wie schaffen wir uns denn überhaupt bei dem Versuch, die Naturrealitäten zu erklären, die dazu geeignete Rationalitätsebene? Durch welche Konzepte läßt sich etwas nicht dem Geiste Innewohnendes, also sich vielmehr in eigener Beschaffenheit und „Seinsdignität" Repräsentierendes, von der Vernunft als etwas ihr Fremdes vereinnahmen? Kann der Kosmos jemals etwas sein, das des Verstandes ist? Der Rationalismus, der die Naturwissenschaften bei ihrem Schaffen bestimmt, ist primär getragen von dem Glauben an die unbegrenzte Erkenntniskraft des menschlichen Geistes und geht auf das Denken der Protagonisten der Aufklärung wie Voltaire und Rousseau zurück: Mittels seiner Erkenntniskraft wird sich der Geist über kurz oder lang alles Seienden bemächtigen können. Schließlich wird alles Seiende „des Verstandes" sein, die Natur und der Kosmos als ganzer werden von der Vernunft vereinnahmte Realitäten sein.

Wie wird dies aber von den Naturwissenschaftlern, insbesondere in der heutigen Epoche, praktiziert? Wie vollzieht sich hier die Ver-Rationalisierung der Natur im einzelnen? Wie macht man sich die Natur vernünftig? Das soll hier zunächst im Detail untersucht werden.

28

Das sich aufdrängende Fazit wird schließlich folgendes sein: Das Reale in der Natur ist überhaupt nur das Verstandene (so wie Zahlen und Zahlenverhältnisse) – nur in diesen sind die wahren Dinge verborgen und geborgen, wie das schon Plato sagte. So erweisen sich schließlich einerseits das Atommodell als realer denn das Atom selbst und andererseits die kosmologischen Weltmodelle als realer denn der Kosmos! Können dann aber Weltmodelle überhaupt je falsch sein? Wie kann so etwas eigentlich passieren? Es muß an einem inneren Bruch in der Logik des bestehenden Modelles liegen, wenn letzteres sich als verfehlt und ersatzbedürftig erweisen soll, wenn ein bisher geglaubtes kosmologisches Modell wie dasjenige mit dem Urknall zu Fall kommt!

Kapitel 2

Wie begreift man das All? Oder: Allgemeine Vorgaben für jede Kosmologie

Die Welt, die wir entdecken können, muß als solche essentiell sein! Und die in ihr auftauchenden Strukturen müssen als gültige Zeichen für das Ganze dienen können. Dann aber darf die Welt eigentlich keiner Evolution unterworfen sein, denn sonst wären wir Erdenbewohner immer durch den Zeitpunkt unserer Weltbetrachtung vorbelastet. Bedeutet dies, daß wir in den Geschehnissen des Universums die ewige Wiederkehr des Immergleichen zu erkennen trachten müssen?

Der Mensch hat sich um die Dimensionen des Großen sowie des Kleinen in der Welt zu kümmern. Zwischen beiden gibt es dimensionenübergreifende, wechselseitige Beeinflussungen. Die Struktureinheiten unserer Welt sind entsprechend störanfällig, weil sie kein isoliertes Dasein führen. Aus den Strukturen des Mikrokosmos können wir lernen, daß sie dem Prinzip nach von „teilabgeschirmten" Fundamentalkräften geformt werden. Gilt etwas Vergleichbares auch für die Großstrukturen im Kosmos? Warum gibt es keine beliebig großen Sterne oder Galaxien, wohl aber offenbar beliebig große Mauern und Wabenwände aus Galaxien? Haben wir vielleicht die Natur der Gravitation noch nicht richtig verstanden?

Gewiß kann und darf jeder völlig unvoreingenommen und unbeeinträchtigt oder unentmutigt von seiner jeweiligen Vorbildung oder seinen Vorkenntnissen über das Weltall als Ganzes nachdenken. Und er mag dabei kraft seines Verstandes und seiner Intuition auch zu einer Reihe von ihm genügenden und ihm haltbar erscheinenden Einsichten und Vorstellungen vom Universum gelangen. Wenn es jedoch dann darauf hinausläuft, diese individuell gewonnenen Einsichten gegenüber divergierenden anderen auf ihre höhere Stichhaltigkeit hin zu bewerten, so ergeht sogleich ein Ruf nach denjenigen Experten, die in den Fragen nach der Geschaffenheit und Beschaffenheit des Universums als die „eigentlich" kompetenten Schiedsrichter auftreten dürfen.

Wen aber geht die Frage nach dem Kosmos ureigentlich überhaupt an? Welche geistigen und fachlichen Kompetenzen sind mit dieser Frage in erster Linie angesprochen und zu einer Antwort herausgefordert?

Früher machten sich die Philosophen, Metaphysiker und Theologen diese Frage zu eigen. Heute dagegen scheint sie eher zu einer Domäne der Naturwissenschaften geworden zu sein. Wie aber läßt sich ein solcher Adressatenwandel begreiflich machen? Ist die kosmologische Frage im Laufe der Jahrhunderte eine andere geworden? Hat sie sich etwa in ihrem Inhalt wesentlich gewandelt, so daß sie sich heute fast mit Ausschließlichkeit an die Naturwissenschaft, und dort auch wiederum beinahe ausschließlich an die Astrophysik und vielleicht neuerdings auch an die Elementarteilchentheorie, wendet? Oder ist die Frage eigentlich vielmehr über die Altersepochen der Menschheit hinweg immer die gleiche geblieben, und man hat nur erst im Laufe der Zeit herausgefunden, wie dieser Frage am besten beizukommen ist?

Warum glauben wir heute, daß uns die kosmologischen Theorien eines Pythagoras, Aristoteles, Plotin, Ptolemäus, Augustinus oder Thomas von Aquin nichts mehr zu sagen haben? In unserer Zeit kommen vielmehr die wirklich für gewichtig gehaltenen Aussagen über die Geschichte des Kosmos nur mehr von Leuten wie Isaac Newton, Edwin Hubble, Harlow Shapley, Walter Baade, Albert Einstein, Alexander Friedman, George Gamow, Fred Hoyle und den vielen anderen, die allesamt Naturwissenschaftler und Astronomen sind.

Wo ist der metaphysische, gnoseologische, phänomenologische oder theologische Aspekt der kosmischen Frage geblieben? Gilt es uns heute nichts mehr zu hören, daß die kosmische Schöpfung unendlich in Zeit und Raum sein muß, weil Gott als das allervollkommenste Wesen in Form dieser Schöpfung in sein Ebenbild eintritt und nur so erst zur Selbsterkenntnis kommt, oder weil die Natur nichts außer sich läßt, sondern alles erfüllt und keine Räume und Zeiten leer läßt, wie Aristoteles sagt? Es scheint, als blieben uns derartige Aussagen heute irrelevant, und sie sind es in gewisser Weise ja auch angesichts der immensen Detailkenntnis, die wir inzwischen von den Gegebenheiten des Universums besitzen. Hängen wir das Phänomen „Kosmos" vollends an der Phänomenologie des Kosmos auf, so bleiben alle nichtnaturwissenschaftlichen kosmologischen Aussagen ohne jede Relevanz und Erklärungsleistung. Eine solche dürfen wir vielmehr nur von der naturwissenschaftlichen Betrachtung der kosmischen Frage erwarten, und in der Tat wird aus diesem Grund heute nur noch dieser Aspekt für ergiebig gehalten.

Dabei erweist es sich als eine durchaus nichttriviale Sache zu überlegen, worauf sich der besondere Vorzug einer wissenschaftlichen Betrachtung der kosmischen Frage stützt. Voraussetzung für eine sinnvolle Kosmologie ist zunächst einmal, daß wir durch unseren speziellen Beobachtungsort nicht „standortgeschädigt" für den „synoptischen" Blick ins Weltall sind. Innerhalb unseres Welthorizontes, in dem uns die ganze Realität des Universums zugänglich werden soll, muß sich vielmehr etwas für das Ganze Relevantes zeigen! Strukturen des Kosmos, die uns in Erscheinung treten, müssen überall, auch in dem uns nicht zugänglichen Teil des Universums, wiederkehren. Das heißt, sie dürfen keine spezielle Eigenart unseres Standortes im All an sich sein, wodurch sie etwa unsere kosmologische Erkenntnis „lokal" verfälschen würden und uns Dinge als generelle Fakten bewerten lassen würden, die eigentlich aber nur Singularitäten, also aus dem Rahmen fallende Besonderheiten sind. Wenn man unter Zugrundelegung eines solchen Postulates sein kosmologisches Unterfangen beginnen will, so verlangt dies nach einer speziellen Aprioribewertung der kosmischen Erscheinungen: Was man überall im All an Strukturen wahrnimmt, dürfen entweder gar keine Strukturen sein, oder es muß sich dabei um überall sich wiederholende Strukturen handeln; es müßte im Universum also so etwas wie die ewige Wiederkehr des Gleichen geben, um von einer philosophischen Vision Nietzsches Gebrauch zu machen.

Schon hier ergibt sich ein Zwiespalt zwischen den kosmologischen Strömungen: Die einen möchten Nietzsche folgen und lassen sich die ewige Wiederkehr des Gleichen im Kosmos vorschweben, dabei visionierend, daß die Strukturformen im Kosmos – wiewohl in sich durchaus nicht stabil und ewig – sich stets aufs neue aus anderen herausbilden und hernach wieder in andere übergehen. In dem Sinne gibt es nichts der Form nach Stabiles, es gibt nur den ewigen Formenwandel, in dem sich freilich dann jeder einzelne Morphologietyp immer aufs neue wiederholt und sich in diesem Sinne verewigt. Dieser Strömung folgt auch Theodor V. Souzek in seinem Buch *Ungleichheit vom Uratom zum Kosmos*, indem er sagt, daß alles Werden im Kosmos nur immer ein Anderswerden impliziert, also eine Umformung des jeweils gerade Vorhandenen. Daraus folgt, daß es im weitesten Sinne genommen gar keine Evolution gibt, sondern die Welt in ihrer Totalität schon immer vorhanden ist; sie vollzieht nur partiell und ausschnitthaft gesehen kompliziert angelegte, einander durchkreuzende und zyklisch angelegte Entwicklungen.

Das verlangt jedoch in der Konsequenz danach, daß ebensowohl kleine Strukturen sich an der Erzeugung großer Strukturen beteiligen und umgekehrt, und das würde bedeuten, daß hier eine wechselseitige Bedingtheit unterstellt werden muß: Die Gesamtkonstellation des Universums mit all seinen Teilen bedingt die Bewegung und Veränderung jedes Teils, wodurch sich wiederum die Gesamtkonstellation als solche ändert. Wie wir an späterer Stelle dieses Buches jedoch noch hervorheben werden, würde eine derartige Situation unserer Welt dann aber nach einer gesetzlichen Formulierung verlangen, die eine skaleninvariante Darstellung der kosmischen Bewegungsabläufe ermöglicht. Der Kosmos müßte uns als eine fraktale Struktur erkennbar gemacht werden können!

Da letztere bis heute nicht greifbar nachgewiesen ist, gehen die meisten naturwissenschaftlichen Kosmologen den anderen, zur ewigen Wiederkehr alternativen Weg, um zu einer standortfreien Kosmologie zu gelangen: Sie ignorieren zunächst einmal alle Strukturen im Universum und möchten von einer strengen Homogenität des Kosmos ausgehen, die den Kosmos dann natürlich „per decretum intellectus" überall gleich aussehen läßt. In einem solchen Kosmos muß dann konsequenterweise auch die gegebene Galaxienflucht isotrop und gleichförmig sein. Daraus folgt zwingend, daß das Spektakel des Auseinanderfliegens der Galaxien von allen Orten im Weltall gleichermaßen zu bewundern ist, daß also eine überall gleiche, isotrope Expansion vorliegt, damit all unsere Beobachtungen standortfrei beurteilt werden können.

Es ist aber ohnehin oberstes Gebot der Kosmologie, daß in ihr Aussagen ermöglicht sein sollen, die in keiner Weise durch unseren Standort im Weltall präjudiziert sind. Tatsächlich zeichnet die Geschichte der Kosmologie genau den Weg der immer konsequenteren Bewußtmachung dieser Prämisse nach:

Um 400 v. Chr. predigten Pythagoras und seine Schüler das anthropozentrische Weltbild, bei dem der Mensch im Zentrum des Weltgeschehens steht und alle anderen himmlischen Dinge sich auf konzentrisch den Menschen umgebenden Sphären abspielen. Zur Zeit um 100 n. Chr. macht Ptolemäus daraus das geozentrische Weltbild, bei dem nicht mehr der einzelne Mensch, zumal der griechische, sondern die ganze Erde mit all ihren Erdenbewohnern im Zentrum angesiedelt ist.

Eine große Wende vollzieht sich dann im heliozentrischen Weltbild des 16. Jahrhunderts, das auf Nikolaus Kopernikus (1473–1543) zurückgeht: Zum ersten Male erscheint der Mensch ganz aus dem Zentrum der Welt herausgerückt. Aber auch dieses Weltbild, weil nicht konsequent genug in seiner Standortfreiheit, wird bald schon durch das galaktozentrische Weltbild eines Harlow Shapley (1885–1972) abgelöst, in dem nur noch das Zentrum unserer Milchstraße als Mittelpunkt der Welt gefordert wird. Und der deutsche Astronom Walter Baade (1892–1960) empfiehlt uns, selbst diesen Mittelpunkt aufzugeben, weil er erkannt hatte, daß es Sternsysteme vom Typ unserer Milchstraße in großer Zahl um uns herum gibt. Warum also sollte unsere Milchstraße als etwas Besonderes fungieren dürfen?

Damit hatte der Mensch seine zentrale Bedeutung für das Weltgeschehen völlig eingebüßt, und eine Einsicht war geboren, die im Grunde schon von dem Dominikanermönch und Philosophen Nikolaus Kusanus (1411–1464) vorweggenommen worden war: Von ihm stammt die Aussage, daß die Welt als ein Gebilde vorzustellen sei, dessen Mittelpunkt überall und dessen Rand nirgendwo zu finden ist.

Dieser Grundeinsicht folgend hat also jede moderne Kosmologie von der folgenden Forderung an die Natur des Universums auszugehen:

Die Gesetze, die bei uns gelten und die uns die nahe Natur beschreiben, müssen überall in der Weite des Weltraumes, vormals, heute und immerdar, gelten!

Die Strukturen, die bei uns in Erscheinung treten, müssen überall in gleicher oder analoger Form wiederkehren.

Eine der stärksten und legitimierendsten Motivationen zur Erforschung des Mikrokosmos auf der einen sowie des Makrokosmos auf der anderen Seite könnte die Tatsache sein, daß der Mensch und seine mediokosmi-

36

sche, also sozusagen „angestammt terrestrische" Umwelt eben nun einmal unabänderlich zwischen die Dimensionen des Kleinsten und des Größten eingespannt sind. Der Mensch ist geradezu das Produkt aus dem Spannungsfeld der natürlichen Vorgänge zwischen den Atomen und den Galaxiensystemen. Hierbei gibt ihm das Allerkleinste – Quarks, Atome, Moleküle – seine physische Konstitution, das Allergrößte aber bringt ihm seine realitäre Konstellation ein. Ohne eines von beiden wäre er nichts!

Es will zunächst wie eine Übertreibung erscheinen, wenn man behaupten will, daß sich das Kleinste nicht ohne den Blick auf das Große und sogar Größte erkennen und verstehen ließe. In der Tat ergibt sich jedoch gerade diese Schlüsselerkenntnis in immer stärkerem Maße aus dem Wissensfortschritt in unserer Zeit. Die Gesetze des Naturwaltens auf allen räumlichen Skalen stehen miteinander in fester Verbindung.

Das Große geht nicht allein aus der skalenunabhängigen Eigenschaftlichkeit des Kleinen hervor wie ein Gebilde zusammengesetzt aus additiven Kenngrößen – es selbst konstelliert und bestimmt vielmehr erst das Kleine zu dem, was es für die Welt von seiner Funktion her ist, und prägt somit entscheidend dessen Verhaltensmuster. Die gesamte organisierte Struktur im hierarchischen Aufbau der Materie vom Kleinsten zum Größten läßt sich als eine Folge skalenübergreifender, unabgesättigter Kraftfelder verstehen.

Gäbe es im Universum nur eine Sorte von Teilchen mit elektrischer Monopolladung, aber verschwindender Masse (wie etwa im Falle einer Art von masselosen Elektronen mit einer negativen elektrischen Elementarladung – ladungstragende Partikel ohne Masse sind nach der auf Albert Einstein zurückgehenden Einsicht in die Äquivalenz von Energie und Masse nicht möglich, weil eine auf endliches Raumvolumen konzentrierte Ladungsmenge e in jedem Fall eine Energie repräsentiert, der auch eine Äquivalentmasse zukommen muß; der Leser möge sich also dessen bewußt sein, daß hier zum Zwecke eines Heurismus von einer Fiktion die Rede ist!), so wäre der Kosmos zu völliger Strukturlosigkeit verdammt, weil nur ein einziges einskaliges Abstoßungskraftfeld nach Coulombscher Art mit nur einer typischen Reichweite zwischen den materiellen Bestandteilen wirksam wäre. Diese Situation würde ein homogenes, isotrop expandierendes Universum zur Folge haben, in dem es weder organisierte Großgebilde noch in sich abgeschlossene Kleingebilde neben den bei der Elektronenplasmafrequenz elektrostatisch schwingenden Elektronen als Einzelgebilden geben könnte.

Anders, aber ebenfalls strukturlos, bliebe das Universum, wenn es neben elektrisch negativ geladenen Partikeln auch masselose, aber elektrisch positiv geladene in gleicher Zahl geben würde. Dann könnten sich paarweise elektrisch negative und positive Partikel neutralisieren. Ohne jegliche Partikelmassen, also folglich auch ohne involvierte Trägheitskräfte, wären solche dipolaren Gebilde jedoch nach Aussage der Quantentheorie nicht stabil, sondern zur sofortigen Zerstrahlung verdammt. Innerhalb einer gewissen Zeit würde sich demzufolge der Teilchenkosmos in einen strukturlosen elektromagnetischen Strahlungskosmos und durch Paarerzeugung partiell bis zu einem Gleichgewicht zurück in einen Teilchenkosmos umwandeln.

Lassen wir nun im Kosmos Partikel gleicher Masse, jedoch mit elektrischen Ladungen entgegengesetzter Polarität (+e und -e) zu, so wäre sogleich ein viel komplexerer Strukturaufbau möglich, weil sich nunmehr quantenmechanisch stabile Dipolstrukturen bilden können. Diese wären in erster Ordnung nach außen hin elektrisch neutral und würden kein Coulombfeld nach außen wirken lassen; nur über ihre durch gegenseitige Beeinflussung (Störung) aufgezwungene elektrische Dipolnatur würden sie ein mit dem Abstand schnell abfallendes elektrisches Feld erzeugen. Solche Gebilde würden über viel kleinere Distanzen nichts mehr voneinander merken, weil ihr Kraftfeldeinfluß viel weniger weit reicht als für Coulombkräfte typisch. Wenn also die Entstehung von elektrisch neutralen dipolaren Gebilden möglich ist, gewinnen diese aufgrund der reduzierten gegenseitigen Wechselwirkung eine gegenüber dem Coulombfall völlig neue Dimension von Freiheit, die es ihnen erlaubt, nunmehr gewisse materielle Strukturen aufzubauen. Die alleinige gegenseitige Coulombsche Abstoßung der Materie im Weltall mit nur einer einzigen typischen Reichweite wäre plötzlich aufgehoben, und an ihre Stelle würde eine auf großer Längenskala dominierende gegenseitige gravitative Anziehung und eine auf kleiner Längenskala dominierende, dipolelektrische Anziehung treten: Beide Wechselwirkungsfelder erlauben nunmehr eine Strukturbildung auf kleiner sowie auf großer Skala. Für die Erkenntnis der Grundlagen des strukturellen Aufbaues unserer Welt ergibt sich daraus, daß offensichtlich von großer Bedeutung ist, welche Massen sich jeweils mit den Partikeln positiver bzw. negativer Ladung verbinden. Es ist bekannt, daß es neben den Elektronen, die ja elektrisch negativ geladen sind, Partikel gibt, Positronen genannt, die bei genau umgekehrter elektrischer Ladung exakt die gleiche Masse wie Elektronen haben.

Wenn unsere Welt im wesentlichen aus diesen beiden Teilchenarten aufgebaut wäre, so würde die Massengleichheit beider Partikelsorten von ganz entscheidender Bedeutung für die möglichen Strukturen dieser Welt sein. Zwar können Elektronen und Positronen jeweils paarweise ein elektrisch neutrales, atomartiges Gebilde aufbauen, aber ein solches Gebilde hat völlig andere Eigenschaften als ein normales Atom, wie wir es aus unserer Umgebungswelt kennen. Auch ein Atom ist ein nach außen hin elektrisch neutrales Gebilde, indem sich die vorhandenen elektrisch negativen und elektrisch positiven Ladungen kompensieren. In diesem Falle ist jedoch die positive Ladung des Atomkernes mit einer im Vergleich zur Elektronenmasse riesigen Masse (Verhältnis etwa 2000 zu 1!) verbunden. Das hat zur Folge, daß der Atomkern eine im Bezug zum Gesamtatom feste Lage einnehmen kann, während die elektrisch negativen Elektronen sich aus Stabilisierungsgründen mit großen Geschwindigkeiten um diese Lage herumbewegen müssen. Eine ganz ähnliche Situation ist in unserem Sonnensystem anzutreffen, wo auch die zentrale Sonne aufgrund ihrer gegenüber allen Planetenmassen zusammen um den „Faktor Tausend" dominierenden Masse eine nahezu feste Lage einnimmt, während die Planeten sich auf weit darum herumgeschwungenen Bahnen bewegen müssen, um das System als solches zu stabilisieren.

Völlig anders ist dies nun bei einem Gebilde, das sich aus der elektrischen Bindung zweier gleichmassiger Teilchen wie einem Elektron und einem Positron ergibt. In einem solchen Gebilde ist kein Partner ausgezeichnet, und so muß jeder sich in entsprechender Weise um den gemeinsamen Schwerpunkt des Systems herumbewegen. Ein unter diesen Umständen gebildetes System aus Elektron und Positron ist zwar möglich und existenzfähig (und es führt aus diesem Grunde in der Physik den Namen „Positroniumatom"), aber es ist extrem kurzlebig. Je nach Spinausrichtung zwischen Elektron und Positron, ob parallel oder antiparallel, überlebt ein solches exotisches Atom nur eine Zeitspanne von einer Milliardstel- bzw. einer Millionstelsekunde; danach zerfällt es in zwei bzw. drei Photonen. Die vor Eintritt des Zerfalles zwischenzeitlich gegebene intermediäre, quantenmechanisch gewährleistete Stabilität des Positroniumsystems verlangt zudem einen wesentlich größeren Abstand der beiden Ladungspartner untereinander, als dies im Falle des normalen Wasserstoffatoms der Fall ist (der „Bohrsche Atomradius" für das Positroniumatom berechnet sich zum Doppelten desjenigen des Wasserstoffatoms!).

Dies führt dann zwangsläufig zu deutlich niedrigeren Anregungsenergieniveaus für ein solches Exotenatom. Mit vergleichsweise ganz geringen Photonenergien ließe sich ein Atom dieser Art anregen oder gar ionisieren, also in seine positiven und negativen Ladungsanteile spalten.

Aus allem Vorgenannten ergeben sich folgende gravierende Eigenschaftsunterschiede zum normalen Atom: Das Positronium ist ein wesentlich loserer und ausgedehnterer Ladungsverband als ein Wasserstoffatom, der zwar im ungestörten Zustand nach außen hin elektrisch neutral erscheinen kann, der aber wesentlich störanfälliger, polarisierbarer und deswegen wechselwirkungsaktiver als normale Atome ist – und überdies extrem kurzlebig. Würde das materielle Substrat des Universums nur aus Elektronen und Positronen bestehen, so könnten sich bei entsprechend niedrigen Energien (etwa 6 eV oder 2000 K) jeweils nur für sehr kurze Zeiten elektrisch neutrale Positroniumatome bilden. Aufgrund ihrer hohen

Polarisierbarkeit würden diese „Atome" mit ihrer Umgebung eine vergleichsweise starke Wechselwirkung unterhalten, bevor sie in Photonen zerstrahlen, die durch Materialisierung wiederum Elektronen und Positronen bilden können. Durch die auf diese Weise gegebene Verwandlungskette von Ladungsträgern über Neutralatome zu Photonen wäre der Freiheitsgrad der materiellen Gebilde im Hinblick auf weitergehende Strukturbildung um nichts gegenüber einem reinen Elektronenkosmos erhöht.

Dies wird jedoch ganz anders, wenn es neben den Elektronen im Kosmos gleich viele schwere Protonen mit positiven elektrischen Ladungen gibt. Dann kann es nämlich zur Bildung von kaum störanfälligen, stabilen Neutralatomen kommen, wodurch die Materie nur noch auf sehr kleiner Skala elektrisch und auf sehr großer Skala gravitativ miteinander wechselwirkt. Ein neuer Freiheitsgrad zur Strukturbildung ist durch abgeschirmte Kraftfelder erreicht worden.

Überhaupt scheint es einem durchgängigen Prinzip in der Natur zu entsprechen, Strukturbildung durch Teilabschirmung natürlicher Kraftfelder möglich zu machen. Das läßt sich sehr gut am Beispiel der Atome erkennen, in denen man ja in einer ersten Beurteilung elektrisch neutrale Gebilde sehen zu können glaubt, also Gebilde, in denen die langreichweitigen elektrischen Kraftfelder von Elektronen und Protonen eine Abschirmung erfahren haben. Diese Abschirmung ist jedoch nur unvollkommen, da sie nämlich störanfällig ist. Wenn zwei solche Neutralgebilde einander genügend nahe kommen, so merken sie durch plötzlich aufkommende gegenseitige Anziehung, daß sie gar nicht wirklich elektrisch neutral sind, sondern jeweils aus zwei Ladungsanteilen unterschiedlichen Vorzeichens bestehen. Sie polarisieren sich gegenseitig, wie man unter Physikern zu sagen pflegt, und verwandeln sich dabei aus Neutralgebilden in influenzierte elektrische Dipole, die einander bekanntlich immer anziehen, weil sie antipolig zueinander orientiert sind.

Diese Anziehung ist jedoch extrem abstandsabhängig und viel kurzreichweitiger als die Coulombsche Anziehung oder Abstoßung zwischen reinen Monopolladungen. Dennoch bildet diese Anziehung die Basis für das weite Feld der Molekül- und Makromolekülbildung und damit für das Leben überhaupt. Es sind nämlich diese Polarisationskräfte, in der Chemie auch Van-der-Waals-Kräfte genannt, die äußerlich neutrale Atomgebilde zu gebundenen Atomverbänden zusammentreten lassen. Freilich, wenn es außer gravitativen und elektrischen keine anderen, zwischen den Partikeln wirksamen Kräfte gäbe, so könnten auf dieser Ebene nicht viel mehr als Wasserstoffatome und ihre möglichen molekularen Zusammenlagerungen in Form von H_2-, H_3- oder H_4-Molekülen entstehen, und unter normalen physikalischen Bedingungen, wie wir sie auf der Erde vorliegen haben, würde dies die mögliche Molekülpalette auf das H_4-Molekül alleine zusammenschrumpfen lassen, weil alle anderen Gebilde instabil sind.

Hier schafft nun die wiederum auf einer anderen und zwar sehr viel kleineren Größenskala wirksam werdende „starke Wechselwirkungskraft" den entscheidenden Ausweg in eine mögliche, wesentlich größere Strukturkomplexität. Aber auch hier zeigt es sich, daß es eigentlich nur den auf dieser Skalenebene unabgesättigt bleibenden Kraftanteilen zu danken ist, wenn auf einer nächstgrößeren Skala Strukturbildung möglich gemacht wird. Nach heutiger Vorstellung sind nämlich das Proton und sein Atomkernpartner, das Neutron, jeweils aus drei elementaren Teilchen zusammengesetzt, die als Quarks bezeichnet werden.

Es gibt unterschiedliche Arten von Quarks, alle aber sind Träger von zwei verschiedenen Ladungsspezies, nämlich einer elektrischen Ladung und einer sogenannten Farbladung, die für die starke Wechselwirkung „verantwortlich" ist. Dabei lassen sich „farbneutrale" Verbände aus je drei Quarks schaffen, ähnlich wie elektrisch neutrale Gebilde zwischen elektrischen Ladungen. In solchen „farbneutralen" Verbänden ist die starke Farbkraft in gewissem Maße nach außen hin abgesättigt, was zu einer Kraftneutralität solcher Verbände untereinander führen würde. Wenn diese Neutralität streng erfüllt wäre, so könnte es nicht zur Bildung von Atomkernen mit Atomzahlen größer 1 (Wasserstoffatom!) kommen, und es würde folglich auch kein Periodensystem der chemischen Elemente geben. In Wirklichkeit sind solche „farbneutralen" Dreierverbände wie Protonen oder Neutronen jedoch störanfällig und lassen sich durch das Farbkraftfeld von benachbarten Teilchenverbänden polarisieren. Das führt dann analog zum elektrischen Fall dazu, daß Protonen oder Neutronen, wenn sie einander nahekommen, sich farbmäßig polarisieren und einander durch die polarisationsbedingte Farbwechselwirkung anziehen. Die an sich farbneutralen „weißen" Quarkverbände werden durch die gegenseitige Feldbeeinflussung „farbig" und ziehen sich an. Dieser Umstand erst ermöglicht die Vielfalt der möglichen Atomkernverbände und das gesamte damit in Verbindung stehende Periodensystem der Elemente sowie die ganze Komplexität der anorganischen und organischen Chemie.

Wenn dieses strukturschaffende Prinzip teilabgesättigter oder unabgesättigter Naturkräfte auch auf den großen und größten Skalen unserer kosmischen Welt seine Bedeutung beibehalten würde, könnte man vermuten, daß die enorme Strukturiertheit in der Materieverteilung unseres Universums dadurch ermöglicht wird, daß die in den Welten des Kosmos vorherrschenden Gravitationskräfte auch über bestimmten Skalen eine Absättigung erfahren und deshalb nicht wie Newtonsche Gravitationskräfte bis ins Unendliche wirken. Solch eine Absättigung von Gravitationsfeldwirkungen zwischen materiellen Bereichen wäre dann denkbar, wenn es neben Partikeln mit einer Massenladung auch solche mit einer Antimassenladung gäbe: Aus der Verbindung von beiden könnten sich dann „gravitative Neutralsysteme", sozusagen Gravitationsatome, bilden, die jenseits eines bestimmten zu ihnen gehörigen Umgebungshorizontes gravitativ nicht weiter wirksam wären, die aber in einem gewissen Nahbereich mehr oder minder lose Verbindungen mit anderen Gravitationsatomen eingehen und damit eine Art „Molekülbildung" auf der Basis von Gravitationswechselwirkungen durchführen könnten!

Dieser Gedanke mag es nahelegen, in den Galaxien so etwas wie Gravitationsatome und in den Systemen von Galaxien so etwas wie Assoziationen solcher Gravitationsatome, also Gravitationsmoleküle, zu erkennen. Das würde dann folgern lassen, daß der „Bohrsche Radius" eines solchen Gravitationsatoms etwa die Größe von hunderttausend Lichtjahren haben sollte.

Bedeutsamer als vielleicht bisher erkannt mag der Umstand sein, daß es auf den einzelnen kosmischen Hierarchiestufen nur Massenkonzentrierungen bis hin zu einer hierarchieabhängigen Grenzmasse gibt. So sind bis heute keine Sterne bekannt, deren Masse mehr als das Hundertfache der Sonnenmasse ausmacht. Eine analoge magische Massengrenze scheint es auch für Galaxien zu geben. Die meisten von ihnen scheinen weniger als hundert Milliarden Sonnenmassen zu beherbergen, während die größten unter ihnen allenfalls, inklusive ihrer Dunkelmaterie, das zehnfache dieser Masse darstellen könnten. Oberhalb der jeweils hierarchietypischen Grenze muß offensichtlich die gravitativ bedingte Strukturbildung in die nächsthöhere Strukturhierarchie einspringen, wie es scheinen will.

Was die existierende Sternmassengrenze anbelangt, so ließe sich hierzu vielleicht mit der nach A. S. Eddington eingeführten stellaren Stabilitätsgrenze („Eddington limit") argumentieren. Eine solche Grenze besagt, daß ein im eigenen, selbsterzeugten Schwerefeld eingebettetes stellares Massensystem (abgesehen von den bei gegebener Rotation immer auch auftretenden Fliehkräften, die wir in dieser Betrachtung einmal vernachlässigen wollen) nur bis zu einer mit einer bestimmten Grenzmasse zwangsweise verbundenen Grenzsituation stabil sein kann. Diese Grenzsituation ist genau dort gegeben, wo der mit dem stellaren Strahlungsfeld verbundene, nach außen gerichtete elektromagnetische Strahlungsdruck die Materie am Sternaußenrand gerade noch gegen die nach innen gerichtete Schwereanziehung zum Zentrum hin „in der Schwebe hält". Weiter außen aufgeschichtete Sternmaterie würde entsprechend unter instabilen Kraftverhältnissen existieren und müßte vom Sternrand fortfliegen: Massereichere Sterne könnten demnach überhaupt nicht existieren.

Nun weiß man aus der astronomischen Empirie, daß die Leuchtkraft und der stabile Endradius sogenannter

Hauptreihensterne (Sterne während ihrer Hauptlebensphase) mit der jeweiligen Sternmasse in ganz bestimmter Weise durch komplizierte physikalische Zusammenhänge streng verbunden sind. Dabei wächst die Leuchtkraft eines Sternes im wesentlichen proportional zur dritten Potenz seiner Sternmasse, der Sternradius dagegen langsamer (proportional zur (2/3)ten Potenz der Sternmasse). Aber auch diese langsamere Zunahme des Radius führt dennoch zu einer Verringerung der Oberflächenschwerkraft, die bei gleicher Masse bekanntlich mit dem Quadrat des Radius abnimmt. Das hat die überraschende Folge, daß die Gravitationskraft eines Sterns auf seine stellare Materie am Sternaußenrand trotz zunehmender Sternmasse bei Hauptreihensternen effektiv abnimmt. Die Außenränder der Sterne werden also zum einen entgegen der herkömmlichen Meinung immer schwächer gravitativ an das stellare Zentrum gebunden, je massereicher die Sterne werden, und zwar wie $1/\sqrt[3]{M}$. Zum anderen aber nimmt die Leuchtkraft mit der Sternmasse zu und mit ihr der nach außen gerichtete Strahlungsdruck (proportional zur (5/3)ten Potenz der Sternmasse). Es stellt sich demnach das Ergebnis ein, daß bei zunehmender Sternmasse die Gravitationsbindung der stellaren Außenschichten auch wegen des hier wirksamen Strahlungsdruckes immer kleiner wird, was zwangsläufig dahin führen muß, daß Sterne oberhalb einer kritischen Massengrenze aus den zuerst von A. S. Eddington hervorgehobenen Gründen instabil sein müssen. Aus dem Vorgenannten läßt sich ableiten, daß das Verhältnis von Strahlungsdruckbeschleunigung zu Schwerebeschleunigung am Sternaußenrand mit der Sternmasse mindestens quadratisch mit der Sternmasse anwächst. Die „Eddingtonsche" Massengrenze liegt dann dort, wo dieses Verhältnis gerade gleich 1 wird und der Strahlungsdruck die Gravitation voll kompensiert.

Wo diese Grenze tatsächlich liegt, läßt sich aus den Verhältnissen zum Beispiel an der Sonnenoberfläche ableiten. Hier finden wir, daß die nach außen gerichtete Strahlungsdruckbeschleunigung weniger als ein Zehntausendstel der nach innen gerichteten Schwerebeschleunigung ausmacht. Um diesen Verhältniswert für eine größere Sternmasse auf Wert 1 zu bringen, müßten schon Sternmassen von mehr als 150 Sonnenmassen ins Spiel kommen. Es scheint jedoch aus der astronomischen Beobachtung her so gut wie bestätigt zu sein, daß keine Hauptreihensterne mit Massen größer 50 bis 80 Sonnenmassen auftreten. Das kann dann zwei Gründe haben: Entweder hat es stellare Gebilde mit Massen in der Gegend von 150 Sonnenmassen früher durchaus einmal gegeben, doch sind diese, weil sie sehr kurzlebig sind und heute nicht mehr nacherzeugt werden, inzwischen durch frühe Supernovaexplosionen von der Bildfläche verschwunden – oder solche Gebilde oberhalb von 80 Sonnenmassen sind aus einem ganz anderen als dem Eddingtonschen Grund instabil!

Eklatanter noch stellt sich dieses Problem auf der Hierarchiestufe der Galaxien ein. Alle bestehenden Galaxien befinden sich in ihrem physikalischen Zustand weitab vom Eddingtonschen Grenzfall, das heißt die gravitative Bindung ihrer Randgebiete ist bei weitem stärker als der dort wirksame Strahlungsdruck. Hier bleibt es also unverständlich, warum Galaxien nicht mit sehr viel größeren Massen als maximal vielleicht einer Billion Sonnenmassen auftreten, warum sie statt dessen weitergehende Massierungen nur auf einer höheren Hierarchiestufe, im Rahmen von Systemen von Galaxien, realisieren.

48

Oberhalb von Grenzmassen der Größenordnung von einer Billion Sonnenmassen führt die Zusammenlagerung mit weiteren Massen offensichtlich zu einer instabilen Konfiguration. Aber warum? Das muß doch heißen, daß eine Galaxie offensichtlich kein skaleninvariantes Phänomen eines gravitativ gebundenen Systems ist, bei dem sich die räumlichen Dimensionen des Gebildes, also etwa sein Durchmesser, durch eine geeignete Funktion der Gesamtmasse des Systems vorausbestimmen ließen. Wenn sich aber ein solcher Zusammenhang „je massereicher, desto größer" nicht bis zu beliebigen Massen hin bestätigen läßt, legt dies einen Verdacht nahe: Es müßte vielleicht in einem solchen System zusätzlich zu den anziehenden Gravitationskräften auch noch sich mit der Massenkonzentration verstärkende Gegenkräfte geben, die eine zunehmend abstoßende Wirkung haben und deshalb bei galaktischen Materieansammlungen eine beliebige Häufung von Materie auf galaktischer Hierarchiestufe nicht zulassen.

Man muß vielleicht vermuten, daß die üblicherweise erkannte, zwischen Massen wirksame Gravitationsanziehung gar keine reine und ursprüngliche Kraft darstellt, sondern nur die Wirkung einer unkompensierten Restkraft eines dahinter verborgenen, ursprünglicheren Kraftfeldes darstellt. Das würde auch hervorragend verstehen lassen, warum es im Gegensatz zu den anderen Kraftfeldern im Bereich der Gravitation nur Anziehung gibt, also Partikel trotz gleicher „Massenpolarität" sich gravitativ dennoch immer anziehen und andererseits Partikel mit „negativer Massenpolarität" nicht zu existieren scheinen. In einem ersten Verständnisansatz in dieser Richtung könnte man vermuten, daß sich die eigentlichen „starken" Gravitationskräfte bereits auf mikromaterieller Stufe aufheben und demnach über die Atomkerndimensionen hinaus überhaupt nicht wirksam bleiben. Was dagegen über diese Dimensionen hinauswirkt, ist lediglich eine auf gegenseitige gravitative Polarisationswechselwirkung von atomarer Materie zurückgehende Restkraft der „starken" Gravitation, die dadurch ihre stets anziehende Eigenschaft gewinnt und ihre auffällige Schwäche gegenüber der elektrischen Coulombkraft eher verständlich werden läßt. Wir werden in einem späteren Kapitel dieses Buches noch einmal auf diesen Gedankenansatz zurückkommen.

Im Rahmen dieser Gedanken erscheint es auch bezeichnend, daß die mögliche Formenvielfalt auf den einzelnen, nach der Stärke der beteiligten Kräfte gestuften Hierarchieebenen ständig in Richtung auf die durch die schwächsten Kräfte verursachten Hierarchien wächst. Die unter der Wirkung der unabgeschirmten starken Wechselwirkungskraft erreichbaren Gruppierungsformen zwischen den diese Kraft vermittelnden Quarks beschränken sich auf Zweiergruppierungen (Pionen) und Dreiergruppierungen (Baryonen als Nukleonen). Unter der Wirkung der unabgeschirmten Restanteile der starken Kraft dagegen kommen in Form von Atomkernen schon einige hundert einigermaßen stabile Gruppierungsformen von Nukleonen zustande (das Periodensystem der Elemente mit all seinen Isotopen). Erst recht wunderbar wird dann aber die Formenvielfalt auf der Ebene der unabgesättigten elektromagnetischen Kräfte, also auf der Molekülebene: Hier sind Zusammenlagerungen von einigen Millionen Atomen zu Makromolekülen von nahezu unabzählbarer Formenvielfalt möglich. Wenn sich diese aufsteigende Linie in der Potenz der Formenbildungskraft, dem formprägenden Karma der Natur, auf der Ebene der noch schwächeren Kräfte, also der Gravitationskräfte, weiter fortsetzt, so läßt sich in etwa daraus absehen, welche Unzahl von Strukturformen schließlich dann auf kosmischen Größenskalen möglich sein sollte. Es mag aus all diesen Überlegungen und Betrachtungen zumindest erhellen, daß man die Gesetze der Physik in keinem Fall allein aus dem Studium des Naturverhaltens auf einer, und nur einer, festen Größenskala ableiten kann. Hätten wir nur den Aufbau der Elementarteilchen wie Nukleonen, Pionen und Elektronen auf einer subnuklearen Größenskala (10^{-14} cm) zu beschreiben, so würden wir sicherlich die Natur der starken Farbwechselwirkung zwischen den Quarks ganz anders darstellen, als wenn wir zur angemessenen Beschreibung auch die Naturphänomene auf der nuklearen Größenskala (10^{-12} cm) mit hinzunehmen müssen, auf der es durch die unabgesättigten Restkräfte der Farbwechselwirkung zur Bildung einer enormen Formenvielfalt kommt. Wäre uns andererseits die Natur nur auf der makromolekularen Ebene (größer als 10^{-7} cm) zugänglich, so würden wir den Elektromagnetismus und die elektrischen Feldwechselwirkungen zwischen materiellen Substanzen völlig anders verstehen, als wenn wir die Anlagen für den Elektromagnetismus auf der atomaren Ebene (10^{-8} cm) mit in unsere Darstellung einbeziehen. Und auch die Gravitation werden wir nicht verstehen können, wenn wir uns mit ihren Wirkungen nur auf der Größenskala des Sonnensystems oder unserer Galaxie beschäftigen: Die wahre Natur der Gravitation kann vielmehr erst beim skalenübergreifenden Blick auf Phänomene im Skalenbereich zwischen der Erde-Mond-Distanz und einigen Milliarden von Lichtjahren erfahren werden.

Ohne Ansehung des Großen sowie des Kleinen lassen

sich die Gesetze der Physik, die über die Natur herrschen sollen, nicht richtig formulieren. Diese erkennbare Wechselbezüglichkeit zwischen den Naturgesetzen auf der einen und den Strukturen auf der anderen Seite, die ja durch das Walten der Naturgesetze auf allen Größenskalen zustande kommen, hat gerade im Bereich der Gravitationswechselwirkungen eine einerseits extrem bizarre, andererseits aber auch extrem konsequente Überlegung unter manchen Physikern angestoßen: Die Gravitation ist bekanntlich eine Sache des Großen im Kosmos, hat sie doch mit den Wechselwirkungen zwischen den weit ausgedehnten kosmischen Massen zu tun. Diese Wechselwirkungen selbst aber sind nicht einfach aus sich heraus vorgegeben vom Anfang bis zum Ende der Welt; vielmehr werden sie erst quantitativ festgelegt durch die kosmischen Strukturen und die Skalenparameter des Universums selbst, wie die Astrophysiker Fred Hoyle und Jayant Narlikar in ihrer Art, Paul Dirac, Pascual Jordan und Brans Dicke in einer anderen Weise vermuten!

Hierbei gehen erste Ansätze immer wieder von dem als rätselhaft empfundenen Umstand aus, daß man sowohl auf der mikrophysikalischen wie auf der makrophysikalischen Ebene bestimmte skalentypische Verhältniswerte bilden kann, die in beiden Fällen jeweils auf fast identische Riesenzahlen führen. So kann man zum Zwecke der Charakterisierung der Kraftverhältnisse im atomaren Größenbereich das Verhältnis zwischen der elektrischen und der gravitativen Kraft bilden, die zwischen zwei Protonen wirksam ist; dieses Verhältnis hängt quadratisch von der Elementarladung und der Protonenmasse sowie von der Gravitationskonstanten ab und errechnet sich zu $1{,}23 \cdot 10^{36}$. Bildet man zum anderen das Verhältnis aus den typischen Größenskalen im kosmischen und im atomaren Bereich, also der Hubblekonstanten und dem Bohrschen Atomradius, so ergibt sich ein Wert von $3,4 \cdot 10^{36}$. Bis auf den geringen Unterschied in der Vorzahl, den man z. B. auf die Ungenauigkeit in der Kenntnis der Hubblekonstanten (zwischen 30 und 90 km/s/Mpc) schieben kann, ergibt sich aber erstaunlicherweise dieselbe riesige Zahl.

Man kann sich nun auf den Standpunkt stellen, die Gleichheit der beiden Zahlen sei Zufall und hätte nichts weiter Bedeutsames zu besagen. Das hieße jedoch, etwas im Grunde überaus Erstaunliches als Zufallsfaktum hinzunehmen. Man kann sich aber auch den vielleicht sogar intellektuell überzeugenderen und seriöseren Standpunkt von Dirac und Jordan zu eigen machen und annehmen, daß diese extrem suggestive Verwandtschaft der beiden oben abgeleiteten Riesenzahlen eine tief in der Natur angelegte Zusammengehörigkeit von Mikrokosmos und Makrokosmos widerspiegelt. Wenn man zum Beispiel diese beiden Zahlen wegen ihrer numerischen Gleichheit in Form einer mathematischen Gleichung einander gleichsetzt, könnte man zu der Meinung kommen, daß durch eine solche Gleichung etwas physikalisch Relevantes und für die Naturbeschreibung Essentielles ausgesagt ist. Man könnte diese Gleichung nämlich so verstehen, als sei durch sie ausgesagt, daß es in der Natur des Ganzen im Universum liegen sollte, stets in allen Epochen der Weltentwicklung das Verhältnis von elektrischer zu gravitativer Wechselwirkungskraft zwischen zwei Protonen auf einen Wert zu nivellieren, der gleich der Größe des Universums gemessen in Bohrschen Atomradien ist. Das hätte jedoch sofort enorme Konsequenzen für ein expandierendes oder kontrahierendes Universum, dessen Größe sich mit der Zeit ändert. Aus einer solchen Gleichung ergäbe sich nämlich zwangsläufig, daß die für Fundamentalkonstanten gehaltenen Größen der Physik, also die Protonenmasse m_p, die Elektronenmasse m_e, das Wirkungsquantum h, die Elementarladung e und die Gravitationskonstante G, in einer entsprechenden mathematisch-algebraischen Kombination gemäß dieser Gleichung jeweils die Größe des Universums darstellen können müßten! Atomarer und kosmischer Naturbereich wären nicht mehr unabhängig voneinander, sondern vielmehr unmittelbar miteinander verflochten. Es müßte nämlich dann gelten

$$S_0 = 1/H_0 = (m_e/m_p) \, (e^4/m_p \cdot h^2 \cdot G).$$

In einem expandierenden Weltall, in dem S eine Funktion der Zeit t ist, könnten also nicht alle obigen Fundamentalkonstanten wirkliche Konstanten sein, vielmehr müßten einige, zumindest aber eine, in geeigneter Weise mit der Zeit variieren, um die obige Gleichung zu erfüllen. Dirac und Jordan haben aus dieser Situation den Schluß ziehen wollen, daß die Gravitationskonstante G umgekehrt proportional zur Größe S des Universums abnehmen muß, mit der Konsequenz, daß sich z. B. zwei Protonen im Abstand von einem Zentimeter im Laufe der Zeit in einem expandierenden Universum immer schwächer gravitativ anziehen würden; ebenso sollte die Erdanziehungskraft bei gleichbleibender Erdmasse und zeitlich abnehmender Gravitationskonstante im Laufe der Äonen allmählich abnehmen. Auch andere Schlüsse wären an dieser Stelle alternativ möglich gewesen. Zum Beispiel könnte man angesichts einer solchen Situation, wie oben beschrieben, ebensogut fordern, daß die Proto-

54

nenmasse m_p und so auch das Massenverhältnis (m_e/m_p) von Elektron zu Proton in geeignetem, kosmologischem Maße zeitabhängig ist. Auch das hieße allerdings, an den Grundfesten des herkömmlichen Physikgebäudes zu rütteln, das auf die Existenz von solchen Fundamentalkonstanten gegründet ist.

Gerade der zweite Schluß drängt sich nun nach Meinung zweier berühmter Astrophysiker, dem Engländer Fred Hoyle und dem Inder Jayant Narlikar, auch aus ganz anders gearteten Überlegungen geradezu auf. Ihrer Meinung nach läßt sich die träge Masse oder Ruhemasse aller Elementarteilchen nicht als eine artspezifisch zu diesen Teilchen gehörige, unveränderliche Eigenschaft verstehen. Ihr Wert wird vielmehr erst durch die Wechselwirkung mit der gesamten restlichen Materieverteilung im Raum oder (in allgemein-relativistischem Sinne) mit der Struktur der vierdimensionalen Raumzeit selbst festgelegt. Die Idee, daß die Trägheit keine absolute Eigenschaft der Objekte im Weltall selbst darstellt, sondern ein Phänomen ihrer Wechselwirkung miteinander wiedergibt, geht auf den österreichischen Physiker Ernst Mach und das nach ihm formulierte Machsche Prinzip zurück.

Mach sagt, daß bei Existenz nur eines einzigen Körpers im Weltall überhaupt nicht von dessen Trägheit oder träger Masse die Rede sein könnte, da diese sich vielmehr nur in einem Widerstand gegenüber einer Beschleunigung relativ zu irgendeinem Referenzkörper im All erweisen kann; wenn es aber keinen solchen Referenzkörper gibt, so ist es sinnlos, von einem solchen Widerstand und damit von Trägheit überhaupt reden zu wollen. Die Trägheit eines Körpers kann also demnach keine ureigene, absolute Eigenschaft dieses Körpers selbst sein; sie hat vielmehr etwas mit dem Zusammensein dieses Körpers mit den vielen anderen kosmischen Körpern in einer gemeinsam geprägten Raumzeitstruktur des Universums zu tun. Mach selbst hat allerdings nach dieser wiewohl einleuchtenden Überlegung keine klare quantitative Formulierung seines relationistischen Trägheitsprinzips zu geben vermocht, und viele nach ihm, die den prinzipiellen Gehalt dieses Machschen Gedankens durchaus für würdigenswert hielten (darunter gerade auch Albert Einstein), haben es ebensowenig verstanden, diesem Gedanken durch eine angemessene Formulierung des Trägheitsprinzips in Strenge zu entsprechen.

Fred Hoyle hat im Nachgang zu diesen erfolglosen Bemühungen versucht, dem Rätsel der trägen Masse materieller Objekte von einer anderen Seite her auf die Spur zu kommen, indem er auf das allenthalben unter Physikern bemühte Wirkungsprinzip zurückgriff. Nach diesem Prinzip läßt sich zum Beispiel die zeitliche Entwicklung eines physikalischen Systems zwischen zwei ausgewählten Zeitpunkten vorhersagen, indem man eine Minimierung der zwischen diesen Zeitpunkten vom System realisierten Wirkung annimmt. Neben dem wahren Prozeßablauf wären alle anderen auch noch denkbaren Abläufe vergleichsweise wirkungsaufwendiger. Die Wirkung stellt dabei eine physikalisch klar definierte Größe von der Dimension „Energie-mal-Zeit" dar, die in physikalischen Zusammenhängen auf unterschiedliche Weise auftritt, so zum Beispiel als Produkt von Drehmoment und Drehwinkel, von Impuls und Ort oder eben von Energie und Zeit. Interessant ist nun besonders, daß die in einem sich zeitlich entwickelnden physikalischen System realisierte Wirkung quantisiert ist, das heißt, daß sie nur in Vielfachen des elementaren Wirkungsquantums zunehmen kann. Vom Heisenbergschen Unschärfeprinzip wird dies als inhärente Wirkungsunschärfe jedes physikalischen Systems beschrieben.

Für die tatsächliche Bewegung eines materiellen Körpers im Raum besagt das Prinzip der minimierten Wirkung nun schlicht, daß alle Bahnen, die den Körper auch von einem bestimmten Raumzeitpunkt R_1 zu einem anderen Raumzeitpunkt R_2 gelangen lassen würden, mehr Wirkungszuwachs zur Folge hätten als die tatsächliche Bahn, die dem hierfür nötigen Wirkungsminimum entspricht. Wenn man so will, ist also das Wirkungsprinzip ein heuristisches Prinzip zur Auffindung der tatsächlichen Bewegungen von irgendwelchen materiellen Körpern unter irgendwelchen äußeren Kraftfeldbedingungen. Aus diesem Prinzip folgt sofort, daß ein kräftefreier Körper sich in einem Inertialsystem auf einer geraden Bahn bewegen muß, weil er nur auf einer solchen Bahn bei der Bewegung von R_1 nach R_2 die kürzeste Zeit benötigt, mit der in Verbindung mit der Ruhemassenenergie auch die kleinste Wirkung (E·t) verbunden ist.

56

Es ist klar, daß das Ergebnis der Wirkungsminimierung nicht von der Wahl der Koordinaten zur Beschreibung der Bewegung in der Raumzeit abhängen darf. Auch wenn man anstelle der für den Fall der kräftefreien Bewegung sicherlich zu bevorzugenden Koordinaten eines rechtwinkligen kartesischen Koordinatensystems etwa sphärische Polarkoordinaten mit einer ortsabhängigen Metrik verwenden würde, käme als Ergebnis für die tatsächliche Bewegung immer noch eine Gerade heraus. Das Wirkungsprinzip muß sich also unabhängig vom Koordinatensystem formulieren lassen, es muß, wie man sagt, eine systeminvariante Formulierung erlauben.

Einem Vorschlag von Hermann Weyl folgend möchte Fred Hoyle nun das Wirkungsprinzip zusätzlich auch noch einer Skaleninvarianzforderung unterworfen sehen. Das soll für ihn besagen, daß das Wirkungsprinzip zu skalenunabhängigen Ergebnissen in bezug auf den Ablauf von Bewegungen materieller Körper führen muß. Der Bewegungsablauf darf somit nicht abhängig sein von den verwendeten metrischen Normgrößen, also davon, mit welchen Skalenmaßen Raumstrecken und Zeitstrecken gemessen werden sollen. Die Aussage des Wirkungsprinzipes muß sich eigentlich sogar, wie Hoyle argumentiert, unter der Willkür einer örtlichen, also von den Raumzeitkoordinaten abhängigen Skalenanpassung aufrechterhalten lassen. Dann aber hat die Skaleninvarianzforderung in Anwendung auf das Wirkungsprinzip eine verblüffende Konsequenz, nämlich die, daß dieses Prinzip grundsätzlich nicht in Verbindung mit einer raumzeitunabhängigen, ausschließlich körpereigenen und unveränderlichen Masse formuliert werden kann, sondern einzig in Verbindung mit einer skalenabhängig variablen Masse.

Das Phänomen der Ruhemasse eines Körpers geht demnach dann nicht auf eine absolute, rein körperbezogene Eigenschaft zurück, sondern resultiert nach Hoyle aus einer Wechselwirkung mit dem Metrikfeld der Raumzeit. Für ein isotrop expandierendes und homogenes Universum läßt sich unter dieser Voraussetzung dann mit strenger Konsequenz ableiten, daß die Ruhemasse aller Partikel, die als ihrer Art nach identische Teilchen diese Expansion mitmachen, nicht etwa absolut gegeben und konstant ist, sondern systematisch kleiner wird, wobei die zeitliche Ruhemassenänderung unmittelbar mit der momentanen Expansionsrate des Universums zusammenhängt.

Eine intensivere Verkopplung von Mikrophysik und Makrophysik läßt sich wohl kaum noch ausdenken. Unsere fundamentalsten Physikkonstanten wie zum Beispiel die Teilchenmassen würden danach mit dem kosmologischen Geschehen des gesamten Universums unmittelbar verquickt sein. Die Formulierung der physikalischen Zusammenhänge, selbst in ihrer heutigen, sehr komplex gewordenen Form, kann nicht mehr unabhängig von der Kosmologie zustande gebracht werden. Kosmologie ist demnach nicht einfach eine Anwendung der Physik bei großen Raumzeitskalen, sondern sie bestimmt die zu wählenden physikalischen Gesetzesformulierungen gerade selbst erst mit. Jede gut und gescheit angelegte Kosmologie, die eine Erklärung unseres Universums vom Anfang bis zum Ende liefern will, sollte demnach diesen Generalumstand schon theorieintern in sich beherzigt haben.

Kapitel 3

Was sind „Kosmologische Tatsachen" und was sollten sie uns sagen?

Einstein hat die Spezielle und dann die Allgemeine Relativitätstheorie eingeführt, weil er glaubte, weder dem Raum noch der Zeit einen Absolutheitsrang für die Beschreibung der Naturrealitäten einräumen zu dürfen. Der Zeit kommt aber in allen heutigen Weltmodellen, die aus den Einsteinschen Ideen hervorgegangen sind, ein klarer Absolutheitsrang zu. Es sieht so aus, als gäbe es die strenge Zusammenhängigkeit der Weltabläufe verbunden mit einer streng synchronisierten Weltevolution dennoch – trotz verallgemeinerter Logik im Denken.

Woher aber sollte diese Anlage in den Weltgeschehnissen stammen, woher die strenge kausale Geschlossenheit im Universum? Gibt es denn tatsächlich so etwas wie ein homogenes Weltall? Gibt es das vom Ort unabhängig ablaufende, alle Raumskalen übergreifende, absolute Evolutionsgeschehen überhaupt? Erkennen läßt sich nur der durchgängige hierarchische Strukturaufbau im Universum, der auf keiner Größenstufe enden will. Der dunkle Nachthimmel ist ein beredter Zeuge dafür!
Sollten wir nicht lieber alles in zyklischen Prozeßabläufen geordnet sehen und begreifen, daß es in diesem Weltgeschehen keinen Informationsverschleiß gibt?

Im Vorangegangenen haben wir hervorgehoben, weshalb das kosmologische Prinzip verlangen muß, daß die Beschaffenheit des Kosmos uns erlaubt, von unserem singulären und sicherlich auch zufälligen Beobachterstandpunkt im Weltall aus etwas für das Ganze des Kosmos Repräsentatives wahrzunehmen. Wir müssen uns einfach darauf verlassen können, daß wir durch unsere Position im Kosmos nicht vielmehr im Gegenteil „standortgeschädigt" sind: Schließlich hätte es keinen Zweck, überhaupt Kosmologie treiben zu wollen, wenn wir das, was den Kosmos insgesamt ausmacht, gar nicht wirklich in Gänze an unserem Ort zu erfahren bekämen und wir uns statt dessen nur mit einem unrepräsentativen und zufälligen, sichtgeprägten und ephemeren Ausschnitt aus dem Ganzen, abhängig sowohl von der Zeit als auch vom Ort unserer Weltbetrachtung, begnügen müßten. Was wir vom Kosmos zu sehen bekommen, muß demnach von uns als etwas Wegweisendes genommen werden dürfen, das eine sichere Extrapolation auf das Ganze zuläßt.

Wann und wodurch könnten diese apriorischen Bedingungen denn nun zu unserem Erkenntnisvorteil erfüllt sein? Sicherlich dann, wenn der Kosmos als ganzer gar kein verstandes-transzendenter Gegenstand ist und die Erkenntnis der kosmischen Gegebenheiten vielmehr einer Immanenzerkenntnis gleichkommt, also der bloßen Erkenntnis der Beschaffenheit unseres Geistes selbst dient. Dann nämlich wäre unser Standort im Denken immer jeweils der richtige, weil es ja dann nur um die Erkenntnis der Wesensart dieses Denkens selbst geht.

Wie jedoch könnte eine solche Bedingung erfüllt sein, wenn der Kosmos als ganzer denn doch ein geisttranszendenter Gegenstand der Erfahrung ist, der als Gegenstand unserer Beobachtung in seiner eigenen Substanzialität und Gesetzlichkeit erscheint? Dann kann eine Kosmologie logischerweise nur sinnvoll scheinen, wenn dieser Kosmos überall und zu allen Zeiten gleich beschaffen ist, so daß der heute von uns gesehene Teil des Kosmos repräsentativ für das Ganze ist. Wenn sich dagegen in den beobachtbaren kosmischen Entwicklungsprozessen zeigt, daß das Bild des Kosmos heute ein anderes ist als zu früheren Zeiten wahrnehmbar, so muß sich daraus eine Entwicklung absehen lassen, die für alle Bereiche des Kosmos gleichermaßen Gültigkeit hat. Das verlangt dann aber sogleich, daß die Zeit in einer solchen kosmischen Evolution nur als ausdrücklich raumunabhängige, absolute Koordinate auftreten darf und eben nicht als eine der vier standortabhängigen raumzeitlichen Variablen, als welche sie ja nach der eigentlichen Intention in der Speziellen und Allgemeinen Relativitätstheorie behandelt werden soll. Die Zeit muß dann also doch wieder als etwas vom Raum Unabhängiges, Externes gelten können, und sie muß für jeden Raumpunkt eine absolute Bezugsgültigkeit haben. Unter diesen Apriori-Voraussetzungen kommen demnach eigentlich nur Weltbeschreibungen in Frage, bei denen die Zeit als ein externer und absoluter, über alle Raumkoordinaten regierender Evolutionsparameter auftreten kann. Das heißt nicht etwa, daß Einsteins sehr aufwendige und für viel allgemeinere Fälle eingerichtete mathematische Formulierung der allgemein-relativistischen Feldgleichungen, aus denen ja die kosmologischen Modelle hergeleitet werden, von vornherein verfehlt wären; nur kann man vielmehr schon im vorhinein unter den oben angesprochenen Vorgaben absehen, daß nur eine sehr stark eingeschränkte Menge von Lösungen dieser Feldgleichungen überhaupt als kosmologisch relevant in Frage kommt.

Man könnte sozusagen schon von den heuristischen Vorgaben für ein zu findendes, kosmologisch befriedigendes Weltmodell her es für angedeutet halten, daß der immerhin immense allgemein-relativistische Aufwand zur Beschreibung eines gekrümmten vierdimensionalen Raumzeitkontinuums als unangemessen anzusehen ist, weil der Zeit über dem Geschehen des Kosmos eben doch ein Absolutheitsrang eingeräumt werden muß.

Wir sollten uns deswegen hier nun fragen, ob die kosmologischen Tatsachen denn überhaupt ein solches Weltmodell als heuristischen Ansatz zulassen. Läßt die Zeit sich als ein externer Parameter über dem kosmischen Geschehen verwenden? Sind die strukturschaffenden Prozesse im Kosmos wirklich homogen und isotrop angelegt?

Frühere Weltmodelle, wie etwa das pythagoräische, das ptolemäische oder das kopernikanische, waren in der Tat von diesem Zuschnitt, wie man sich leicht vergegenwärtigen kann: Das kosmische Geschehen wickelte sich in ihnen in zyklischen Perioden auf ehernen Himmelssphären ab, einerlei ob letztere nun um die Erde oder um die Sonne zentriert gedacht wurden. Wegen der Einzigartigkeit der geozentrischen Weltsysteme ist das Homogenitätspostulat hier unerheblich. Wegen der zyklischen Geschlossenheit aller Vorgangsabläufe im Kopernikanischen Weltsystem besitzt auch dieses – selbst bei gegebener Inkommensurabilität aller Zyklenperioden – ein absolutes Zeitmaß. Die Homogenität der Materie- und Lichtverteilung im Universum ist in einem solchen System nicht nach dem üblichen Verständnis dieses Begriffes gegeben; vielmehr ergibt sie sich aus der „mechanischen" Zusammenhängigkeit der Geschehnisse im Raum, die ja alle über die externe Zeitkoordinate und die objekteigenen Zyklenperioden wie die Stellungen der Stunden-, Minuten- und Sekundenzeiger einer Uhr voneinander abhängen.

Eine ähnliche Situation wäre auch noch in einem „galaktozentrischen" Modell, wie es der amerikanische Astronom Harlow Shapley im Jahre 1918 aufstellte, gegeben. Hier dient das Zentrum unserer Galaxie, der Milchstraße nämlich, als Angelpunkt des kosmischen Geschehens, und alle Bewegungen der Himmelskörper laufen in bezug zu diesem Punkt nach einer uhrwerksmäßig zyklischen Mechanik ab. Wiederum läßt sich die Zeit in einem solchen Weltmodell als ein absoluter Steuerparameter für alle Bewegungen verwenden.

Diese Möglichkeit, das kosmische Geschehen durch eine absolute Zeitkoordinate zu parametrisieren, scheint jedoch in einem zentrumsfreien Weltmodell, wie es der deutsche Astronom Walter Baade um 1940 propagierte, plötzlich sehr fraglich zu werden. Die Erkenntnis Baades, daß unser Milchstraßensystem keine Sonderstellung unter den vielen anderen, morphologisch gleichrangigen Galaxien in unserer weiteren kosmischen Nachbarschaft einnimmt, zwingt selbstverständlich zu dem Schritt, das Milchstraßenzentrum als Zentrum der Welt fallenzulassen. Doch dieser Schritt in der Weltmodellkonzeption hat eine enorme Konsequenz für die Bedeutung der Zeit im Range einer das kosmische Gesamtgeschehen parametrisierenden, absoluten Koordinate: Die bisherige Homogenität der großen Weltanlage in der Form einer mechanischen Zusammenhängigkeit aller Geschehnisabläufe im Weltall scheint damit nämlich plötzlich aufgehoben zu sein. Es gibt nunmehr nur noch Uhrwerke in Form von verschiedenen, kausal voneinander unabhängig operierenden Galaxien und den mit ihnen jeweils verbundenen zyklischen Abläufen, aber es läßt sich keine Form der Synchronisation oder auch nur der Synchronisierbarkeit all dieser Uhrwerke absehen. Es scheint auch keine noch so schwach ausgebildete Kopplung zwischen den „Pendelschwingungen" dieser weit voneinander entfernten kosmischen Uhrwerke zu geben! Die vorher existierende kausale Geschlossenheit des gesamten Weltbestandes scheint nunmehr in ein zufälliges, unkorreliertes Nebeneinandersein von vielen Weltuhren verschiedenster Bauart aufgesprengt.

Wenn die Welt in der Tat nichts mehr als ein Nebeneinander von Galaxien wäre, die ihrerseits in völliger Isolation von ihren himmlischen Artgenossen bei strenger Eigengesetzlichkeit und voll bewahrter Individuumswürde koexistieren, dann würde sich eine Kosmologie für das Ganze der Welt erübrigen. Was man dann lediglich benötigte, wäre eine Kosmologie der galaktischen Systeme, aber keine darüber hinausgreifende Weltbeschreibung für das Zusammensein der Galaxien im Universum. Kosmologie im eigentlichen Sinne ist also nur dann sinnvoll, wenn die Welt kein bloßes Nebeneinander von morphologisch verwandten Galaxien, sondern ein in ihrer Gesamtdynamik kausal geschlossener Verbund aus Systemen und Übersystemen solcher Trägereinheiten ist, die durchgängig in Richtung vom Großen auf das Kleine sowie umgekehrt vom Kleinen auf das Große aufeinander Einfluß nehmen: die Welt als ein System der totalen Bedingtheit des Bedingenden durch die sich dynamisch verändernde Gesamtkonstellation. Aus der Sicht Theodor V. Souzeks drückt sich in dieser heuristisch zwangsläufigen Forderung nur mehr der Umstand aus, daß jede Veränderung am Einzelnen des Universums mit einer entsprechenden Veränderung des Ganzen einhergeht.

Hierin tut sich für ihn das „absolute Relativitätsprinzip" des Kosmos kund, wonach sich das Universum an jeder Teilbewegung eines seiner Bestandteile mit einer absoluten Konstellationsveränderung beteiligt.

Hier sollten wir vielleicht kurz auf einen bereits im vorangegangenen Kapitel angesprochenen Gedanken zurückkommen, nach dem sich durch teilabgesättigte Grundkräfte der Natur die Möglichkeit zu übergreifenden Hierarchiebildungen eröffnet. Ein System aus materiellen Zentren, die allesamt als Quellen eines Kraftfeldes vom gleichen Typ mit einem beliebig großen Wirkungsbereich agieren, kann weder dauerhaft existenzfähige materielle Hierarchien unterhalten, noch kann es sich in einen Zustand der materiellen Homogenität begeben. Das liegt einfach daran, daß bei der enormen Reichweite der vorherrschenden Wechselwirkungskräfte eine Hierarchiebildung auf jeder Stufe (ob mit zwei, drei oder mehr Partnern) dem Einfluß von Störenergien unterworfen ist; diese Störenergien sind größenordnungsmäßig vergleichbar denjenigen Energien, die für die Unterhaltung der jeweiligen Hierarchie selbst sorgen.

Durch diesen Umstand bedingt scheint sich auch die Einrichtung einer beständigen materiellen Homogenität in einem solchen System zu verbieten; sie wäre nur erreichbar, wenn jedes materielle Zentrum sich im wesentlichen kraftfrei, also ohne Beeinflussung durch die momentanen Orte und Bewegungen der anderen Zentren, bewegen könnte und nur ganz gelegentlich bei einer engen Kollision mit irgendeinem Partnerzentrum durch die gegenseitige Krafteinwirkung eine statistische, zur Ursprungsrichtung ganz unkorrelierte Ablenkung erfahren würde. Nur eine solche Situation würde zu einer Art Brownscher Bewegung der Hierarchiezentren in einem solchen System führen, würde somit letztlich nach ausreichend langer Zeit (die Physiker sprechen hier von der „Anpassungs-" oder Relaxationszeit) eine Maxwellsche Geschwindigkeitsverteilung unter den Hierarchieträgern annähern und würde dafür sorgen, daß die Aufenthaltswahrscheinlichkeit für jedes der vorhandenen Zentren an jedem möglichen Orte des Systems gleich wäre. Dies allein würde eine sich selbst etablierende Homogenität des Weltsubstrates in Form einer gleichförmigen Verteilung solcher Hierarchieträger im Raum als einen entropischen Prozeß zustande kommen lassen.

Nun aber wollen wir zunächst einmal darauf hinschauen, was eine Bestandsaufnahme der beobachtbaren Zustände des Universums eigentlich in dieser Hinsicht aussagen kann: Gibt es tatsächlich die Homogenität des Weltalls? Gibt es ein vom Standort unabhängig ablaufendes Geschehen in diesem Weltall, in dem die Zeit als eine raumunabhängige, absolute Koordinate auftritt? Gibt es sichere Zeichen für eine Isotropie, also eine Richtungsunabhängigkeit, der kosmischen Expansion?

Wenn das Weltall eine Schöpfung Gottes ist, so hatten Augustinus, Thomas von Aquin und Giordano Bruno folgern wollen, muß sich in dieser Schöpfung die göttliche Vollkommenheit und Unendlichkeit widerspiegeln: Also sollte die Welt dann unendlich ausgedehnt sein und keinen Raumbereich unerfüllt lassen. Dann aber scheint es a priori keinen großen Sinn zu machen, von Inhomogenitäten in einem solchen Apeiron, einer solchen Unendlichkeit also, sprechen zu wollen. Sie mögen vielleicht auf kleiner Raumskala auftreten können, aber über entsprechend größere Skalen gesehen verlieren sie jegliche Bedeutung für das große Ganze. Diesem Postulat von der räumlichen Unendlichkeit der Welt und der damit verstandesgemäß zwangsläufig verbundenen großräumigen Gleichförmigkeit derselben war schon der Bremer Arzt und Naturforscher Heinrich Wilhelm Olbers im Jahre 1789 skeptisch entgegengetreten. Wie er in seinen Berichten in einer berühmten Naturforscherzeitschrift der damaligen Zeit hervorhebt, sollte nämlich eine Gleichförmigkeit der Welt auf unendliche Weiten ausgedehnt für uns Menschen als Beschauer dieses Szenariums paradoxe Folgen haben. Seiner Schlußfolgerung nach sollte uns eine unendliche Welt mit gleichförmiger Sternenverteilung einen taghell leuchtenden Nachthimmel eintragen, da wir mit jedem auch noch so kleinen Sichtwinkelkonus zum Nachthimmel doch immer schließlich einen leuchtenden Stern, ob nah oder fern von uns, erfassen sollten. Wenn also das Licht bei seiner Ausbreitung im Raum nicht verlorengeht oder sich energetisch verbraucht, dann sollte uns demnach jede Richtung am Nachthimmel (und natürlich auch am Taghimmel) hell wie die Oberfläche leuchtender Sterne erscheinen.

Dem ist nun ersichtlich schon seit Menschheitsgedenken ganz und gar nicht so. Die Frage ist demnach also, ob damit bereits eine Unendlichkeit der Welt bei vorliegender Gleichförmigkeit in ihrer Beschaffenheit ausgeschlossen werden kann. Für Olbers zumindest war dieser Schluß unausweichlich! Die moderne Astronomie hat zwar inzwischen viele von Olbers nicht bedachte Aspekte seines Paradoxieproblems mit in den Kontext eingebracht, ist sich aber bis heute dennoch nicht restlos einig darin, ob das Olberssche Paradoxon damit als aufgelöst gelten kann und ob somit die Unendlichkeit der Welt weiterhin als kosmisches Realitätskonzept aufrechterhalten werden kann.

Was Olbers zu seiner Zeit noch nicht klar bedachte, war

vor allem die Endlichkeit der Lebensdauer jedes einzelnen Sterns und die Endlichkeit der Lichtgeschwindigkeit, mit der sich das Licht der fernen Sterne zu uns vorpirscht. Nachdem klar wurde, daß die Sterne ihre Energie, die sie über ihre Oberfläche abstrahlen, durch nukleare Atomkernfusion in ihrem Inneren erzeugen, ließ sich schnell erschließen, daß diese Fusion nur über einen begrenzten Zeitraum hinweg aufrechterhalten werden kann, bis das nukleare Brennmaterial verbraucht ist. Danach aber sollte der Stern sein Leben und Leuchten auf die eine oder andere Art und Weise beenden. Wenn alle Sterne im unendlichen Weltall gleichzeitig entstehen würden und ihr Leuchten begännen, so würde man von einem bestimmten Punkt im Weltall aus die ihm entsprechend fernen Sterne noch gar nicht sehen können, weil das Licht von ihnen seit Strahlungsbeginn noch nicht Zeit genug hatte, sich bis dorthin auszubreiten. Zu einem späteren Zeitpunkt dagegen würde man von diesem Punkt aus die ihm nahen Sterne nicht mehr sehen, weil sie ihr Leuchten inzwischen eingestellt hätten.

Die paradoxe Situation des von Olbers geforderten sternhellen Nachthimmels würde demnach erst eintreten können, wenn die im Raum unendliche Welt auch bereits seit ewigen Zeiten existierte und wenn an allen Stellen im Weltall seit ewigen Zeiten immer wieder Sterne entstehen und vergehen, so daß sich das Bild des Kosmos weder von Ort zu Ort noch von Zeit zu Zeit abwandelt. Nur bei räumlicher und zeitlicher Unendlichkeit des Universums und bei einer kosmischen Prozeßkette nach Art eines „perpetuum mobile" würde sich der in der Tat für uns dunkle Nachthimmel als ein echtes Paradoxon ergeben.

Bleiben wir also bei dem Faktum: Der leuchtende Nachthimmel ist nicht existent! Aber warum nicht? Ist die Welt nicht unendlich im Raum? Oder besteht sie nicht seit ewigen Zeiten, sondern hat einen Anfang? Die heutige Fachwelt glaubt die Antwort darauf mit dem postulierten Anfang der Welt in der Form eines „Big Bang" gegeben zu haben. Doch diese Antwort ist ganz und gar nicht ausreichend, wie sich leicht zeigen läßt. Trotz eines Anfangs der Welt gibt es offensichtlich doch das Phänomen des leuchtenden Nachthimmels, zwar nicht im optischen Wellenlängenbereich, vielmehr aber in einem Bereich des elektromagnetischen Wellenspektrums, den man zu den Radiowellen und Mikrowellen zählt. Hier leuchtet tatsächlich der Nachthimmel gleichmäßig hell, wie dies von einer unendlichen Welt aus Sternen zu erwarten wäre, allerdings von „Sternen" mit einer ungewöhnlich niedrigen Oberflächentemperatur von nur 3 Kelvin! Das Phänomen, das wir hiermit ansprechen, ist als die „kosmische Hintergrundstrahlung" allgemein bekannt geworden. Warum aber sollte es trotz eines Anfanges der Welt zwar einen leuchtenden Mikrowellenhimmel, aber keinen optisch leuchtenden Himmel geben?

Eine mögliche Antwort hierauf im Rahmen der „Big Bang"-Kosmologie könnte sein, daß die Quellen der kosmischen Mikrowellenstrahlung genealogisch viel älter sind als die Sterne und Sternsysteme. So konnte der Mikrowellenhimmel vielleicht inzwischen dicht zusammenwachsen, während der optische Himmel heute noch große „Löcher" aufweist. Müßte dann nicht der Schluß zu ziehen sein, daß auch der optische Himmel allmählich zusammenwachsen wird und daß es deswegen nur einer Arglist des kosmischen Schicksals zuzuschreiben ist, wenn der Mensch heute noch keinen taghellen Nacht-himmel sieht?

Anhaltendes Nachdenken über das Ausbleiben des im Optischen hellen Himmels hat inzwischen zu einer langen Reihe von Argumenten geführt, warum es hier nicht zu dem nach dem Bremer Naturforscher so benannten „paradoxen" Nachthimmelsphänomen kommt. Zum Beispiel mag der Staub in galaktischen und intergalaktischen Räumen die Strahlung der fernen Sterne zumindest zum Teil absorbieren. Zum anderen expandiert das Universum, und die Strahlung der fernen Sterne erfährt auf dem Wege zu uns durch den expandierenden Raum eine „kosmologische Rotverschiebung". Dazu kommt dann noch, daß der Sichthorizont nicht unendlich ist. Er reicht vielmehr nur bis zum Zeitpunkt zurück, als optisch leuchtende Materie im Kosmos entstand, also wohl frühestens vor etwa 18 bis 20 Milliarden Jahren, wie nach heutigen Altersbestimmungen an den ältesten Sternen in Kugelsternhaufen unserer Galaxie allgemein angenommen wird.

Eine wesentliche Rolle bei dem Phänomen des löcherigen Nachthimmels spielt jedoch auch die organisierte Leere der leuchtenden Materie im Weltall, worüber man sich erst in den letzten Jahren immer stärker klar wird. Die Materieverteilung im Weltall scheint großräumig besehen durchaus keine Gleichverteilung im üblichen Sinne, sondern eher eine ausgeprägte Bienenwabenstruktur zu repräsentieren, wobei die Wabenwände in diesem Falle nicht aus Wachs, sondern aus einer gravitativen Vernetzung von Galaxien und Galaxiensystemen aufgebaut sind. Dabei stellen die Wabeninnenräume allerdings keinen kosmischen Honig, sondern die große kosmische Leere dar. Was dieser Umstand für den Olbersschen Nachthimmel bedeuten sollte, versucht man sich neuerdings durch Computersimulationsrechnungen zu vergegenwärtigen, und es kommt dabei heraus, daß selbst bei unendlicher Ausbreitung solcher galaktischer Bienenwabenstrukturen im Raum kein leuchtender Nachthimmel entsteht, wenn nur die Proportionen der Wabeninnenräume gegenüber den Wabenwänden entsprechend dimensioniert sind, das heißt, wenn nur die organisierte Leere im Universum ein kritisches Maß überschreitet.

Gerade diese Leerräume im Weltall sind vom Beobachtungsbefund her eigentlich noch interessanter als die kürzlich gemachte, gerade gegenteilige Entdeckung der beiden amerikanischen Astronomen M. J. Geller und J. P. Huchra vom Harvard Smithsonian Center for Astrophysics in Cambridge, Massachusetts, daß es im Weltall offensichtlich zum Aufbau riesiger Mauern aus Galaxien und Galaxiensystemen kommt, also gigantischer, in Flächen angelegter Materieverdichtungen. Diese sogenannte „große Mauer" im Weltall wird von Galaxiensystemen gebildet, die sich uns gegenüber mit Fluchtgeschwindigkeiten von 7500 bis 10 000 km/s bewegen und in einem flächenhaften Raumbereich von einer Ausdehnung von 200 Mpc mal 500 Mpc quer zur Sichtlinie und einer Tiefe von nur 15 Mpc konzentriert erscheinen (1 Mpc = 1 Megaparsec = 3,26 Millionen Lichtjahre).

Eine solche Konzentration von galaktischer Materie braucht jedoch vor dem Erscheinungsbild des Gesamtkosmos nicht als etwas absolut Einmaliges angesehen zu werden, sonst käme ihr kosmologisch ohnehin keine Bedeutung zu. Sie kann lediglich als die bisher gigantischste Häufung von leuchtenden Massen im Weltall gelten. Neben ihr sind aber bereits viele ähnlich geartete Anhäufungen von den Astronomen aufgefunden worden. So wurde 1988 von dem englischen Astronomen Lynden-Bell und seinen Mitarbeitern das Phänomen eines „gro-

Rektaszension

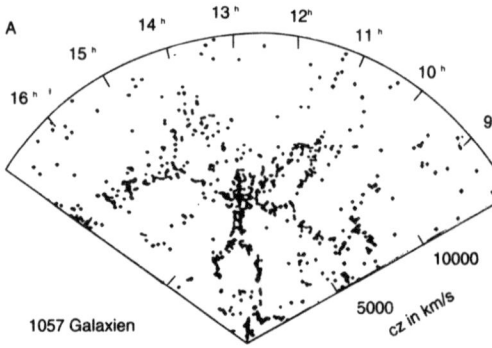

A

16ʰ 15ʰ 14ʰ 13ʰ 12ʰ 11ʰ 10ʰ 9ʰ

10000

5000 cz in km/s

1057 Galaxien

Deutet man die gemessenen Rotverschiebungen von Galaxien im Dopplerschen Sinne als Fluchtgeschwindigkeit, die nach Hubble entfernungsabhängig verstanden wird, so kann man die „räumliche Verteilung" der Galaxien rekonstruieren. Huchra und Geller stießen mit dieser Methode auf die „Große Mauer", die sich quer durch die hier dargestellten „Raumscheiben" zieht.

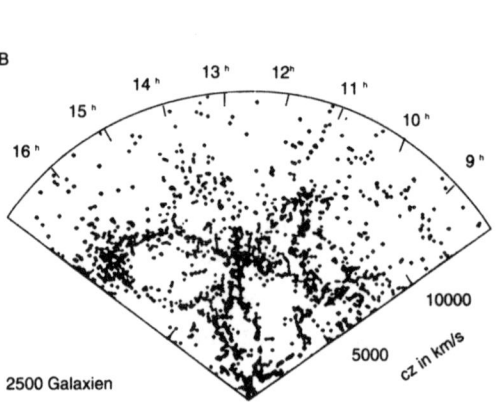

B

16ʰ 15ʰ 14ʰ 13ʰ 12ʰ 11ʰ 10ʰ 9ʰ

10000

5000 cz in km/s

2500 Galaxien

C

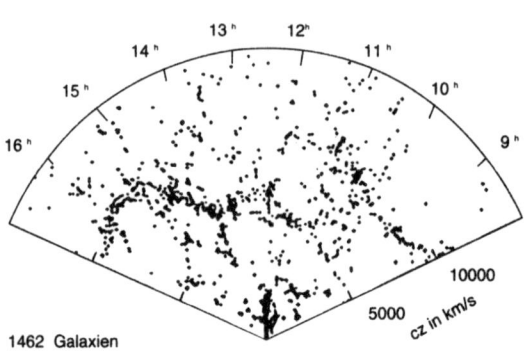

16ʰ 15ʰ 14ʰ 13ʰ 12ʰ 11ʰ 10ʰ 9ʰ

10000

5000 cz in km/s

1462 Galaxien

ßen kosmischen Attraktors" herausgestellt: In einem begrenzten Raumbereich des Universums mit einer Ausdehnung von 100 Mpc bewegen sich alle Galaxien mit mittleren Geschwindigkeiten von 500 km/s auf ein lokales Zentrum zu, dessen gravitative Anziehung einer Massenkonzentration von einigen 10 Billiarden Sonnenmassen entspricht. Die englischen Astronomen Lynden-Bell, Terlevich und Wegner zusammen mit den amerikanischen Astronomen Burstein, Davies, Faber und Dressler bringen derzeit eine auf dieses Phänomen des „großen Attraktors" ausgerichtete, groß angelegte Untersuchung von Entfernungen und Eigenbewegungen von etwa 500 Galaxien zum Abschluß, die alle zu einem Galaxiensuperhaufen mit dem Namen Hydra-Centaurus gehören. Unter Einsatz fast aller derzeit verfügbaren Großteleskope auf der Erde beobachten sie die Eigenbewegungen der Galaxien aller Himmelsrichtungen innerhalb eines uns umgebenden Weltallvolumens von einigen hundert Millionen Lichtjahren Durchmesser. Dabei zeigt sich interessanterweise, daß dieses Riesensystem von galaktischen Massenansammlungen offensichtlich nicht der allgemein unterstellten Hubbledynamik des kosmologisch expandierenden Weltalls folgt, sondern eine signifikant davon abweichende, globale Eigenbewegung in Richtung auf ein „magisches Massenzentrum" ausführt; dieses liegt etwa in gleicher Richtung wie das Zentrum des Hydra-Centaurus-Superhaufens, muß aber ungefähr doppelt so weit entfernt sein. Wenn die genannten Astronomen dabei auf dem Wege der Rotverschiebungsinterpretation die allgemeine Relativdynamik aller Mitglieder des Hydra-Centaurus-Superhaufens auf dieses Zentrum hin richtig erfaßt und von ihrer Aussage her richtig gedeutet haben, so zeigt sich darin sogar die Tatsache auf, daß nicht einmal dieses bisher nur aus dynamischen Gründen erschlossene, magische Massenzentrum mit der gravitativen Anziehungswirkung von einigen 10 Billiarden Sonnenmassen gegenüber dem allgemeinen Hubblefluß des Weltalls in Ruhe ist; vielmehr scheint auch dieses Zentrum seinerseits noch eine Eigenbewegung von mindestens 150 km/s gegenüber dem expandierenden Weltstratum zu besitzen.

Das heißt aber immerhin, daß selbst von so riesigen Massensystemen wie den derzeit geforderten kosmischen Attraktoren noch kein kosmisches Bezugssystem absoluter Ruhe markiert wird: Entweder gibt es das immer wieder unterstellte freifallende kosmische Ruhesystem überhaupt nicht, oder es kann zumindest mit keinerlei sichtbarer Materie in Verbindung gebracht werden. Wir kennen also bis heute kein kosmisches Massensystem noch so hoher Hierarchiestufe, dessen Schwerpunkt sich gegenüber dem kosmischen Mikrowellenstrahlungshintergrund in Ruhe befindet, der ja nach allgemeiner Auffassung gerade das kosmische Inertialsystem an sich repräsentiert. Gibt es ein solches kosmisches Inertialsystem demnach vielleicht überhaupt gar nicht? Weder als ein lokales noch als ein globales System? Und müssen wir deshalb ein allgemein expandierendes Weltsystem bezweifeln, oder gibt es hier für die Hubble- und Einsteinfreunde noch einen Ausweg?

Wir wollen später noch einmal auf die Frage der Eigenbewegungen gegenüber dem kosmischen Mikrowellenhintergrund und ihre Implikationen eingehen, jedoch zunächst noch einmal auf das Phänomen der Leere im Universum zurückkommen. Zwischen den galaktischen Massenkonzentrationen in Form der schon genannten Superhaufen nach der Art des Hydra-Centaurus- oder des Pavo-Indus-Haufens breiten sich immer wieder gigantische Leerräume aus, die interessanterweise hierarchisch angelegt zu sein scheinen. Die in den einzelnen Größenhierarchien anzutreffende Leere, ausdrückbar durch eine hierarchiespezifische Materiedichte, wird mit wachsender Größenskala immer auffälliger und ausgeprägter, das heißt, die Materiedichte im Weltall wird, soweit wir heute überhaupt eine Beurteilung vornehmen können, mit wachsender Größenskala immer kleiner! Die größten derzeit erkannten Leerräume sind die sogenannten „inter-cluster voids", Vakuolen mit einer Linearausdehnung von mehr als 500 Mpc, in denen die mittlere Materiedichte um den Faktor 10 niedriger ist als in den Umhüllungen der Vakuolen, die wie ein flächenhaftes Maschennetz aus Galaxien und Galaxiensystemen aufgebaut sind. Das zeigt sich auch optisch an astronomischen Quellenzählungen am Himmel.

Dazu ermittelt man die Zahl kosmischer Lichtquellen bis zu einer gewissen Grenzhelligkeit. Bei gleichmäßiger Verteilung der Quellen im Raum und gleicher absoluter Helligkeit sollte sich dann ein Verhalten dieser Zahl mit der Grenzhelligkeit gemäß dem folgenden Gesetz einstellen:

$$N(\Phi) \approx \Phi^{-3/2} \approx 10^{0,6m}$$

(Φ = Grenzhelligkeit, auch ausdrückbar durch die scheinbare visuelle Größe m; $N(\Phi) = N(m)$ = Zahl der Lichtquellen mit Helligkeiten größer Φ (bzw. m).)
Reelle Sternzählungen weisen nun in der Tat aber je nach Himmelsregion sehr deutliche Abweichungen von diesem obigen Normalverhalten auf. Solche Abweichungen gegenüber der „Normalverteilung" lassen dann stets den sicheren Schluß zu, daß wir mit den in die Zählung einbezogenen stellaren Leuchtkandidaten bei bestimmten kritischen Helligkeiten Φ_c (Magnituden m_c) über die Grenze eines uns umgebenden kosmischen Hierarchiesystems hinauszusehen beginnen,

in dem allenfalls eine homogene Quellenverteilung erwartet werden könnte.

Bisher ist, bis zu den heute gerade noch wahrnehmbaren Grenzhelligkeiten herunter, kein Normalverhalten der kosmischen Leuchtquellen aufgefunden worden. Das bedeutet aber, daß bis in die größten heute erreichbaren kosmischen Fernen kein Ende einer durchgängigen Hierarchienbildung absehbar ist und sich demzufolge keine Tendenz zur Homogenisierung der Materieverteilung im Universum nachweisen läßt. Der französische Astronom De Vaucouleurs sagt dazu nur: „Wenn das Universum wirklich auf den allergrößten Raumskalen (20 Milliarden Lichtjahre) homogen wäre, so stellte das schon einen beachtlichen Bruch mit dem kosmischen Zustand auf allen kleineren Skalen dar!"
Die kosmische Materieverteilung stellt auf kleinerer Skala von vielleicht 500 Millionen Lichtjahren eine Art Seifenschaumgebilde dar, bei dem sich praktisch die gesamte Materie in den durch magische Oberflächenspannungen geregelten Flächen der Schaumblasen befindet. Mit diesen gigantischen Leerräumen im Weltall verbindet sich jedoch auf dieser Skala bereits ein ganz besonderes Verständnisproblem. Wenn man nämlich den Glauben an ein ursprünglich homogenes und isotrop expandierendes Weltall beibehält, so muß man sich fragen, wie überhaupt im Verlaufe einer bis heute nur 20 Milliarden Jahre währenden Evolution des Universums solche gigantischen materiellen Leeren entstehen konnten.
Schaut man hierzu, um ein Gefühl zu gewinnen, noch einmal auf die zuvor genannten Eigengeschwindigkeiten, die sich in Verknüpfung mit gravitativ wirksamen materiellen Verdichtungen im Weltall als lokal koordinierte

Bewegungen gegen den kosmischen Hintergrund ergeben, so findet man Werte von 500 km/s als typisch
bestätigt. Das ist zum Beispiel ein Geschwindigkeitswert,
mit dem die Lynden-Bellschen Galaxien sich auf den
„großen kosmischen Attraktor" zubewegen oder mit
dem sich zum Beispiel auch das Sonnensystem relativ zur
kosmischen Hintergrundstrahlung bewegt. Wenn die
hierin angedeutete koordinierte Differenzbewegung gegenüber dem kosmischen Referenzhintergrund bei der
Schaffung der kosmischen Vakuolen von einer Dimension von 500 Mpc tragend war und demnach also mit
solchen Geschwindigkeiten um 500 km/s abgelaufen
wäre, so müßten etwa 10^{12} Jahre (eine Billion!) notwendig gewesen sein, damit Raumgebiete von solcher Größe
leer geräumt werden konnten. Das Alter des Universums
(nach heutiger Big-Bang-Vorstellung vielleicht 20 Milliarden Jahre) würde also bei weitem nicht ausreichen, um
solche Leerräume aus einem anfangs homogenen Materieuniversum überhaupt entstehen zu lassen. War die
Leere demnach schon zu Beginn der Schöpfung in
irgendeiner Art präexistent, und gibt es einen apriorisch-
genealogischen Grund, warum bestimmte Raumbereiche
des Kosmos materiell benachteiligt sind? War das Universum also möglicherweise niemals im Laufe seines Exi-
stierens ein homogenes Gebilde?
Das Weltall ist zumindest heute weit davon entfernt, eine
homogene Materieerscheinung im Raum darzustellen,
und mit der Isotropie der Expansion des Weltalls ist es
wegen der Existenz der großen Attraktoren auch nicht
gut bestellt. Da muß sich zwangsläufig die Frage aufdrängen, ob das Weltall heute eigentlich überhaupt durch
unsere gängigen kosmologischen Modelle, in denen ja
gerade Homogenität und Isotropie vorausgesetzt wer-

den, angemessen beschrieben werden kann. Alle derzeit diskutierten Weltmodelle gehen von einem Urknall mit homogener Energie- beziehungsweise Masse-Erfüllung des Raumes und einer isotropen Expansion aus. Hier lohnt es, noch einmal zurückzukommen auf den überall in der Fachpresse vermeldeten, sensationellen Beobachtungsbefund der Cambridge-Astronomen Geller und Huchra, die ja, wie gesagt wird, die „große Mauer" im Weltall entdeckten. Ein solches Gebilde stellt offensichtlich doch das bei der Erklärung des Kosmos allgemein benutzte Grundpostulat in Frage, das da fordert, das Universum sei ein von allen Stellen im Weltall aus gleichartig aussehendes Gebilde, so daß für das Studium der kosmischen Gegebenheiten kein Standort und keine Richtung im Universum ausgezeichnet ist. Diese standort-invariante Kosmologie glaubt man im allgemeinen mit der unabdingbaren Forderung nach einer homogenen Materieverteilung im All und einer isotropen Expansion des Raumes seit dem Urknall in Zusammenhang bringen zu müssen.

Die große Mauer war eigentlich nur der jüngste und allerdings auch härteste Anschlag auf diese allheilige perspektivenfreie Kosmologie. Schon seit langem häufen sich Befunde, wonach sich zumindest die leuchtende Materie als alles andere als homogen im Weltall verteilt erweist. Vielmehr kommen Galaxien und ihre Zusammenlagerungen in Clustern bis hinauf zu den größten Längenskalen lokal gehäuft vor, wogegen sich anderenorts gähnende Leere im Weltall auftut. Das Universum scheint sich also selbst über die größten Raumskalen gemittelt nicht als ein homogenes Gebilde darstellen zu wollen. Davon kann man sich leicht überzeugen, schon wenn man den Himmel mit bloßem Auge anschaut, und erst recht, wenn man ihn mit den leistungsstarken Teleskopen unserer Zeit durchmustert.

Betrachtet man nur einmal die zahlenmäßige Verteilung der bis heute in ihren Rotverschiebungen beobachteten Galaxien (1980 waren es 5000, heute sind es deren 30 000!) über einer Abszissenachse, auf der die Rotverschiebung der Spektrallinien dieser Galaxien als Koordinate dargestellt ist, so wird das Faktum der Verklumpung augenfällig. Da gibt es ganz auffällige Häufungspunkte auf der Rotverschiebungsachse, die auch dann noch bedeutsam bleiben, wenn man bedenkt, daß der zu bestimmten Entfernungsintervallen zugehörige Raumbereich mit wachsender Entfernung (größere Rotverschiebung) quadratisch anwächst und uns dafür aber die fernen Quellen wegen ihrer Lichtschwäche in wachsendem Maße verborgen bleiben. Diese Umstände zusammengenommen sind durch die durchgezogene Kurve in unserer Abbildung wiedergegeben. Sie zeigt nämlich, welche Verteilung wir bei einer homogenen Quellenverteilung erwarten sollten. Dagegen weicht die tatsächliche Quellenverteilung ganz auffällig ab. An der tatsächlichen Quellenverteilung erkennt man so zum Beispiel eine sehr bemerkenswerte Häufung von Galaxien im Bereich $7500\,km/s \leq (c \cdot z) \leq 10\,500\,km/s$. Was aber besagt denn nun wirklich eine solche Häufung in den Rotverschiebungen für den Kosmos?

Ist eine solche Häufung bei bestimmten Rotverschiebungswerten denn auch als eine räumliche Häufung zu interpretieren, würde ein Unvoreingenommener die Astronomen fragen wollen? Und diese werden ihm dann antworten, daß die Rotverschiebung ein sicheres Anzeichen für die in jedem Einzelfall gegebene radiale Fluchtgeschwindigkeit der jeweiligen Galaxie von uns weg ist.

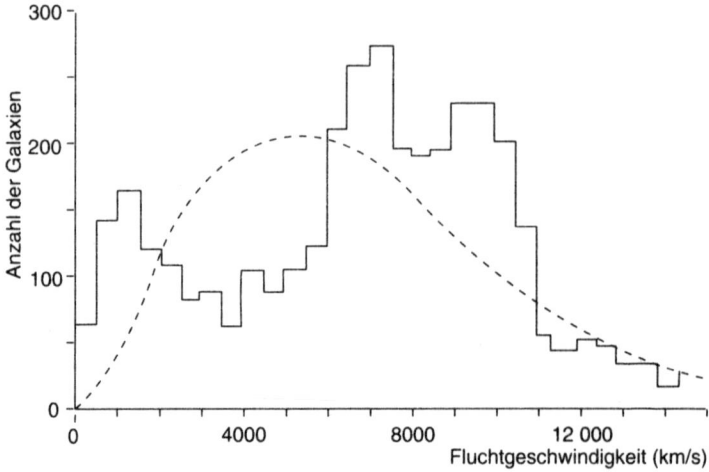

Wären die Galaxien gleichmäßig im Weltall verteilt, ergäbe sich eine Häufigkeitskurve abhängig von der Entfernung entsprechend der gestrichelten Linie (die Abnahme zu großen Entfernungen ist durch die begrenzte Empfindlichkeit der Instrumente bedingt, die in großen Distanzen nur noch zum Nachweis der hellsten Objekte reicht). In Wirklichkeit aber werden klare Abweichungen von dieser Verteilung beobachtet.

Dabei berufen sie sich auf Edwin Hubble, der 1929 in einer berühmten Arbeit eindeutig festgestellt haben soll, daß die Fluchtgeschwindigkeit V_i einer Galaxie i streng proportional zu ihrer Entfernung R_i von uns ist nach dem Gesetz:

$$V_i = H_0 \cdot R_i$$

wobei H_0 die sogenannte „Hubble-Konstante" bedeutet, die je nach Astronomenschule heute mit Werten zwischen 50 und 100 km/s/Mpc angegeben wird, während Hubble selbst sie seinerzeit mit dem Wert 530 km/s/Mpc belegt hatte.

In Hubbles früher Arbeit waren nur Galaxien und Nebel mit sehr kleinen Rotverschiebungen von $10^{-3} < z < 10^{-2}$ aufgenommen worden; der Rotverschiebungswert z der Wellenlängenverschiebung berechnet sich über die Beziehung

$$z = \frac{\lambda - \lambda_0}{\lambda_0}.$$

aus der gemessenen Wellenlänge λ und der emittierten Wellenlänge λ_0.

Die Streuung in den aufgenommenen Daten war so groß, daß es schon einer ziemlichen Kühnheit bedurfte, darin so etwas wie die Bestätigung für die berühmte Hubblesche Relation sehen zu wollen. Zudem muß man sich klarmachen, daß das Zustandekommen dieser Relation eigentlich einem „glücklichen" Umstand zu danken ist: Hubble hatte nur Objekte mit kleiner Rotverschiebung zur Verfügung, und er hatte entdeckt, daß bei diesen Objekten die gemessene Rotverschiebung z mit der Entfernung R zusammenhing. Hinzu kam, daß Hubble von der Theorie des optischen Dopplereffektes gehört hatte, die die Wellenlängenveränderung von elektromagnetischer Strahlung beim Wechsel des Referenzsystems beschreibt. Danach tritt eine Strahlungsrötung ein, wenn man sich vom Ursprungssystem der Strahlung mit einer Geschwindigkeit V fortbewegt.

Die Strahlenrötung ist streng mathematisch gegeben durch den folgenden Ausdruck:

$$z = \frac{H_0}{c} \cdot R = \sqrt{\frac{1 + \frac{V}{c}}{1 - \frac{V}{c}}} - 1$$

Hierin ist interessanterweise überhaupt keine Proportionalität zwischen Expansionsgeschwindigkeit V und Abstand R nach Art der Hubbleschen Relation zu erkennen. Sie ergibt sich aus obiger Formel erst, wenn man für sehr kleine Werte von z, wie bei Hubble gegeben, annehmen kann, daß die zugehörige Fluchtgeschwindigkeit der Galaxie sehr klein gegenüber der Lichtgeschwindigkeit ist, also $V \ll c$, so daß man Terme von der Größenordnung $(V/c)^2$ oder kleiner vernachlässigen darf!

Dennoch ist Hubbles Relation immer als ein Anzeichen einer allgemeinen Galaxienflucht im Kosmos gedeutet worden, selbst noch bestätigbar an Objekten mit Rotverschiebungen $z \gtrsim 1$, die ja zu Objekten gehören müßten, welche sich mit mehr als 75 Prozent der Lichtgeschwindigkeit (0.75 c) von uns wegbewegen. Inzwischen sind sogar Objekte mit Rotverschiebungen von nahezu $z = 5$ gesehen worden, für die die Hubblesche Näherung des optischen Dopplereffektes bei weitem nicht mehr gültig ist. Diese dennoch als allgemein erkannte Galaxienflucht hat in der allgemein-relativistischen Kosmologie ihre Deutung durch expandierende Weltmodelle gefunden, die eine isotrope Expansion des Raumes mit Hilfe eines zeitabhängig wachsenden Skalenparameters $S(t)$ beschreiben.

Ein solches expansives Weltall stellt jedoch kein physikalisches Ruhesystem dar. Die Lichtausbreitung vollzieht sich in ihm deswegen viel komplizierter, als es mit den Formeln zum optischen Dopplereffekt zu beschreiben wäre. Mit den Mitteln der allgemeinen Relativitätstheorie Einsteins wird man in diesem Falle auf einen Ausdruck für die sogenannte „kosmologische Rotverschiebung" geführt, in dem sich etwas ganz anderes als die Fluchtgeschwindigkeit der Galaxien niederschlägt, nämlich die Ausdehnungsgeschichte des Weltalls zwischen

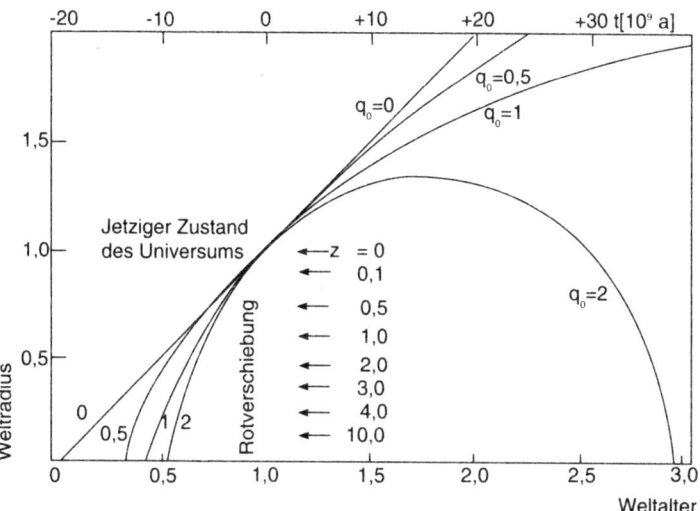

*Die traditionellen Urknall-Modelle führen abhängig vom Verzögerungspara-
meter q_o zu sehr unterschiedlichen Zukunftsaussichten: Ohne jegliche Abbremsung ($q_o = 0$) würde sich das Universum grenzenlos ausdehnen, bei
mäßiger Abbremsung ($q_o = 1$) erst „im Unendlichen" zum Stillstand kommen und erst bei ausreichend starker Verzögerung ($q_o = 2$) nach einer
maximalen Ausdehnung wieder in sich zusammenstürzen.*

der Zeit der Emission und der Zeit des Empfangs des
jeweiligen Sternenlichtes. In die beim Empfänger auftretende Rotverschiebung der einkommenden Strahlung
geht wesentlich nämlich die Ausdehnung der Welt $S(t_e)$
zum Zeitpunkt der Emission des Lichtes von einer
Galaxie ein, den wir heute zum Zeitpunkt t_0 bei uns
durch sein Licht beobachten. Auch geht die heutige
Allausdehnung $S(t_0)$ ein, so daß die Rotverschiebung z
eines Objektes schließlich dann nämlich gegeben wird
durch die folgende sehr einfache Formel, in der jedoch
ein völlig anderer Zusammenhang aufscheint:

$$z = \frac{S(t_0)}{S(t_e)} - 1.$$

Die Kosmologie gibt der Rotverschiebung, wie an der obigen Formel zu sehen, eine völlig veränderte Deutung. Hiernach ist sie überhaupt nicht mehr als Hinweis auf eine Fluchtbewegung der Sendergalaxie gegenüber unserem Standpunkt anzusehen, sondern erfaßt den Umstand, daß das Weltall als ganzes zur Zeit der Emission des Lichtes an den fernen Quellen insgesamt kleiner gewesen ist als heute.

Daraus läßt sich jedoch ein interessanter, dem Hubblegedanken zuwiderlaufender Schluß ziehen, nämlich: Galaxien können sich in ganz unterschiedlichen Entfernungen zu uns befinden und dennoch die gleiche Rotverschiebung z aufweisen, dann eben, wenn während der Zeit, die das Licht von den weiteren Galaxien länger braucht, um bis zu uns zu gelangen, kaum eine Expansion des Weltraumes stattgefunden hat. Im Rotverschiebungsdiagramm würde dann eine Galaxienhäufung wie etwa die große Mauer vorgetäuscht, die jedoch im wirklichen Raum gar nicht vorhanden wäre. So etwas wäre demnach bei kosmologischen Modellen zu diskutieren, bei denen eine Phase stagnierender Expansion auftritt zu einer Zeit, in der bereits Galaxien vorhanden sind. Solche Modelle werden neuerdings wieder stärker diskutiert. Sie gehen zurück auf Arbeiten von Lemaître aus den Jahren 1927 bis 1931 und sind verbunden mit einer von Null verschiedenen kosmologischen Konstanten Λ. Auf der Basis solcher Modelle ergäbe sich selbst bei den gleichen „kosmologischen Tatsachen" überhaupt keine Notwendigkeit, von Galaxienhäufungen im All zu sprechen, es

84

wären vielmehr Galaxien, die im Raum weitgehend gleichmäßig verteilt sind und zu denen wir allesamt über einen Zeitraum Sichtkontakt herstellen, währenddem sich das Universum nur unwesentlich ausgedehnt hat.

Eine Analyse der Frage nach der Berechtigung zu der Annahme einer Homogenität des Alls zeigt demnach eindeutig, daß das kosmologische Prinzip nur aufrechtzuerhalten ist, wenn wir bestimmte Tatsachen in der Dynamik und der Makrostruktur des Universums auf ganz neuartige Weise deuten: Der Kosmos ist auf den ersten Blick sicherlich ein Phänomen lokaler Inhomogenitäten mit einer je eigenen Zeitentwicklung. Er kann aber in einem zweiten Blick verstanden werden als ein Gesamtgebilde aus Teilen in ewiger Bewegung und ewiger Entwicklung, ablaufend unter dem multikausalen Antrieb der gegenseitigen Bedingtheit des einander Bedingenden! Es gibt keinen Informationsverschleiß in diesem kosmischen Evolutionsprozeß! Das muß letzten Endes heißen: Alle Strukturen des Universums müssen sich als skaleninvariant erweisen lassen! Das kosmische Geschehen auf allen Raumskalen ist in zyklischen Prozeßabläufen mit dazu passenden und typischen Zeitperioden in sich geschlossen.

Satellitensysteme der Planeten – Sonnensysteme – Galaxien – Galaxiensysteme – die „großen Mauern" – die noch größeren Vakuolen!

Vom Kleinen zum Großen alles in ewiger Wiederholung – einer Dynamik von ewigem Werden und Vergehen unterworfen!

Kapitel 4

Die kosmische Hintergrundstrahlung – ein nicht-kosmologischer Vordergrund?

In einer unendlich ausgedehnten Welt sollte der Blick in jeder Richtung auf einen leuchtenden Stern hinführen. Dennoch leuchtet der Nachthimmel nicht gleichmäßig sternenhell, sondern zeigt uns Einzelsterne vor einem dunklen Hintergrund. Nur im Bereich der Radio- und Mikrowellen gibt es das erwartete Phänomen des „leuchtenden" Nachthimmels in Form der bekannten kosmischen Hintergrundstrahlung.

Sie wird üblicherweise als das „Echo" des Urknalls gedeutet, aus dem unser Universum hervorgegangen sein soll. Von thermischer Natur kann diese Strahlung nur dann sein, wenn sie es bereits früher im Urknall gewesen wäre und der Kosmos seitdem eine gleichmäßige und richtungsunabhängige Expansion durchgeführt hätte – dann aber hätte er keine materiellen Strukturen schaffen können, wie wir sie heute zu sehen bekommen. Das Phänomen unseres Kosmos darf einfach nicht auf die Strukturlosigkeit seiner Hintergrundstrahlung reduziert werden – es muß vielmehr zuerst eine Erklärung für die Strukturiertheit gesucht werden! Wenn dann herauskommt, daß wir die Hintergrundstrahlung bis heute falsch interpretiert haben, fällt auch die These von der Urknallgenese des Universums.

Wir hatten schon im vorangegangenen Kapitel hervorgehoben, daß der von Wilhelm Olbers erwartete leuchtende Nachthimmel zwar nicht im optischen Bereich des elektromagnetischen Spektrums, dafür aber im Radio- und Mikrowellenbereich als ein klares und unverkennbares Phänomen existiert und nachgewiesen ist. Heißt dies nun, daß die besonderen Voraussetzungen, unter denen solch ein Phänomen überhaupt erwartet werden kann, nur in diesem niederfrequenten Bereich der elektromagnetischen Wellen erfüllt werden? Wir erinnern uns, daß dazu die Quellen dieser Strahlung gleichmäßig im Raum bis hin zu den größten Distanzen verteilt sein und außerdem auch schon lange genug emittieren müssen, so daß ihre Strahlung uns bis heute erreichen konnte. In diesem Fall wäre zu schließen, daß dagegen optisch leuchtende Quellen im Weltall entweder eben in diesem Sinne nicht alt genug sind, um das Olberssche Phänomen hervorzubringen, oder daß sie nur in einer begrenzten Entfernung von uns existieren und darüber hinaus nicht vorkommen.

Vor der Beantwortung einer so suggestiv gestellten Frage sollte man sich jedoch zunächst noch einmal genau das gegebene Phänomen der Hintergrundstrahlung im Bereich der Radio- und Mikrowellen und die für dieses Phänomen heute üblicherweise angenommene Erklärung ansehen: Die Geschichte der Entdeckung dieser Hintergrundstrahlung ist allgemein bekannt und in fast jedem Buch über moderne Astronomie nachzulesen. Sie sei deswegen hier nur ganz kurz zusammengefaßt wiedergegeben. Das Phänomen der „kosmischen Hintergrundstrahlung" ist seit den berühmten Messungen der beiden amerikanischen Radioastronomen Penzias und Wilson im Jahre 1965 mit der Radioantenne der Bell-Telephone-

Laboratorien als universal erkannt worden und hat vor allem seit der schicksalhaften Deutung dieses Phänomens eine besondere Relevanz für die kosmologische Geschichte unseres Universums angenommen. Man kann fast sagen, daß sie es uns heute sehr schwermacht, mit einer wie zementiert erscheinenden Theorie der Entstehung des Universums zu brechen, die wir ansonsten angesichts einer langen Reihe von ungereimten Fakten leichteren Herzens aufgeben könnten, der Theorie vom Urknalluniversum nämlich und der damit verbundenen Big-Bang-Kosmogenese aller Strukturen in dieser Welt, einschließlich unserer Erde selbst!

Man muß deshalb an dieser Stelle einmal besonders gut nachfragen – wie es auch derzeit zum Beispiel der berühmte amerikanische Nobelpreisträger Steven Weinberg von der Universität von Texas tut, seines Zeichens Elementarteilchen- und Astrophysiker –, ob wir die wahre Natur der kosmischen Hintergrundstrahlung eigentlich schon voll und ganz verstanden haben. Wenn wir dereinst in naher Zukunft die derzeitige Deutung der Hintergrundstrahlung verwerfen müßten, so könnte dies äußerst fatale Folgen nicht nur für unser bisheriges kosmologisches Weltbild, sondern für unser gesamtes Selbstverständnis haben.

Die beiden Radioastronomen Arno Penzias und Robert Wilson hatten 1965 mit der Bell-Telephone-Radioempfangsantenne in Holmdel, New Jersey, die damals bei 7 Zentimeter Wellenlänge arbeitete, den störenden Rauschpegel der Anlage auf ein anlagenbedingtes Minimum absenken wollen. Dabei mußten sie überraschenderweise feststellen, daß sie diesen Störpegel trotz aller zu Gebote stehenden und in Einsatz gebrachten technischen Möglichkeiten nicht unter einen bestimmten Minimalwert herunterdrücken konnten. Dieser Restpegel entsprach, ganz gleich wohin die Antenne am Himmel ausgerichtet war, der Radioemission eines Planckschen Strahlers mit der Schwarzkörpertemperatur von etwa 3 Kelvin (minus 270 Grad Celsius!).

Bei einem unter Physikern so bezeichneten „schwarzen Körper" entsteht in einem von materiellen Wänden umkleideten Hohlraum elektromagnetische Strahlung aller Frequenzen im Gleichgewicht mit der Temperatur der Wände. Wenn diese Strahlung aus einer kleinen Öffnung dieses Hohlraumes in den Außenraum treten kann, so ist sie durch ein ganz bestimmtes Intensitätsspektrum ausgezeichnet, dessen Gesetzmäßigkeit von dem berühmten Physiker Max Planck gegen Ende des letzten Jahrhunderts aufgefunden worden ist.

Die Vergleichbarkeit des Rauschpegels mit einem 3 Kelvin „warmen" Schwarzkörperstrahler mußte 1965 zunächst als ein bedeutungsloser Zufall eingestuft werden, der zu dieser Zeit eigentlich nicht mehr besagte, als daß bei 7 Zentimetern Wellenlänge richtungsunabhängig ein bestimmtes, nicht von irgendeinem konkreten Objekt herrührendes Signal in die Antenne eingespeist wurde, dessen Herkunft man nicht zuordnen konnte. – Nur, daß es zum Beispiel solaren oder galaktischen Ursprungs sein könnte oder daß es so etwas wie die thermische Radioemission der irdischen Atmosphäre und Ionosphäre darstellen könnte, das war schnell auszuschließen: Immerhin strahlt die Erdatmosphäre bei 7 Zentimeter Wellenlänge etwa zehnmal stärker als das verbliebene Signal bei Penzias und Wilson, und ihre Emission hängt verständlicherweise vom lokalen Zenitwinkel der Antennenausrichtung ab. Wie man sich leicht klarmacht, ergibt sich eben horizontal durch die Erdatmosphäre beobachtet mehr gesammelte Strahlung als bei Messungen senkrecht nach oben. Um genau diesen zenitwinkel-abhängigen Strahlungsanteil hatten Penzias und Wilson das an der Bell-Telephone-Antenne empfangene Signal mit Hilfe sehr ausgeklügelter Vergleichsmessungen zuerst einmal „bereinigt", ehe sie die später als „kosmisch" erkannte Strahlung als zunächst unerklärlichen Restanteil überhaupt erkannten.

Inzwischen sind sehr viele weitere Beobachtungen ähnlicher Art bei anderen Radiowellenlängen und sogar bei den noch kürzeren Mikrowellen durchgeführt worden. Mit all diesen Messungen zusammen hat es sich heute als fast unbestreitbar erweisen lassen, daß die Erde von einer offensichtlich für die Position unseres Sonnensystems im Universum typischen und unabschirmbaren Hintergrundstrahlung umgeben ist, die das Plancksche Intensitätsspektrum eines „Gleichgewichtsstrahlers" der Temperatur von 2,7 Kelvin aufweist und von allen Seiten gleichartig zu uns dringt, so als wären wir von einer strahlenden Kugelschale dieser Temperatur umgeben. Dabei schwankt die Intensität der Hintergrundstrahlung über den gesamten Himmelshintergrund gesehen um weniger als ein Tausendstel ihres Mittelwertes.

Um diesen extrem hohen Grad der Richtungshomogenität (Isotropie) der Strahlung voll würdigen zu können, muß man sich erst einmal vor Augen halten, daß ein solches Strahlungssystem wie dasjenige der Hintergrundstrahlung ja sicherlich nicht die Erde als ihr Bezugssystem auszeichnen wird, sondern sinnigerweise irgendein großräumigeres, kosmisch gewichtigeres System, das mit Sicherheit nicht die jahresperiodisch wechselnde Bewegung unseres irdischen Bezugssystems auf der Bahn der Erde um die Sonne mitmacht. Wir sollten also erwarten müssen, daß die Erde sich zu jedem Zeitpunkt mit einer ganz bestimmten Eigengeschwindigkeit gegenüber diesem Bezugssystem der Hintergrundstrahlung bewegt.

Nun kennt aber ja jeder die Auswirkung einer Eigenbewegung gegenüber einer elektromagnetischen Strahlung – dieser sogenannte Dopplereffekt war von dem Österreicher Christian Doppler 1843 zunächst an Schallwellen nachgewiesen und begründet und später im Rahmen der Speziellen Relativitätstheorie auch auf Lichtwellen übertragen worden: Bewegt man sich der Strahlungsquelle entgegen, so kommt es zu einer Dopplerschen Blauverschiebung der Photonen oder elektromagnetischen Feldquanten, während eine Bewegung von der Strahlungsquelle fort beim Empfänger zu einer Dopplerschen Rotverschiebung führt. Bewegt sich daher die Erde mit ihren Empfängern für die kosmische Hintergrundstrahlung in einer ganz bestimmten Richtung mit einer ganz bestimmten Geschwindigkeit auf das Eigensystem dieser Hintergrundstrahlung zu, so empfangen wir genau aus dieser Richtung alle Photonen des Hintergrundstrahlungsfeldes entsprechend blauverschoben, während wir aus der genau gegenüberliegenden Richtung alle Photonen dieses Strahlungsfeldes rotverschoben registrieren. Wie aber verändert sich das Intensitätsspektrum eines thermischen Gleichgewichtsstrahlers, wenn alle seine Photonen entweder blauverschoben oder rotverschoben werden?

Es war schnell klargeworden, daß man diese Blau- bzw. Rotverschiebung der Hintergrundphotonen (wenn man einmal nur bei Photonen einer bestimmten Frequenz bleibt) als Temperaturänderung des für die Photonenemission verantwortlichen Schwarzstrahlers interpretieren konnte. Danach würde man die größte effektive Strahlungstemperatur der Hintergrundphotonen einer ausgewählten Frequenz aus der Richtung des Himmels erwarten, in die die Eigenbewegung unseres Empfängers relativ zum System der Hintergrundstrahlung weist, die niedrigste Effektivtemperatur dagegen gerade in der Gegenrichtung. Nimmt man sich nun die am Himmel beobachteten Temperaturkartierungen der Hintergrundsphotonen bei bestimmter Wellenlänge bzw. Frequenz einmal vor, so scheinen sie erstaunlicherweise gerade diesen Befund aufzuzeigen, daß nämlich die Temperaturmaxima in einer bestimmten Himmelsrichtung auftreten, während die Temperaturminima immer genau in der Gegenrichtung auftreten. Dies bestätigt offensichtlich in schönstem Maße die Existenz einer Eigenbewegung des Empfängersystems gegenüber der Hintergrundstrahlung. Aber welche Eigenbewegung ist denn hier nun die eigentlich entscheidende?

Wenn der Empfänger auf der Erde fest installiert ist, so handelt es sich offensichtlich um die Eigenbewegung der Erdoberfläche gegenüber dem fernen Himmelssystem. Zum einen dreht sich die Erde um ihre Achse, was am Äquator zu einer Geschwindigkeit von weniger als 0,5 km/s führt, verbunden mit einem vollen Richtungsschwenk innerhalb von 24 Stunden. Gleichzeitig aber bewegt sich die Erde als Gesamtgebilde mit einer Umlaufgeschwindigkeit von 30 km/s und einem jährlich sich dabei vollziehenden totalen Richtungsschwenk um die Sonne. Das heißt doch dann eigentlich, daß wir und unser Photonenempfänger alle Augenblicke eine verschiedenartige Eigenbewegung gegenüber dem kosmischen Hintergrundstrahlungsfeld durchführen; das Temperaturmaximum der Hintergrundstrahlung sollte deswegen ständig an einer anderen Stelle des Himmels auftauchen. In der Tat erscheint es jedoch seit Beginn der Beobachtungen dieses Phänomens von der Erde aus gesehen immer an der gleichen Stelle der Himmelssphäre, vor dem Hintergrund eines Galaxiensuperhaufens in den Sternbildern Hydra-Centaurus. Wie ist dies nun aber möglich angesichts der offensichtlichen Geschwindigkeitsänderungen unserer Empfänger mit der Zeit?

Die Antwort auf diese Frage wird klar, wenn man sich zusätzlich zu der angedeuteten Geschwindigkeitsrichtung auch einmal die Größe der benötigten Relativgeschwindigkeit gegen den Strahlungshintergrund ansieht. Die bei den Radiowellen zwischen 1 bis 10 Zentimeter Wellenlänge gefundenen Unterschiede in der effektiven Strahlungstemperatur von weniger als einem Tausendstel erfordern bei einer Erklärung durch den Dopplereffekt Geschwindigkeiten von immerhin 550 km/s. Angesichts solch gewaltiger Geschwindigkeitsbeträge wird leicht verständlich, warum die überlagerten, wenn auch zeitlich variablen Erdoberflächen- und Erdumlaufgeschwindigkeiten dabei praktisch ohne Auswirkung bleiben. Zum anderen wird aber auch überdeutlich, daß diese kosmische Hintergrundstrahlung offensichtlich ein Bezugssystem auszeichnet, das weder mit dem unserer Erde, noch mit dem unserer Sonne, noch mit dem unserer Galaxis oder dem unseres lokalen Galaxiensuperhaufens auch nur irgend etwas gemeinsam hat! Wie wir im vorangegangenen Kapitel bereits zu unserer tiefen Beunruhigung festgestellt haben, hat dieses System nach heutigen Kenntnissen mit überhaupt keinem materiell markierten System etwas gemeinsam. Wie fest kann man dann also an die Bedeutung eines solchen Bezugssystems für die Hintergrundstrahlung überhaupt glauben?

Zumindest scheint die Einführung eines solchen hypothetischen Bezugssystems zunächst einmal, auch ohne jede weitere Rechtfertigung, einen sehr durchschlagenden und alle Wissenschaftler deswegen positiv stimmenden Erfolg zu haben; es läßt die schon ohnehin geringfügigen Abweichungen von einer vollkommenen Strahlungsisotropie noch einmal um ein bis zwei Größenordnungen geringer werden. Berücksichtigt man die zunächst von Alan Dressler vorgenommene Eigenbewegungskorrektur von 550 km/s in Richtung auf den Hydra-Centaurus-Superhaufen, so erhält man aus den Daten des differentiell messenden Mikrowellenradiometer-Experiments (DMR/COBE) auf dem derzeit meßaktiven Erdsatelliten COBE (Cosmic Background Explorer) bei einer Wellenlänge von 3,3 Zentimetern über Himmelsbereichen von nur einem Quadratgrad eine Abweichung von der Isotropie für die Hintergrundstrahlung, die kleiner als 3 Hunderttausendstel ist. Wem dies noch nicht genügt für die Überzeugung, daß die kosmische Hintergrundstrahlung wirklich mustergültig homogen und isotrop ist, der braucht nur noch eine Weile länger zu warten, bis COBE in der nächsten Zukunft noch weitere Daten aufgenommen haben wird: Die verantwortlichen Wissenschaftler jedenfalls waren bis vor kurzem voll davon überzeugt, daß sich diese derzeit angegebene obere Grenze der Anisotropie bald auf noch kleinere Werte verringern lassen wird. – Kann man denn da überhaupt noch zweifeln? – Man kann!

Und das hat folgende Bewandtnis: Die Transformationsvorschriften der Speziellen Relativitätstheorie Einsteins für den Übergang von einem kräftefreien Bezugs- oder Inertialsystem (nämlich dem System der Hintergrundstrahlung) zu einem anderen (dem System der irdischen

94

Empfänger) führen dazu, daß Eigenbewegungen gegenüber einem Photonenspektrum zweierlei in diesem Zusammenhang relevante Folgen haben: Erstens ändert sich die Frequenz und damit die Energie jedes einzelnen Photons, wobei die Frequenzänderung jeweils proportional zur ursprünglichen Frequenz der Photonen ist, und zweitens ändert sich die räumliche Dichte und damit die Intensität dieser Photonen, weil – wie der Fachmann sagt – die räumliche Volumeneinheit keine speziell-relativistische Transformationsinvariante ist, weil also ein bestimmtes Raumvolumen in beiden Systemen nicht die gleiche Maßzahl hat. Für den Nichteingeweihten besagt dies einfach soviel, als daß sich die Zahl der Photonen pro Kubikzentimeter, also die Photonendichte, ändert, weil das gleiche, eine bestimmte Anzahl von Photonen umfassende Volumen in dem einen System eine andere Zahl von Kubikzentimetern zugesprochen bekommt als in einem anderen System.

Wenn ein bestimmtes Spektrum der Photonen als Verlauf der spektralen Photonendichte mit der Frequenz vorliegt (siehe Seite 100), so hat ein Wechsel des Inertialsystems recht komplizierte Folgen für das entsprechende Photonenspektrum im neuen System. Das vermag man am einfachsten einzusehen, wenn man das Intensitätsspektrum der Hintergrundstrahlung einmal in bestimmte, aneinandergrenzende Frequenzintervalle unterteilt. Geht man von dem ursprünglichen Bezugssystem der Hintergrundstrahlung in das System unserer sich dazu mit der Eigengeschwindigkeit von 550 km/s bewegenden Detektoren über, so ändert sich in letzterem System erstens die Photonendichte aller Intervallphotonen mit dem sogenannten Lorentzkontraktionsfaktor, der nur von dieser Eigengeschwindigkeit abhängt, und zweitens ändern sich die Frequenzmarkierung und der Frequenzumfang für jedes einzelne Intervall gemäß der Dopplerverschiebung aller darin enthaltenen Photonen. Jede dieser Boxen enthält nun auf einmal Photonen einer geänderten Energie, so als wären alle Photonen in ihnen statt weiß nunmehr schwarz angestrichen. Faßt man beide

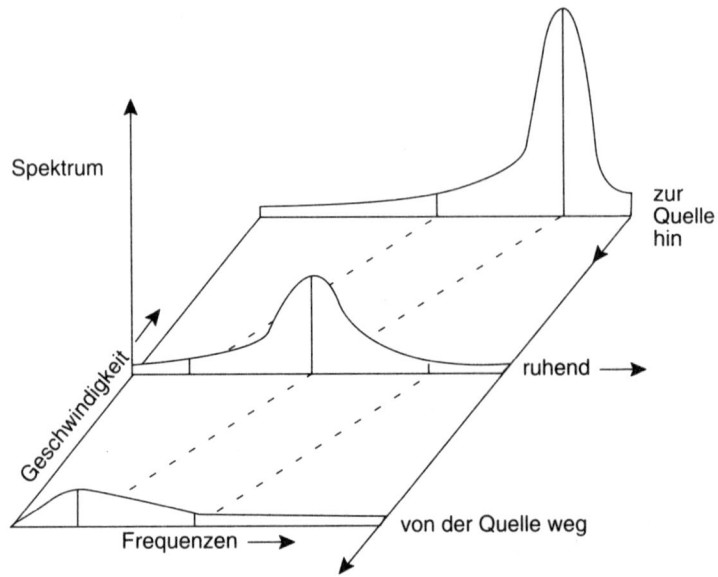

Spektrum

Geschwindigkeit

Frequenzen ➞

zur Quelle hin

ruhend ➞

von der Quelle weg

Während ein Plancksches Spektrum von einem „bewegten" Beobachter jeweils anders gesehen wird, also auch mit jeweils verschobenem Intensitätsmaximum (abhängig von der Bewegungsrichtung rot- oder blauverschoben), wird das elektromagnetische Vakuumspektrum (Nullpunktsspektrum), das kein Maximum im eigentlichen Sinne zeigt, von allen Beobachtern in gleicher Form gesehen: Es erscheint in allen Bezugssystemen unverändert.

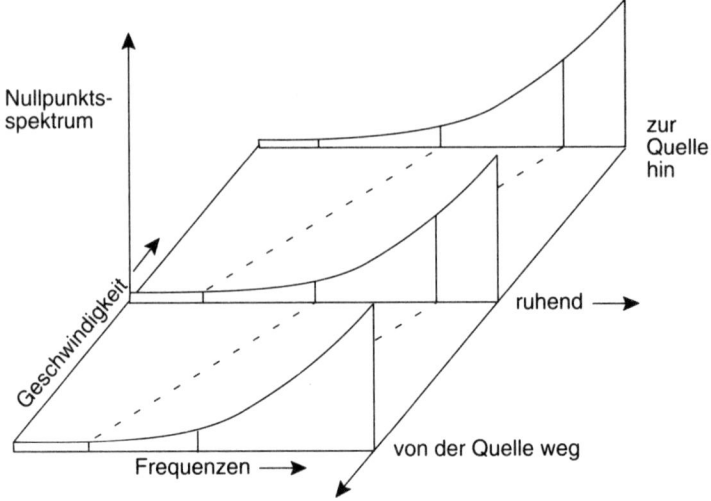

Nullpunktsspektrum

Geschwindigkeit

Frequenzen ➞

zur Quelle hin

ruhend ➞

von der Quelle weg

96

Effekte zusammen, so ergibt sich nur für einen bestimmten, nieder-energetischen Spektralbereich des Hintergrundspektrums (den Ray-leigh-Jeans-Bereich, für den das Produkt aus Frequenz und der Planck-schen Konstanten sehr klein gegenüber dem Produkt aus der Boltzmann-Konstanten und der Strahlungstemperatur ist) tatsächlich die überaus erstaunliche Tatsache, daß das im neuen System im Rayleigh-Jeans-Bereich erscheinende Photonenspektrum wieder ein Planckspektrum darstellt – allerdings eines, das zu einer neuen effekti-ven Strahlungstemperatur T' gehört. T' ist dabei kleiner oder größer als die ursprüngliche Photonentemperatur T: In Bewegungsrichtung ergibt sich eine höhere, in Gegenrichtung eine niedrigere Temperatur. Diese überraschende Eigenschaft trifft aber nicht auf den hochenerget-ischen Spektralbereich zu, den sogenannten Wienschen Bereich des Hintergrundspektrums (für den das Produkt aus der Frequenz und der Planckschen Konstanten sehr groß gegenüber dem Produkt aus der Boltzmann-Konstanten und der Strahlungstemperatur ist) zu. Hier zeigt sich vielmehr, daß man zu einer nicht nur von der Eigengeschwin-digkeit des Meßsystems, sondern auch von der Photonenfrequenz selbst abhängigen Temperaturkorrektur geführt wird.

Die Transformation von einem angenommenen kosmi-schen Bezugssystem zum erdgebundenen „Meßsystem" sollte also im „kurzwelligen" Bereich der Hintergrund-photonen dazu führen, daß der meßbare Anisotropiegrad in Bewegungsrichtung ebenso wie in Gegenrichtung frequenzabhängig ist. Falls diese Frequenzabhängigkeit sich dagegen nicht im vorhersagbaren Maße nachweisen läßt, müßte man wohl oder übel schließen, daß diese Hypothese eben nicht zutrifft und daher falsch ist.
Sie wird sich doch wohl aber nachweisen lassen, die erwartete Frequenzabhängigkeit – wird jeder für diese Hypothese voreingenommene Zeitgenosse spontan an-nehmen wollen! Aber weit gefehlt: Eine solche Frequenz-abhängigkeit hat sich bisher nicht nachweisen lassen! Und ihr Nachweis, wenn er überhaupt jemals erbracht werden kann, wird auch noch etliche Zeit auf sich warten

lassen. Das hat zunächst einmal beobachtungstechnische Gründe, die mit der Beobachtbarkeit der Hintergrundphotonen im „kurzwelligen" Frequenzbereich zusammenhängen. Die Erdatmosphäre wird unglücklicherweise für Photonen mit Wellenlängen unter einem Millimeter zunehmend undurchlässig. Die molekularen Gasbestandteile der Atmosphäre erweisen sich hier als effiziente Absorber für die von außen eindringenden Hintergrundphotonen des Wienschen Spektralbereiches. Bis zu der Zeit, als man die ersten für diesen Spektralbereich empfindlichen Mikrowellenempfänger an Bord von erdgebundenen Satelliten oberhalb des absorbierenden Teiles der Erdatmosphäre einsetzen konnte, waren Informationen über die kosmische Hintergrundstrahlung in diesem Teil des Spektrums nur indirekt zu gewinnen. Im Bereich um 0,6 Zentimeter Wellenlänge ließ sich die Intensität der Hintergrundstrahlung zum Beispiel nur aus der Radioabsorptionswirkung von interstellaren Cyanmolekülen im langwelligen Radiobereich indirekt erschließen, die ihrerseits durch Anregung von Rotationsniveaus ihrer Elektronenhülle durch die entsprechenden Photonen der Hintergrundstrahlung zustande kommt. Seit neuester Zeit ist die experimentelle Situation in diesem Spektralbereich deutlich verbessert worden, weil sowohl auf russischer als auch auf amerikanischer und japanischer Seite hintergrundempfindliche Detektoren auf Raketen und Satelliten zum Einsatz gebracht worden sind.

Von den japanischen Raketenmessungen und den russischen Messungen mit dem sowjetischen Satelliten PROGNOZ-9 im Bereich um 1 Millimeter Wellenlänge wurden dabei bis ins letzte Jahr hinein starke Effektivtemperaturabweichungen vom ansonsten für den kosmischen Hintergrund bestätigten Plancktemperaturwert von 2,7 Kelvin als spektakuläres Ergebnis kolportiert. Dies mochte zum Teil darauf zurückzuführen sein, daß bis vor kurzem in diesem Spektralbereich nur schwer absolute Intensitätsvergleiche herstellbar waren, die eine eindeutige Zuordnung einer äquivalenten Plancktemperatur erlauben würden.

Inzwischen ist mit der Mission des COBE-Satelliten der NASA hier eine neue Ära angebrochen, zumindest was die Absolutintensitätsbestimmung im Wellenlängenbereich bis 0,5 Millimeter Wellenlänge anbelangt. Mit dem an Bord des COBE-Satelliten installierten Absolutmeßgerät FIRAS konnte erst kürzlich bestätigt werden, daß im gesamten Bereich langwellig von 0,5 Millimetern der kosmischen Hintergrundstrahlung ein Planckspektrum mit einer effektiven Temperatur von 2,735 Kelvin mit Abweichungen von weniger als 1 Prozent zugeschrieben werden kann. Allerdings muß festgehalten werden, daß diese Bestätigung durch COBE/FIRAS für ein Planckgesetz der Hintergrundstrahlung nur für eine Himmelsregion in der Nähe des geographischen Nordpols erbracht werden konnte, was nicht ausschließt, daß stärkere Abweichungen vom Planckschen Spektralcharakter, wie sie in den japanischen Messungen gefunden wurden, in anderen Himmelsrichtungen durchaus demnächst noch bestätigt werden könnten.

Insgesamt läßt sich schon jetzt festhalten, daß im Bereich unterhalb von 0,5 Millimetern Wellenlänge weder der Plancksche Spektralcharakter der kosmischen Hintergrundstrahlung noch die dort zu erwartende Frequenzabhängigkeit des Anisotropiegrades bei Gültigkeit der Hypothese unserer Relativbewegung gegenüber dem kosmischen Hintergrund erwiesen worden ist. Würden wir uns tatsächlich mit einer Geschwindigkeit von 550 km/s relativ zu einem echten Schwarzkörperstrahlungsfeld bewegen, so würden sich von der Raumrichtung abhängige, dipolartige Intensitätsunterschiede der Strahlung ergeben, die im Wienschen Spektralbereich mit einer bei steigender Frequenz drastisch abfallenden Anisotropie der Äquivalenttemperatur einhergehen müßten. Die derzeit vorliegenden Meßbefunde über die Temperaturanisotropie bis 600 Gigahertz weisen jedoch im Gegenteil eine Zunahme der Temperaturanisotropie mit der Frequenz nach. – Was wir demnach bisher nur optimal bestätigt bekommen haben, ist eigentlich nicht die Existenz eines vollkommen isotropen, kosmischen Hintergrundstrahlers mit Schwarzkörperspektrum, sondern lediglich die Existenz eines leicht anisotropen Strahlungshintergrundes mit einem elektromagnetischen Intensitätsspektrum, bei dem sich im bisher vermessenen Bereich eine Abhängigkeit der Strahlungsintensität vom Quadrat der Photonenfrequenz und eine dazu passende, „relativgeschwindigkeitsbedingte (?)" Intensitätsanisotropie zeigt.

Inzwischen glaubt man zwar, mit dem FIRAS/COBE-Instrument auch den Schwarzkörpercharakter der Hintergrundstrahlung im Bereich des Intensitätsmaximums der Strahlung bis hin zu Frequenzen um 600 Gigahertz bestätigt zu haben. Das würde immerhin bedeuten, daß man bei diesem kosmischen Strahlungsphänomen nicht allein ein Spektrum nachgewiesen hat, dessen Intensität schlicht und einfach mit dem Quadrat der Frequenz ansteigt – ein Allerweltsspektrum also, dessen physikalische Entstehungsgründe sehr vielfältig sein könnten. Vielmehr hat man im obersten Frequenzbereich des derzeit vermessenen Hintergrundstrahlungsspektrums ein Zurückbleiben der Intensitätszunahme hinter dieser quadratischen Zunahme der Intensität mit der Frequenz nachweisen können, genau wie sie eine Plancksche Strahlung der Temperatur von 2,735 Grad Kelvin erwarten lassen müßte. Die Bestätigung des für einen solchen Schwarzkörperstrahler ebenfalls typischen rapiden Intensitätsabfalles bei noch größeren Frequenzen steht als wichtigstes Indiz für die Richtigkeit der Schwarzstrahlungshypothese allerdings bisher noch aus.

Doch fragen wir uns an dieser Stelle zunächst einmal, was die Fachleute aus der Astrophysik denn nun eigentlich gerne folgern möchten, wenn es diese Schwarzkörperstrahlung tatsächlich in der Form gäbe, wie man dies aus den bisherigen Meßbefunden entnehmen will. Sie bringen dann sofort eine frühe wissenschaftliche Arbeit aus dem Jahre 1948 von den Atomphysikern George Gamow, Ralph Alpher und Robert Herman in Erinnerung, nach der das Universum aus einer gigantischen Kernexplosion in der Frühzeit der Weltgeschichte, in der sich auch die eigentliche Elementensynthese abgespielt haben soll, hervorgegangen ist. Natürlich mußte diese frühe Kernexplosion als Urknallereignis schon weit in der Vergangenheit zurückliegen, sonst sollte das Weltall heute ganz anders aussehen, aber Gamow, Alpher und Herman versuchten dennoch auszurechnen, was von dieser frühen Kernexplosion als eindeutiges Steckbriefmerkmal bis heute verblieben sein könnte. So kamen sie auf die elektromagnetische Strahlung, die mit einem solchen Ereignis unwillkürlich verbunden ist und die ihrer Idee nach das Weltall auch noch heute durchdringen müßte. Obwohl eine solche Strahlung nicht mehr so hochenergetisch wie zu ihrer Entstehungszeit während der eigentlichen kosmischen Urexplosion, sondern inzwischen sehr viel verdünnter und energieärmer sein dürfte, sollte sie dennoch vorhanden und nachweisbar sein. Nach ihrer damaligen Rechnung aus dem Jahre 1948 sollte diese Strahlung thermischen Charakter haben und sich durch eine Temperatur von etwa 5 Kelvin auszeichnen. Ähnliche Überlegungen waren etwa zur gleichen Zeit ebenfalls von dem russischen Physiker Jakov Zeldo'vich und den beiden englischen Astrophysikern Fred Hoyle und Robert J. Tayler angestellt worden. Aber sie waren offenbar allesamt bereits in Vergessenheit geraten, als endlich 1965 Penzias und Wilson mit ihren Radioantennenmessungen den zu diesen Rechnungen und Vorhersagen anscheinend optimal passenden Beobachtungsbefund lieferten. In diesen Zeiten wurden die Befunde der Messungen von Penzias und Wilson zunächst mehr mit Überlegungen des an der Princeton Universität als Experimentalphysiker tätigen Robert H. Dicke in Verbindung gebracht. Er hatte im Rahmen einer Theorie des „schwingenden oder pulsierenden Universums" zu vermuten begonnen, daß eine Strahlung aus den immer wiederkehrenden, heißen und dichten Frühphasen des Universums noch heute nachweisbar sein sollte – diejenigen Photonen sozusagen, die ein Kosmos schon allein aus Entropiegründen mit sich herumschleppen muß.

Diese Vorstellung ging auf die Idee zurück, daß sich ein oszillierendes Universum denken läßt, das ständig zwischen Expansionsphase und Kontraktionsphase hin und her wechselt. Wenn die in der derzeitigen Expansion steckende kinetische Energie nicht ausreicht, im Wettstreit gegen die gravitative Bindung der versammelten Weltmaterie zu obsiegen, so wird ein Umschlag dieser Expansion in eine spätere Kontraktion unausweichlich werden. Wenn jedoch aus dem kommenden Kollaps des Universums je wieder ein expandierender Kosmos hervorgehen können soll, müssen schon gewisse aus der Sicht der heutigen Physik als Wunder zu bezeichnende Ereignisse eintreten.

Bei kleinsten kosmischen Raumskalen oder – untrennbar damit verbunden – bei extrem großen Materiedichten muß plötzlich eine mit der Ruhemasse aller Teilchen verbundene Abstoßungskraft auftreten, die unter den extremen Verhältnissen eines Kollapsuniversums alle normalen gravitativen Anziehungskräfte mehr als nur kompensiert: Das kollabierende Weltall würde demzufolge in der allerletzten Kollapsphase auf einen unerwarteten „Federmechanismus" auflaufen, der den Kollaps in eine erneute Expansion zurückverwandelt.

Ein gut erzogener Physiker kommt jedoch nicht umhin, das bei jeder Vollendung eines weiteren Oszillationszyklus des Universums angenommene gigantische Umschlagereignis mit einem Entropiezuwachs des Universums verbunden zu sehen: Der Grad der kosmischen Unordnung muß in einem solchen Ereignis nach all unserem überbrachten Verständnis für das Walten von Natur um ein beträchtliches Maß erhöht werden. Diese kosmische Entropie aber, oder der zu ihr reziproke Ordnungsgrad des Universums, hängt entscheidend mit dem Zahlenverhältnis von Photonen zu massebehafteten Teilchen zusammen. Je größer dieses Zahlenverhältnis ist, um so größer ist die Entropie des Universums zu bewerten, denn je mehr die Gesamtmaterie des Universums durch ruhemasselose Teilchen repräsentiert wird, desto größer wird der Grad der Zerstückelung des Ganzen – und damit der Grad der kosmischen Unordnung. Während jedes erneuten Kollapsumschlages würde demnach wegen der damit zwangsläufig verbundenen Entropieerhöhung eine Vergrößerung des Zahlenverhältnisses von Photonen zu massebehafteten Teilchen zu verzeichnen sein müssen. Wenn dieses oszillierende Universum jedoch seit ewigen Zeiten bestehen und oszillieren würde, müßte sich als Zahlenverhältnis längst die Zahl „unendlich" herausgebildet haben.

In der Tat ist das heutige Zahlenverhältnis von kosmischen Photonen zu kosmischen Materieteilchen zwar sehr beachtlich groß – es beläuft sich auf einen Wert von über einer Milliarde! –, aber es stellt damit eben dennoch einen endlichen Wert dar und zeigt also an, daß dieses Weltall, wenn es denn tatsächlich zyklisch oszillieren sollte, zumindest nicht seit ewigen Zeiten solche Oszillationen durchführen kann. Wir können also die Hintergrundstrahlung als ein Photonenfeld ansehen, das die Materie des Weltalls aus Entropiegründen begleitet und in seiner heutigen Beschaffenheit aus einer oder mehreren zurückliegenden Kollaps-Katapult-Phasen schließlich in seiner heutigen Form hervorgegangen ist.

Mit der derzeit angezeigten Expansion des Materiefeldes im Universum expandiert höchstwahrscheinlich ja wohl auch das begleitende Photonenfeld und kühlt sich dabei ab, das heißt, seine Schwarzkörpertemperatur nimmt ab. Wenn das Weltall seine Größe gegenüber heute einmal verdoppelt haben wird, sollte die Hintergrundstrahlung dann anstatt 2,735 Kelvin nur noch eine Temperatur von 1,3675 Kelvin aufweisen! Wenn jedoch noch später einmal, lange nach dem Beginn der Kollapsphase des Universums, das Weltall nur noch ein Tausendstel des heutigen Durchmessers haben wird, dann wird auch die Hintergrundstrahlung an Temperatur derart zugelegt haben (etwa 3000 Kelvin), daß sie mit allen stellaren Strahlungen zu konkurrieren beginnt, der Nachthimmel dann also für uns tatsächlich sternhell zu leuchten beginnt, wie sich das Olbers in seinen kühnen Alpträumen ausgemalt hatte.

Wie auch immer sich die Altväter der Hintergrundstrahlung damals deren Ursprung hatten erklären wollen – heute nehmen die Experten an, daß diese Strahlung als ein Relikt der in unserer kosmologischen Vergangenheit liegenden Frühphasen des Universums aufzufassen ist. Zur Erklärung dieses Phänomens wird die Urknallkosmogenese unseres Universums herangezogen, die besagt, daß das heutige Weltall aus einer Explosion eines extrem verdichteten materiellen Substrates hervorgegangen ist. Dabei soll das explosionstreibende Moment in einer im Urknall schöpfungsbedingt angelegten Massen- und Energieverteilung oder – mit Einsteins Allgemeiner Relativitätstheorie gesprochen – einer vorbestimmten Raumzeitkinetik begründet gewesen sein. Für den modernen Relativitätsphysiker stellt sich hier überhaupt keine epistemologische Gewissens- oder konfessionelle Bekenntnisfrage. Er weiß vielmehr einfach, daß es in sich geschlossene Lösungen sowohl für expandierende als auch für kollabierende, selbstgravitierende, homogene Raumzeiten gibt, und sagt sich angesichts des Hubbleschen Fluchtphänomens, daß dann wohl aus den beiden von der Theorie gegebenen Möglichkeiten die expansionsbeschreibende Lösung die vorliegenden Verhältnisse angemessen und also „so richtig wie möglich" beschreibt. Dabei kümmert es ihn wenig, welche irrsinnige Unwahrscheinlichkeit jedoch dem für ein solches Geschick zu wählenden anfänglichen Naturzustand dieser Welt zukommen müßte, ist doch die Schöpfung allemal etwas total Unwahrscheinliches!

Das hat etwas von der Naivität desjenigen an sich, der bei Ansicht eines rückwärtslaufenden Filmes über die Ziehung sechs „richtiger" Lottozahlen an einen Naturvorgang glauben möchte. Trotzdem wollen wir uns an dieser Stelle ruhig einmal die gleiche Naivität leisten und das Weltall aus einem explosiven Expansionsgeschehen der Raumzeit hervorgehen lassen. Betten wir genügend viel gravitierende Materie fest in diese expandierende Raumzeit ein, so werden im Verlaufe der Zeit typische thermodynamische Veränderungen mit dieser eingebetteten Materie vor sich gehen. Indem nämlich der expandierende Raum die in ihn eingesäten oder wie Speckstükke in einen Braten hineingespickten materiellen Bestandteile allesamt auf immer größer werdende gegenseitige Abstände hinführt, verringert er nicht nur die Materiedichte, sondern auch die Materietemperatur systematisch. Wir wollen einmal dabei außer acht lassen, daß es in einem solchen Weltall von vornherein gar keine Temperatur (es sei denn die Temperatur 0 Kelvin) geben kann, wenn alle materiellen Substratträger fest in die Raumzeit eingefroren wären und demnach keine Differenzbewegungen gegenüber kosmologisch mitbewegten Eigensystemen durchführen würden, denn eine von 0 Kelvin verschiedene Temperatur setzt normalerweise voraus, daß die temperierten materiellen Teilchen ungeordnete Relativbewegungen gegeneinander ausführen, die durch einen mittleren Geschwindigkeitswert der Relativbewegung charakterisiert werden können. Die materiellen Untereinheiten wechseln also allesamt ständig das lokale Raumsystem, indem sie in benachbarte Raumsysteme abwandern. Ein willkürlich ausgewähltes Raumvolumen ist demnach ständig von anderen Teilchen durchsetzt. Ist jedoch das Weltall durch strenge Homogenität ausgezeichnet, so führt dieser Identitätswechsel trotzdem kein bemerkbares Phänomen einer Veränderung herbei, weil für die Physik alle Teilchen einer Art untereinander gleich sind. Sofern nur für die Erhaltung der Zahl der Teilchen pro Volumen gesorgt ist, läßt sich demnach kein Geschehen im eigentlichen physikalischen Sinne feststellen.

Bei einem expandierenden Raum mit homogener Verteilung temperierter Materieteilchen ändert sich jedoch zweifellos die Zahl der Teilchen pro Volumeneinheit und damit deren Dichte. Aber ändert sich deswegen auch die Temperatur? Wieso sollte sich denn eigentlich die Geschwindigkeit, mit der die Teilchen sich relativ zueinander bewegen, mit der Vergrößerung des Raumes ändern? Oder anders gefragt: Was merkt die gegenseitige Bewegung der Teilchen, also deren Temperatur, denn überhaupt von der Raumexpansion?

Die Frage ist in der Tat schwieriger zu beantworten, als man zunächst meinen möchte. Wenn das Teilchen wirklich nur ein „atomistisches Teilchen" ist und ihm folglich nur eine singuläre Präsenz an einer einzigen Stelle des Weltalls zukäme, so könnte es in der Tat von der Expansion eines homogenen Raumes überhaupt nichts merken, und alle Teilchen einer thermischen Verteilung könnten dies ebensowenig! Die Expansion würde demnach nur die vorhandene Zahl von Teilchen auf immer größere Volumina verteilen und damit ihre Dichte verringern, nicht aber würde sie an der Temperatur der Teilchen etwas ändern können.

Das darf einen nicht irritieren, weil nach üblicher Laborerfahrung jedes Gas sich abkühlt, das in einem größer werdenden Volumen eingeschlossen ist. In letzterem Falle hängt die eintretende Abkühlung mit der Wirkung der nach außen rückenden Gefäßwände zusammen, die das Gasvolumen in seiner Größe definieren, und mit den interatomaren Stößen zwischen den Gasteilchen, durch die sich, wenn auch recht indirekt, die veränderte Position der Gefäßwände dem eingeschlossenen Gas mitteilt. Nehmen wir an, daß die Gasatome beim Auftreffen auf die Wände dort elastische Stöße erleiden, bei denen die zur Wandfläche senkrechte Geschwindigkeitskomponente einfach ihre Richtung umkehrt, während die wandflächen-parallele Komponente erhalten bleibt, so kann sich bei stehenden Wänden eine Gleichgewichtsverteilung der Teilchengeschwindigkeiten einstellen mit gleich vielen oder gleich schnellen Teilchen, die zur Wand hinlaufen bzw. von ihr ins Gasvolumen zurückkehren. Eine solche Verteilung nennt man thermisch, und nur ihr kann im eigentlichen Sinne der Physik eine Temperatur zugeordnet werden.

Die Beschaffenheit hängt zum Beispiel nicht vom Verhältnis zwischen Gasvolumen und Wandfläche ab, wie dies jedoch der Fall wäre, wenn die Teilchen beim Auftreffen auf die Wände inelastische Stöße ausführen würden, also den zur Oberfläche senkrechten Impuls nicht vollwertig seiner Richtung nach umkehrten. Sie würden dann bei jeder Wandberührung Energie verlieren, was zwangsläufig zu einer „Nichtgleichgewichtssituation" im Gas führen würde, der keine Gastemperatur zugesprochen werden könnte. Zu einer ähnlichen Nichtgleichgewichtssituation käme es auch, wenn die aus dem Inneren des Gasvolumens kommenden Teilchen auf Wände aufträfen, die vom Zentrum des Gasvolumens nach außen fortweichen würden. Selbst bei elastischen Stoßabläufen an der Wand würden die dort auftreffenden Teilchen eine gegenüber dem Zentrum des Gasvolumens verminderte Relativgeschwindigkeit von der Wand zurückbringen, weil sie ja von einer zentrifugal, also nach außen bewegten Wand reflektiert würden. Damit besitzen die zur Wand hinlaufenden Teilchen größere Geschwindigkeiten als die von der Wand in das Gasvolumen zurücklaufenden Teilchen, eine nicht-thermische Situation also. Bei bewegten Wänden besteht also eine klare Nichtgleichgewichtssituation, die erst beim erneuten Anhalten der Wände wieder zu einer, wenngleich charakteristisch veränderten, Gleichgewichtssituation führen kann. Nach dem Auseinanderweichen der Gefäßwände würde die neue Gleichgewichtssituation zu einer verminderten Temperatur gehören und den Schluß nahelegen, daß ein größeres Gasvolumen zu einer kleineren Gastemperatur gehört.

Dieser Schluß kann irrig sein! Wenn nämlich die Gefäßwände ständig weiter nach außen weichen, stellt sich im Grunde überhaupt keine Gleichgewichtssituation ein. Das Gas hat, wenn man so will, überhaupt keine Temperatur! Insbesondere dann nicht, wenn die Wände mit Überschallgeschwindigkeit auseinander weichen, weil dann überhaupt keine Annäherung des jeweiligen thermodynamischen Zustandes an ein Gleichgewicht möglich ist. Im Zusammenhang mit unserer kosmologischen Diskussion stellt sich also die Frage, mit welcher Geschwindigkeit die Wände eines expandierenden Universums von dem Gasinhalt des Universums zurückweichen. Findet hier die „Wandverrückung" mit Unter- oder mit Überschallgeschwindigkeit statt?

Ein Teilchen in einem Gasvolumen kann sich nur mit den Teilchenpartnern innerhalb einer bestimmten Umgebung in ein thermodynamisches Gleichgewicht begeben; dieser „Gleichgewichtshorizont" hat etwa die Entfernung der sogenannten mittleren freien Weglänge, also jener

Bewegungsstrecke, die ein Teilchen in freier Bewegung bis zum nächsten Stoß mit irgendeinem Nachbarteilchen zurücklegen kann. Wenn sich dieser „thermodynamische" Horizont schneller als mit der aktuell und lokal gegebenen Schallgeschwindigkeit von jedem Teilchen her gesehen ausdehnt, so sollte sich unter solchen Umständen tatsächlich kein Gleichgewicht unter den Gasteilchen des Weltalls einstellen können, und es gäbe dann auch überhaupt keine Temperatur für die Materie im Weltall!

Die kritische Horizontgeschwindigkeit läßt sich für jedes kosmologische Modell genau ausrechnen, und zwar auf die folgende Weise. In einem kosmologischen Modell für eine homologe und isotrope Expansion des Universums vergrößern sich alle metrischen Abstände mit einer sich zeitlich ändernden universellen Skalenfunktion $S = S(t)$, wenn t dabei die Zeitkoordinate darstellt. Das soll heißen, daß ein zur Zeit t_0 mit dem Wert a_0 festgelegter Abstand zu einer späteren Zeit t entsprechend der Veränderung der kosmischen Skalenfunktion in dieser Zeit auf den Wert $a(t) = a_0 S(t)/S(t_0)$ angewachsen sein wird. Der Stoßhorizont der Gasteilchen im Universum, ausgedrückt durch die freie Weglänge Λ, rückt demnach von diesem Teilchen kosmologisch gesehen ebenso in einem Maße weg, wie es durch die zeitliche Änderung der universellen Skalenfunktion vorbestimmt ist. Die Horizontgeschwindigkeit $\dot{\Lambda}$ ist somit sowohl proportional zum momentanen Wert dieser freien Weglänge als auch zur momentanen zeitlichen Änderungsrate $\dot{S}$ der Skalenfunktion $S(t)$. Sie ist deshalb formelmäßig einfach gegeben durch:

$$\dot{\Lambda} = \frac{d}{dt} (\Lambda \cdot S) = \Lambda \cdot \dot{S} + S \cdot \frac{d\Lambda}{dt}$$

Nun kann man davon ausgehen, daß sich die freie Weglänge Λ für Stöße zwischen den Gasteilchen umgekehrt proportional zur Gasteilchendichte verhält. Letztere wiederum ist in einem homogenen, isotropen kosmologischen Modell umgekehrt proportional zum Weltvolumen und damit zur dritten Potenz der Skalenfunktion. Demnach ergibt sich:

$$\Lambda \sim \frac{1}{n} \sim S^3$$

Zur Unterhaltung einer Gleichgewichtssituation im kosmischen Gas schien es uns nach dem Vorhergesagten notwendig, daß die momentane Schallgeschwindigkeit C_s in dem Gas größer als die Geschwindigkeit Λ des Stoßhorizontes bleibt. Die Schallgeschwindigkeit hängt aber ausschließlich mit der Quadratwurzel aus der Temperatur T zusammen, die sich ihrerseits selbst unter Gleichgewichtsverhältnissen wegen der mit wachsendem Volumen einhergehenden Temperaturabnahme als umgekehrt proportional zum Quadrat der Skalenfunktion $S(t)$ erweist. Damit ergibt sich dann eine Abnahme der kosmischen Schallgeschwindigkeit gemäß der Beziehung:

$$C_S \sim \sqrt{T} \sim \frac{1}{S}$$

Vergleichen wir nun die oben besprochene Horizontgeschwindigkeit mit dieser Schallgeschwindigkeit, so ergibt sich schnell, daß erstere mit wachsendem Wert von $S(t)$ stark ansteigt, während letztere derweil dabei abnimmt.

Die Situation, daß die Schallgeschwindigkeit des kosmischen Gases unter die Entweichgeschwindigkeit des Stoßhorizontes abfällt und damit eine Nichtgleichgewichtssituation zwangsläufig wird, muß also im Zuge der Expansion des Universums unvermeidlich eintreten!

Es sei hier aus Fairneßgründen gegenüber den Quantentheoretikern noch gesagt, daß die einzelnen ruhemassehaften Gasteilchen des Universums anstatt im Teilchenbild auch im Wellenbild gesehen werden können oder je nach den Umständen sogar müssen. Wie der berühmte französische Physiker Louis de Broglie angegeben hat, kann jedes bewegte Teilchen mit einem Impulswert p auch mit einem Wellenphänomen mit entsprechender Wellenlänge $\lambda_D(p)$ beschrieben werden, wobei

$$\lambda_D = \frac{h}{2\pi p}$$

ist (mit h = Plancksches Wirkungsquantum, p = Teilchenimpuls). Wenn die De Broglie-Wellenlänge der kosmischen Teilchen in die Größenordnung der Ausdehnung des Universums, gegeben durch S = S(t), kommt, so muß die Wellennatur der Teilchen unbedingt berücksichtigt werden. Wie sich erweisen läßt, ist dies jedoch nur in den allerfrühesten Phasen expandierender Weltmodelle der Fall, wenn der Weltradius noch extrem klein ist, während in allen späteren Zeiten, wenn sich die kosmischen Gase wegen sinkender Energien nicht mehr relativistisch verhalten, die Gasteilchen wie klassische Teilchen beschrieben werden dürfen. Für diese Phasen bleibt also die obige „klassische" Überlegung gültig, wenn wir auch auf eine Komplikation in diesem konkreten Problem an späterer Stelle in diesem Buch noch zurückkommen werden.

Für die Natur der Hintergrundstrahlung ist nun aber gerade von ungeheurer Bedeutung, ob sie selbst aus einer solchen Phase der kosmischen Expansion stammt, in der noch thermodynamisches Gleichgewicht unter den Photonen und den materiellen Teilchen herrschte, oder eben schon aus einer ihr nachfolgenden, in der sich aufgrund der kosmologischen Horizontgeschwindigkeit Λ ein temperaturloses Nichtgleichgewicht unter der Gasmaterie entwickeln mußte. Diese Frage muß nun leider modellabhängig beantwortet werden, das heißt, sie findet in den einzelnen, heute nebeneinander diskutierten kosmologischen Weltmodellen eine unterschiedliche Beantwortung und kann deshalb hier nicht abschließend und allgemeingültig für alle Modelle behandelt werden. Eines kann jedoch hier schon vorausgesagt werden: Sollte sich die „Hintergrundstrahlung" als Strahlung kosmologischen Ursprungs mit thermischem Charakter voll bestätigen lassen, so wird sie gerade durch diesen thermischen Charakter als ein „experimentum crucis" für oder gegen die verschiedenen miteinander konkurrierenden Weltmodelle bewertet werden können.

Lassen wir uns nun erst einmal von der Annahme leiten, die Hintergrundstrahlung sei kosmologischen Ursprungs – und sie sei von thermischer Natur. Dann lautet die Erklärung gemeinhin für ein solches Phänomen folgendermaßen: Im Zuge der Expansion der heißen Urknallmaterie und der in sie eingebetteten heißen Urknallstrahlung findet eine generelle Abkühlung und räumliche Verdünnung statt. Die elektromagnetische Strahlung ist in eine starke und intensive Wechselwirkung mit den materiellen Teilchen im Kosmos eingebunden, solange die existierenden Teilchen als elektrisch geladene Punktladungen auftreten. An ihnen können die Photonen der elektromagnetischen Strahlung nämlich sehr wirkungsvoll in sogenannten Compton- oder Thomsonstreuprozessen gestreut werden. Bei solchen Prozessen können Bewegungsrichtung und Energie beider Stoßpartner, also der Teilchen und der Photonen, wesentlich verändert werden. Die Folge dieses effizienten Impuls- und Energieaustausches zwischen Strahlung und Materie ist ein jeweils dem Expansionsstatus des Universums angepaßter Gleichgewichtszustand, zugehörig zu einer ständig mit fortschreitender Zeit fallenden Temperatur. Dieses thermodynamische Gleichgewicht zwischen Materie und Strahlung kann nur aufrechterhalten werden, solange genügend viele freie Ladungsträger im Kosmos vorhanden sind. Wenn jedoch die Gleichgewichtstemperatur bei fortschreitender Abkühlung immer weiter abfällt, kommt ein kritischer Punkt im kosmischen Geschehen auf, wenn elektrisch unterschiedlich geladene Teilchenpartner sich zu einem ladungsneutralen Verband zusammenschließen können.

Genau das passiert, wenn die kosmischen Temperaturen unter eine kritische Marke von etwa 3000 Kelvin abfallen. Dann nämlich verbinden sich Elektronen und Protonen zu elektrisch neutralen Wasserstoffatomen, ohne daß sie kurz danach wieder bei Stößen mit anderen Teilchen oder Photonen zerstört würden. Innerhalb einer recht kurzen kosmischen Epoche verschwinden also, soweit paarig vorhanden, alle geladenen Elektronen und Protonen in ungeladenen Wasserstoffatomen. Soweit aus den frühen Phasen des Urknallereignisses neben Protonen auch noch schwerere Atomkerne, wie etwa Helium-, Lithium-, Beryllium- und Borkerne, vorliegen, rekombinieren auch diese mit Elektronen zu entsprechenden neutralen Atomen. Wenn aber diese generelle Neutralisierung der Materie im Kosmos schließlich abgeschlossen ist, gibt es für die vorhandenen elektromagnetischen Photonen im Universum praktisch keine Wechselwirkungspartner mehr. Die kosmischen Photonen dieser Epoche bewegen sich folglich frei durch das Universum, ohne dabei von der Materie und deren thermodynamischen Zuständen jemals noch beeinträchtigt zu werden. Wenn wir diese irrfahrenden Photonen demnach in Form der kosmischen Hintergrundstrahlung noch heute auf uns zukommen sehen, so handelt es sich dabei um Photonen, die seit der Zeit der materiellen Rekombination kein anderes Schicksal erfahren haben, als daß sie ihren freien Bahnen durch den expandierenden Kosmos folgen mußten. Das Schicksal jedes einzelnen Photons bei der Ausbreitung in einem expandierenden Universum besteht nun laut Aussage der Allgemeinen Relativitätstheorie in einer „kosmologischen Rötung" oder Energieabnahme, das heißt in einer Wellenlängenvergrößerung proportional zum wachsenden Weltradius. Das Schicksal einer statistisch großen Zahl von kosmischen Photonen besteht aber zusätzlich zur Wellenlängenvergrößerung

114

jedes einzelnen dieser Photonen in einer Verteilung genau dieser Zahl von Photonen auf einen immer größer werdenden Raum, das heißt in einer Verringerung der Photonendichte.

Nimmt man beide Effekte zusammen, so läßt sich gerade zeigen, daß das Intensitätsspektrum einer freien Photonenstrahlung im Weltraum immer ein Plancksches Spektrum bleibt, wenn es zu Beginn der Epoche der freien Photonen bereits vom Charakter her plancksch gewesen ist, sofern der Raum homogen und isotrop expandiert. Hier kann man sich als Fragen anmerken, ob denn wohl das Anfangsspektrum plancksch gewesen sein kann und ob denn das Geschehen im Universum durch eine homogene und isotrope Expansion beschrieben werden kann. In dem Moment etwa, wo regional auch nur kleine Abweichungen von dieser Expansionsform auftreten – und wie wir sehen werden, ist dies im Interesse der Strukturbildung zumindest im späteren Weltall unvermeidlich –, müßten entsprechende Abweichungen von der Isotropie oder vom Planckschen Spektralcharakter der Hintergrundstrahlung sofort zwangsläufig werden.

Man nimmt heute allgemein an, daß die allermeisten Photonen der heutigen Hintergrundstrahlung bereits existierten, ehe die Materie rekombinierte. Nur wenige unter diesen (etwa ein Milliardstel nach der Standardmeinung der Astrophysiker!) sollten dagegen eindeutig auf den Akt der Rekombination selbst zurückdatierbar sein. Es sind jene, die nach quantentheoretischen Regeln entstehen müssen, wenn ein freies Elektron sich an einen Atomkern bindet. Im Falle der Rekombination zu Wasserstoff entstehen dabei die typischen Photonen der berühmten Lyman- und Balmer-Serien, im Falle der Rekombination zu Helium entsteht als energetischstes

Photon, das nicht selbst wieder ionisieren (also ein Heliumatom zerstören) kann, das sogenannte Helium-Lyman-Alpha-Photon mit einer Wellenlänge von 304 Angström. Was – so sollte man sich doch nun fragen – ist denn aus eben diesen Photonen, die ja doch zwangsläufig bei der Rekombination auftreten müßten, inzwischen geworden? Wo sind sie in der heutigen Hintergrundstrahlung wiederzufinden?

Zugegebenermaßen sollten sie von ihrer Zahl her keine große Rolle spielen gegenüber dem Riesenozean der Planckschen Photonen. Aber es könnte doch sein, daß sie energetisch (oder anders gesagt: frequenzmäßig) an exponierter Stelle anzutreffen sind, an der ihnen eine ganz besondere Bedeutung zukommt. Sollte man diese speziellen Photonen nicht auch heute noch trotz der langen Zwischengeschichte ihrer kosmologischen Veränderungen klar identifizieren können? Wir haben dies nachgerechnet und in einer kürzlich veröffentlichten wissenschaftlichen Arbeit nachweisen können, daß gerade diesen eigentlichen Rekombinationsphotonen in der heutigen Hintergrundstrahlung eine besondere Rolle von herausragender kosmologischer Bedeutung zukommt. So finden sich die Wasserstoff-Lyman-Photonen heute im Frequenzbereich von 1,5 bis 2,5 Gigahertz wieder, während die Helium-Lyman-Alpha-Photonen sich sogar bei 4,2 Gigahertz befinden. Da in diesem hohen Frequenzbereich die Intensitätskurve der Planckschen Photonen mit 2,735 Kelvin Temperatur jedoch drastisch auf minimale Werte heruntergehen sollte, müßten sich die eigentlichen Rekombinationsphotonen trotz ihrer insgesamt haushohen zahlenmäßigen Unterlegenheit in diesem speziellen Frequenzbereich ganz deutlich gegenüber den Planckschen Photonen der Hintergrundstrahlung

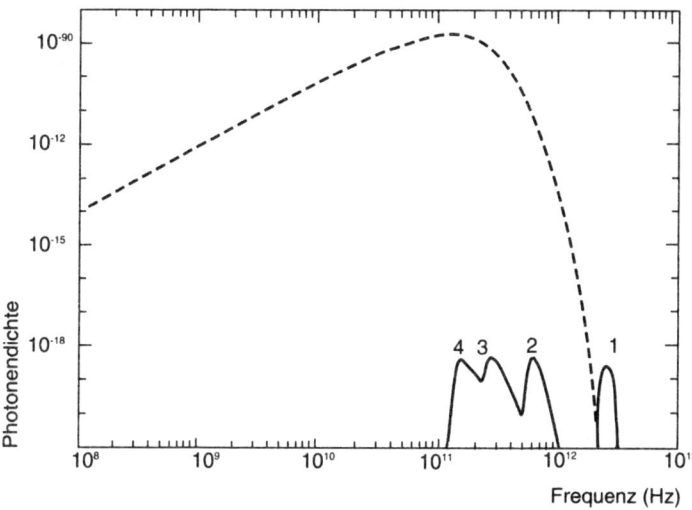

Die Rekombinationsphotonen von Wasserstoff und Helium sollten sich vor der Hintergrundstrahlung im Hochfrequenzbereich (gestrichelte Kurve) deutlich abheben.

abheben: Im Bereich um 2 Gigahertz sollten die Wasserstoff-Lyman-Gamma-Photonen um mehr als den Faktor 10 über dem Planckschen Hintergrund dominieren, bei 4 Gigahertz die Helium-Lyman-Alpha-Photonen sogar um mehr als den Faktor 100.

Das hat nun eine Reihe von äußerst wichtigen Konsequenzen: Bisher kennt man das Hintergrundspektrum im Frequenzbereich oberhalb von 1 Gigahertz (unterhalb von 0,01 Zentimeter Wellenlänge) noch nicht. Wenn es jedoch demnächst vermessen wird und sich auch hier als von mustergültig Planckschem Spektralcharakter erweist, so ist erwiesen, daß das Urknallszenarium mit dabei zwangsläufig werdender Rekombinationsphase nicht als Erklärung zur Hintergrundstrahlung paßt. Wenn jedoch die typischen Intensitätsspitzen der eigentlichen Rekombinationsphotonen in diesem Bereich nachgewiesen werden können, so spräche dies zumindest für die Herkunft dieser Hintergrundstrahlung aus der Rekombinationsära der kosmischen Materie. Dann aber wäre eine Untersuchung der Richtungsanisotropie dieser Intensitätsspitzen ein absolutes Muß für alle Beobachter, denn die hier aufscheinende Anisotropie könnte ja gerade optimal erweisen, ob der Kosmos zur Zeit der Rekombination der Materie bereits strukturiert war oder eben nicht, wie ja der Rest der Hintergrundstrahlung uns glauben machen will.

Die Frage an jeden Urknallkosmologen wird schließlich ja immer lauten: Wann und wie bildeten sich denn im anfänglich als völlig homogen angenommenen Kosmos diejenigen Strukturen heraus, die als die eigentlichen Charakteristika unseres heutigen Universums gelten können: die Sterne, Galaxien, Galaxienhaufen und Superhaufen.

Wollen wir die Dinge der Realität des Kosmos schon nicht völlig in ihrer Bedeutung pervertieren, so scheinen sie doch eher in der Lichterstruktur des Universums als in der Strukturlosigkeit der Hintergrundstrahlung manifestiert zu sein! Wir können also nicht dem Bild der Hintergrundstrahlung zuliebe das Universum für homogen beschaffen erklären und dafür die tatsächlichen Strukturen im All als eine Randerscheinung von sekundärer und untergeordneter Bedeutung bewerten. Wenn in der Zeit vor der Rekombination der kosmischen Materie, bevor also die Hintergrundstrahlung von der Materie frei wurde, bereits eine Strukturiertheit angelegt war, so muß diese ihre klaren Prägungen in der Intensitätsverteilung

118

der kosmischen Hintergrundstrahlung hinterlassen haben. Das wird aus folgendem leicht klar: Eine solche Strukturiertheit kann nur in einer zumindest leicht ungleichförmigen Verteilung der gravitierenden, also Schwerkraft erzeugenden Substanz im Universum, von Strahlung und Materie gemeinsam nämlich, bestanden haben. Solch eine Ungleichförmigkeit setzt sich aber nach den Gesetzen der Allgemeinen Relativitätstheorie in eine ungleichförmige, lokal anisotrope Expansion der kosmischen Raumzeit um, wie man sich klarmachen muß!

Im Bilde der üblichen Analogie zwischen Weltexpansion und dem Aufblasen einer Ballonhaut würden solche lokalen Verdichtungen der Situation entsprechen, die beim Aufblasen eines Ballons einträte, dessen Ballonhaut man durch Verdickungen stellenweise verstärkt hätte. Hier träten dann bei gegebener, gleicher relativer Flächenvergrößerung größere Flächenspannkräfte auf als in der Nachbarschaft, wo die Ballonhaut dünner ist. Besprenkelt man nun eine solche Ballonhaut zur Markierung ihrer Metrik gleichmäßig mit Farbpunkten und bläst dann den Ballon auf, so stellt sich heraus, daß sich die in ihrer Ballonhaut verstärkten Flächenteile im Vergleich zu den Nachbarregionen wegen größerer Spannkräfte weniger stark aufweiten. Die dort markierten Punkte bleiben also dichter beieinander als diejenigen in der Nachbarschaft, ganz in Analogie zu einer ungleichförmigen Raumexpansion des Kosmos bedingt durch eine anfangs ungleichförmige Materieverteilung.

Entsprechend sollte man dann also der heutigen Hintergrundstrahlung ansehen können, ob vor der Rekombination eine solche Situation vorgelegen hat: Es gäbe nämlich unter diesen Gegebenheiten im Universum Bereiche, die im Verlauf der Zeit stärker expandieren als gewisse

Nachbarbereiche. In den stärker expandierenden Bereichen verdünnt sich das Materie- und Strahlungsfeld schneller und kühlt sich demnach auch schneller ab. Der sogenannte Rekombinationspunkt, bei dem sich die elektrisch geladenen Teilchen zu neutralen Atomen vereinigen, tritt in den stärker expandierenden Bereichen früher ein. Hier wird die Hintergrundstrahlung also schon von der Materie losgelöst, während sie in den noch heißen und ladungsträgerreichen Nachbarregionen noch an die Materie gekoppelt ist. Das führt dazu, daß das Strahlungsfeld von hier nur langsam in die ladungsträgerfreie Umgebung hinausdiffundieren kann, umgekehrt aber die Hintergrundphotonen der damaligen Zeit, wenn sie sich aus der „schon kalten" Umgebung kommend in die „noch heiße" Region hineinbewegen, dort absorbiert werden und in dem lokalen thermodynamischen Milieu „untergehen". Diese Regionen sind demnach zu dieser Zeit noch undurchsichtig, das heißt undurchlässig für Hintergrundphotonen.

Man sollte also meinen, daß wir heute Löcher dort in der Hintergrundstrahlung zu sehen bekommen, wo immer wir in eine Richtung schauen, in der sich anfangs eine solche verdichtete Region befand. Das ist jedoch falsch! Die richtige Schlußfolgerung an dieser Stelle unserer Gedanken muß ganz anders aussehen: An solchen Stellen des Himmels nämlich sollten wir gerade keine Löcher, sondern im Gegenteil eine Hintergrundstrahlung mit höherer Temperatur zu sehen bekommen, weil ein solches verdichtetes Gebilde im Universum der damaligen Zeit „heißere" Strahlung in die Umgebung schickt, als es aus seiner Umgebung selbst aufnimmt, wir sehen es also vor dem restlichen, universellen Hintergrundstrahlungsfeld als ein helleres Objekt abgezeichnet, sozusagen

120

als eines der ersten aus der bisherigen Uniformität heraustretenden Leuchtobjekte.

Da wir uns selbst allerdings im Innern eines solchen Verdichtungsobjektes befinden müßten – immerhin sind die Erde, die Sonne und unsere Milchstraßengalaxie ja Teile eines solchen materiellen Strukturelementes –, setzt dies allerdings voraus, daß die Größe dieses Verdichtungsobjektes klein genug ist, damit ein von außen eindringendes Hintergrundphoton überhaupt schon bis zu uns vorgedrungen sein kann. Andernfalls sähen wir nach wie vor nur jenes Hintergrundstrahlungsmilieu, das zu unserer Verdichtungsregion selbst gehört, und erst sehr viel später einmal würde der nicht zu dieser Verdichtung gehörige Hintergrund sichtbar werden, womit der Hintergrundstrahlungshorizont schließlich dann aber zunehmend anisotrop werden müßte.

Diese Überlegung böte natürlich eine attraktive Möglichkeit, die so geringfügige Anisotropie der von uns heute in Wahrheit gesehenen Hintergrundstrahlung auf eine alternative Weise zu verstehen. Wenn wir mit unserer Erde als kosmischer Plattform nämlich irgendwo im Inneren einer kosmischen Verdichtung säßen, jedoch ein wenig aus dem eigentlichen Zentrum hinausgerückt, so könnte folgende Situation vorliegen: Wenn diese Verdichtungsregion selbst erst seit einer gewissen Zeit aufgrund der in ihr vonstatten gegangenen materiellen Rekombination den kosmischen Photonen freien Durchtritt zu uns hin erlaubt hätte, so könnte ein Faktor 1000 für die Abkühlung der freigewordenen Photonen womöglich nur typisch sein für die seither vollzogene Ausdehnung dieser unserer Verdichtungsregion. Gerade erst zu dieser Zeit dringen von der einen Hemisphäre dieser Region nunmehr Photonen der um wenige tausendstel Grad kühle-

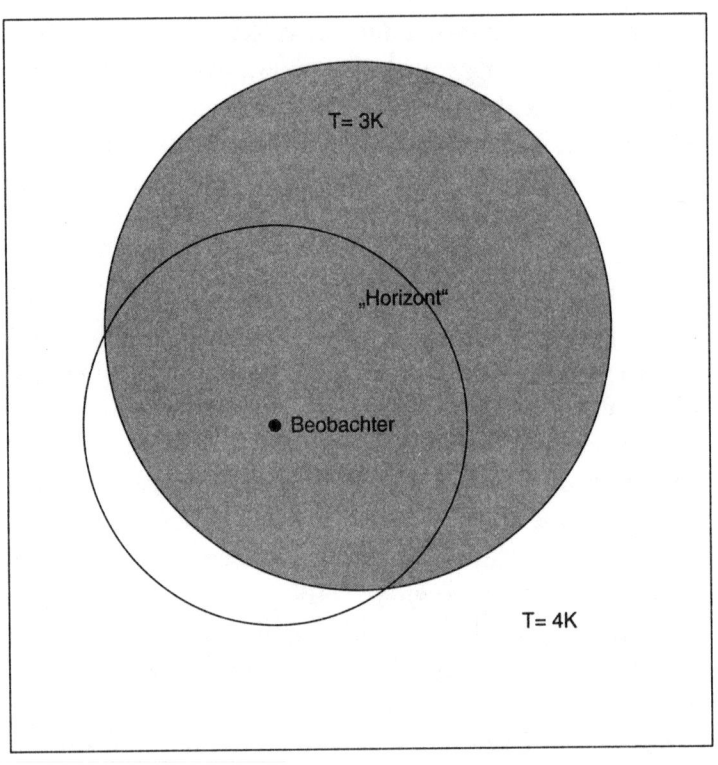

Die als „Echo des Urknalls" gedeutete 3K-Hintergrundstrahlung könnte auch ein lokales Phänomen sein; in diesem Fall ließe sich die beobachtete Dipolstruktur durch den beschränkten „Horizont" des Beobachters erklären, der exzentrisch in einer etwas dichteren, kühleren Materiewolke sitzt und erst in einer Richtung die „heißere" Strahlung aus der weiteren Umgebung registriert.

ren Hintergrundstrahlung des weiteren Weltraumes außerhalb dieser Verdichtungsregion bis zu uns vor, während die andere Hemisphäre die für die Region typischen, etwas heißeren Hintergrundphotonen zu uns sendet. Die Homogenität der Hintergrundstrahlung wäre dann trotz

Inhomogenität der Massenverteilungen leichter zu verstehen, und die leichte Anisotropie auf Milli-Kelvin-Niveau wäre sozusagen der Beginn eines „Blickes nach draußen". Die quantitative Beschreibung einer solchen Situation würde sich jedoch nach heutigem Standard sehr schwierig gestalten, weil sie im Rahmen der Allgemeinen Relativitätstheorie die Behandlung eines kontinuierlichen Überganges von einer Robertson-Walker-Metrik des weiten Kosmos zu einer Schwarzschild-Metrik der uns umgebenden Verdichtungsregion verlangen würde – ein bislang nicht bewältigtes Problem.

Wenn also das heutige Hintergrundstrahlungsfeld bis auf vernachlässigbar geringfügige Abweichungen so perfekt gleichförmig erscheint, so muß dies für den Urknallkosmologen entweder bedeuten, daß es vor der Bildung der Hintergrundstrahlung während der Rekombinationsphase noch keine Strukturiertheit im Kosmos gegeben hat oder daß die in der Hintergrundstrahlung eingeprägten Inhomogenitäten noch nicht in unseren Sichthorizont eingetreten sind, weil der verdichtete Materiebereich um uns herum sich noch nicht lange genug zu neutralen Atomen neutralisiert hat und die bis dahin außen gehaltene Hintergrundstrahlung des weiteren Kosmos überhaupt nicht bis zu uns vordringen konnte. Wenn die Rekombination der Materie in der uns einschließenden Verdichtungsregion zum Beispiel erst vor etwa 10 Milliarden Jahren erfolgte, so können wir die von außen zu uns vordringende Hintergrundstrahlung nur dann bereits jetzt an unserem Horizont sehen, wenn diese Region eine Größe entsprechend einer Lichtlaufzeit von deutlich weniger als 10 Milliarden Jahren besaß und demnach die Laufzeit der Hintergrundphotonen vom Rande bis zum Zentrum weniger als 10 Milliarden Jahre betrug. Niemand weiß zur Zeit, ob dies eine gangbare Erklärungshypothese für die Gleichförmigkeit der kosmischen Hintergrundstrahlung sein könnte. Immerhin würde es aber gegebenenfalls bedeuten, daß die wahren Großstrukturen in unserem Universum uns noch gar nicht in den Blick gekommen sind, weil es dazu im Sinne der kosmologischen Evolutionsgeschichte noch viel zu früh ist. Die Tatsache, daß die heutigen Astronomen noch immer kein genügend großskaliges Materiesystem haben identifizieren können, das sich mit der geforderten Geschwindigkeit der kosmischen Hintergrundstrahlung bewegt, also mit dem sogenannten „lokalen" Ruhesystem des Universums, könnte ein sprechendes Zeugnis dafür sein. Wir wollen hier zunächst nicht näher auf die alternative Hypothese zur Strukturbildung im Universum eingehen, nach der die Strukturierung erst nach der Rekombination der Materie zu neutralen Atomen und demnach nach der Freisetzung der Hintergrundstrahlung stattgefunden hat; diese Möglichkeit einer Erklärung wollen wir an späterer Stelle in diesem Buch erörtern. Hier wollen wir vielmehr einfach noch einmal von der allgemein geglaubten These ausgehen, die Hintergrundstrahlung sei nichts anderes als ein elektromagnetisches Überbleibsel aus einer frühen Phase eines noch streng homogenen und isotrop expandierenden Urknalluniversums. Es ist dann ganz leicht auszurechnen, wie groß das Universum zur Zeit der Bildung dieser Strahlung im Vergleich zum heutigen gewesen sein muß, damit erklärbar wird, daß die Temperatur der heutigen Hintergrundstrahlung nur noch 2,735 Kelvin beträgt.

Wenn man davon ausgehen kann, daß die Rekombination von Elektronen und Protonen sich im Universum bei thermodynamischen Gleichgewichtstemperaturen von

124

etwa 3000 Kelvin vollzogen haben muß – ein wohl unverrückbares physikalisches Gebot – und hinzunimmt, daß die Strahlungstemperatur sich im expandierenden Universum umgekehrt proportional zum Weltradius oder der Skalenfunktion S(t) entwickelt, so ergibt sich leicht, daß sich das Universum seit Ablösung der Hintergrundstrahlung von der Materie wohl um etwa den Faktor 1000 aufgebläht haben muß. Erst nach der Entstehung dieser Strahlung ist es dann zur Bildung von Galaxien, Galaxienhaufen und Superhaufen gekommen. Räumlich gesehen bedeutet das, daß wir alle Galaxien und Haufen vor der sehr viel ferner liegenden Himmelssphäre der Hintergrundstrahlung angeordnet sehen.

Diese für den Urknallkosmologen unabdingbare Konstellation sollte nun aber zu einer überaus sonderbaren Konsequenz führen: Schauen wir an einem massereichen Galaxienhaufen im kosmischen Vordergrund vorbei auf den viel ferneren Hintergrund, so ergibt es sich als zwangsläufig, daß die Hintergrundstrahlung und die Strahlung des Galaxienhaufens zugleich bei uns eintreffen müssen, wenn wir beide Strahlungen gleichzeitig sehen können. Das bedeutet aber zweifellos, daß die sehr viel ältere Hintergrundstrahlung zu dem Zeitpunkt an dem Galaxienhaufen in Richtung auf uns zu vorbeigegangen sein muß, zu dem auch die Strahlung dieses Haufens zu uns von dort abgesandt wurde. Als die Hintergrundstrahlung den Haufen passierte, muß dieser also schon als massereiches Gebilde präsent gewesen sein, und dann sollte sein gegenüber der kosmischen Umgebung wesentlich stärkeres Gravitationsfeld auf die vorbeigehende Hintergrundstrahlung ebenso eingewirkt haben wie die Sonne auf dicht an ihr vorbeigehende Lichtstrahlen.

Nun weiß man aber doch, daß große Massen im Universum wie Linsen auf die hinter ihnen stehenden Lichtquellen wirken. Einen solchen Gravitationslinseneffekt glaubt man in Form des Phänomens bestimmter Doppelquasare ganz eindeutig nachgewiesen zu haben. Solche Quasare sind äußerst leuchtstarke Objekte am fernsten Himmel unseres Universums, die bei besonders großen Rotverschiebungen jenseits von $z = 3$ auftauchen. Wenn zwei dieser enorm entfernten Objekte in einer bestimmten Richtung des Himmels ganz eng benachbart erscheinen und zudem auch noch die gleiche Rotverschiebung haben, so muß man sich wahrlich wundern. Des Rätsels Lösung scheint eine optische Täuschung zu sein, hervorgebracht durch einen Gravitationslinseneffekt im Universum. In Wahrheit existiert nach Ansicht der Wissenschaftler dort nur ein einziger Quasar, dessen Licht uns jedoch über zwei verschiedene Wege erreicht und uns so zwei eng benachbarte Lichtquellen vortäuscht. Wenn aber große Massenansammlungen im Universum solche frappanten Linsenwirkungen auf die Strahlungen ferner Objekte am Himmel haben, warum sollten sie dann nicht ähnliche Wirkungen auf die an ihnen vorbeilaufenden Photonen der Hintergrundstrahlung haben? Wenn die Quasarlinse irgendwo bei mittleren Entfernungen (also Rotverschiebungen z zwischen 0 und 5) sitzt, so sollte sie auch für eine gewisse Fokussierung der Hintergrundstrahlung bei uns sorgen können! Wie müßte sich dies dann auswirken?

Die Abbildungseigenschaften von Gravitationslinsen sind im Rahmen der Allgemeinen Relativitätstheorie gut verstanden und lassen klare Vorhersagen darüber zu, welche Bilder sie von einer Punktquelle liefern können. Allerdings sind die Regeln der Gravitationsoptik wesentlich komplizierter als die der geometrischen Optik für eine gewöhnliche Linse, bei der der Brechungsindex innerhalb des geschliffenen Glaskörpers überall konstant ist: Da das Schwerefeld einer Gravitationslinse sich abhängig von der Materieverteilung innerhalb der Massenansammlung ändert, liegt ein räumliches Feld mit gleichsam variablem Brechungsindex vor. Damit sind die Abbildungseigenschaften einer solchen lokalen Metrikstörung in der Raumzeit nicht ganz einfach zu berechnen. Man kann jedoch im allgemeinen für eine abseits der optischen Achse einer Gravitationslinse liegende kosmische Lichtquelle zwei reelle Bilder erwarten, die von der Bildebene aus das gleiche Quellobjekt in zwei verschiedenen Richtungen erkennen lassen. Wenn dagegen das kosmische Lichtobjekt immer dichter an die optische Achse heranrückt, so nähern sich die beiden Bildobjekte für das Auge des Beobachters einander immer mehr, verfließen allmählich in einen einzigen, die Achse umschließenden, sichelförmigen Lichtfleck, der schließlich im Extremfall, wenn das Lichtobjekt genau auf der optischen Achse sitzt, zu einem Bild in Form eines leuchtenden Kreisrings entartet.

Wenn wir nun in Gestalt der Hintergrundstrahlung keine diskreten Strahlungsobjekte, sondern einen homogenen Strahlungshintergrund vor uns haben, so muß die Überlagerung all dieser unterschiedlichen Bilder für den Betrachter auf der optischen Achse einer Gravitationslinse dazu führen, daß ihm die kosmische Hintergrundstrahlung in der die Achsenrichtung umgebenden Himmelsregion als von unterschiedlicher Intensität, also von einer entsprechenden Anisotropie geprägt, erscheint. Was heißt dies nun aber? Es muß bedeuten, daß selbst dann, wenn bei der Rekombination der elektrisch geladenen

Materie im Kosmos eine völlig homogene und isotrope Hintergrundstrahlung entstanden wäre, diese auf ihrem Wege aus den größten uns zugänglichen Fernen des Weltalls zu uns von den zwischenzeitlich gebildeten, total nichtlinearen und gravitierenden Massestrukturen im Weltall vielfältigste Ablenkungen in sehr komplexen Formen erfahren haben müßte mit der Folge, daß sie uns am Himmelshorizont eben gerade nicht als isotrope Strahlung erscheinen dürfte. Die heute stark ausgeprägte Strukturhaftigkeit in der kosmischen Materieverteilung müßte sich sozusagen über die akkumulierte Wirkung der lokalen Gravitationsfelder wiederum strukturbildend in der Hintergrundstrahlung niedergeschlagen haben, als Folge eines dynamischen Wechselspiels sozusagen wie zwischen verschieden schweren Molekülen eines Gasgemisches, das schließlich eine gemeinsame Temperatur für alle Gasmoleküle zustande kommen läßt.

Wenn dennoch in der uns erscheinenden Hintergrundstrahlung praktisch keine Struktur wahrzunehmen ist, so muß dies eigentlich besonders denjenigen wundern, der an die kosmologische Natur dieser Strahlung glauben möchte und somit daran, daß diese Strahlung aus den größten Fernen des Weltalls vorbei an allen „im Vordergrund" liegenden Strukturen des realen Weltalls mit ihren Gravitationsfeldern laufen muß, um schließlich zu uns zu kommen. Mit einer homogenen und isotropen Strahlung der vorliegenden Art läßt sich intellektuell dann eigentlich doch viel besser auskommen, wenn man sie nicht für ein kosmologisches, sondern für ein zu unserem kosmischen Standort gehörendes, lokales Phänomen hält.

Eine solche lokale Erscheinung ließe sich als ein Erklärungsansatz versuchen, wenn sich ein von den beiden russischen Astrophysikern Sunyaev und Zeldo'vich vorhergesagter Effekt als nicht existent herausstellen sollte. Dieser Effekt leitet sich aus einer Einwirkung des energetischen Milieus ferner Galaxienhaufen auf die kosmische Hintergrundstrahlung her. Wäre die Hintergrundstrahlung gar nicht kosmischer, sondern lokaler Natur, so sollte es diesen Effekt nicht geben dürfen!

Es geht darum, daß man in dem weiten Zwischenraum zwischen den vielen Galaxienmitgliedern eines Galaxienhaufens ein heißes, aber hoch verdünntes Elektronengas vermutet. Diese Vermutung ist nicht aus der Luft gegriffen, sondern geht zurück auf die Feststellung, daß der intergalaktische Raum solcher Galaxienhaufen als Quelle einer diffusen, weichen Röntgenstrahlung erkannt worden ist. Diese Röntgenstrahlung entsteht vornehmlich als sogenannte Bremsstrahlung hochenergetischer Elektronen bei der gegenseitigen Ablenkung als Folge ihrer abstoßenden Coulombfelder. Aus der diffusen Röntgenstrahlung, die aus Gegenden klar optisch identifizierter Galaxienhaufen stammt, läßt sich erschließen, daß das in diesen befindliche intergalaktische Elektronengas Temperaturen von einigen zehn Millionen Kelvin besitzen muß, wenn es diese Strahlung erzeugen können soll. Auch die Dichten dieses Elektronengases lassen sich einigermaßen gut abschätzen, so daß man über die Natur der intergalaktischen Elektronen relativ gut Bescheid zu wissen glaubt.

An diesem Umstand setzen nun die beiden russischen Astrophysiker Sunyaev und Zeldo'vich ein mit ihrer Prophezeiung, daß die kosmische Hintergrundstrahlung von einem solchen lokal präsenten Elektronengas nicht unbeeinträchtigt gelassen würde. Nach der relativistischen Quantentheorie können nämlich hochenergetische, elektrisch geladene Teilchen mit Photonen wie stoßende Teilchen wechselwirken. Solche Stöße zwischen Elektronen und Photonen nennt man „Comptonstöße" bzw. „inverse Comptonstöße", je nach dem, wer auf wen beim Stoß Energie überträgt. Wenn ein Elektron mit hoher Energie mit einem Photon von vergleichsweise niedriger Energie in einem inversen Comptonstoß reagiert, überträgt es dabei einen Teil seiner Energie auf das Photon: Während das Elektron im Stoß Energie verliert, gewinnt das Photon also Energie, das heißt es wird bei einem solchen Stoß hochfrequent.

Die kosmischen Hintergrundphotonen, die nun aus der Richtung eines Galaxienhaufens zu uns kommen, müssen, bevor sie bei uns ankommen konnten, das intergalaktische Elektronengas dieses Haufens durchdrungen haben. Dabei hat ein Teil der Hintergrundphotonen einen oder mehrere inverse Comptonstöße mit den dortigen hochenergetischen Elektronen erlitten und ist zu höherfrequenten Photonen geworden, von denen wiederum nur ein Teil in unsere Richtung gestreut wird. Der Nettoeffekt in der Hintergrundstrahlung, die auf dem Weg zu uns durch einen Galaxienhaufen hindurchlaufen muß, wird darin bestehen, daß die Intensität niederenergetischer Photonen im Spektrum reduziert wird, während diejenige höherenergetischer gesteigert wird. Dieser Effekt läßt sich demnach in einer frequenzspezifischen Temperaturänderung der aus der Richtung des Galaxienhaufens aufgenommenen Hintergrundstrahlung ausdrücken. Bei Frequenzen um 20 Gigahertz herum sagen Sunyaev und Zeldo'vich aufgrund solcher Effekte Temperaturerniedrigungen im Bereich von einigen Milli-Kelvin voraus.

Dieser Effekt einer frequenzabhängigen Temperaturänderung der kosmischen Hintergrundstrahlung beim Durchgang durch einen Galaxienhaufen kann natürlich nur dann erwartet werden, wenn die Hintergrundstrahlung tatsächlich kosmologischen Ursprungs ist, das heißt, wenn sie aus einer Zeit stammt, die weit vor der Bildung des heißen Elektronengases in den intergalaktischen Zwischenräumen der Galaxienhaufen liegt, wenn sie also aus größten kosmischen Fernen kommend wirklich durch die Materiebereiche solcher Galaxienhaufen hindurchdringen mußte. Wenn sich die Hintergrundstrahlung dagegen als ein ortstypisches, lokales Strahlungsfeld konstituiert, so sollte jede Beziehung ihrer Spektraleigenschaften zu den Positionen von Galaxienhaufen am Himmelshorizont unterbleiben.

Der Nachweis des Vorhandenseins des Sunyaev-Zeldo'vich-Effektes wäre also ein untrügliches Zeichen für die kosmologische Natur der Hintergrundstrahlung. In ein oder zwei Fällen glaubt man bisher eine positive Identifikation dieses Effektes liefern zu können, in vielen anderen untersuchten Fällen jedoch nicht. Der experimentelle Nachweis dieses Effektes ist derzeit noch sehr schwierig, zweideutig und zeitraubend, denn er besteht im Nachweis einer Temperaturabsenkung der Hintergrundstrahlung im langwelligen Bereich. Da jedoch für diese Bereiche meist verschiedene Detektoren verwendet werden müssen, tritt für den positiven Nachweis erschwerend das Problem der Absoluteichung dieser Detektoren in den Vordergrund. Dennoch wird man von diesem Effekt in Zukunft die eindeutigste Aussage über die wahre Natur der Hintergrundstrahlung erwarten dürfen. Derzeit wissen wir einstweilen nur, daß sich ohne die kosmologische Natur der Hintergrundstrahlung das Urknallszenarium vollkommen in Luft auflösen würde. Auf die dann sich erhebende Frage, wie man denn unter solchen Gegebenheiten das ja nun doch einmal bestehende Phänomen der Hintergrundstrahlung verstehen kann, werden wir an späterer Stelle dieses Buches noch einmal näher eingehen, wenn wir über die Probleme der Strukturbildung im Kosmos zu reden haben werden. Hier soll nur schon einmal vorwegnehmend gesagt sein, daß diese Hintergrundstrahlung sich zwanglos als das Entropiebild des kosmischen Strukturierungsgrades der Materie verstehen läßt. Wäre der Kosmos völlig gleichförmig von Materie erfüllt, wäre also die Materie über das Volumen des Universums völlig ungeordnet verteilt, so gäbe es die Hintergrundstrahlung überhaupt nicht. Sie ist vielmehr nur eine physikalisch konsequente Widerspiegelung der Tatsache, daß die Materie im Weltall in ganz bestimmten Hierarchieformen strukturiert auftritt.

Soll die Hintergrundstrahlung jedoch „Big-Bang"-Natur besitzen, so muß man beginnen, die dann zwangsweise zu erfolgenden kosmischen Auswirkungen im Zusammenhang mit dieser Strahlung aufzufinden! Das ist noch ein sehr harter, vielleicht überhaupt nicht gangbarer Weg. Solche eindeutigen Spuren müßten zum Beispiel auf folgende Weise gegeben sein: Dichtefluktuationen in der Rekombinationsära müßten zu unterschiedlicher Beschaffenheit der Materie innerhalb und außerhalb dieser Verdichtungsbereiche geführt haben. Sind solche Verdichtungen schließlich als helle Flecken im Hintergrund erkennbar, so müßte sich zum Beispiel in ihnen wegen der lokal unterschiedlichen Expansionsgeschichte auch eine vom Rest des Kosmos verschiedene Elementhäufigkeit antreffen lassen.

Wie sieht das mengenmäßige Verhältnis von Helium zu Wasserstoff im Kosmos aus? Gewöhnlich glaubt man, aus der kosmologischen Frühzeit her 24 Prozent Massenanteil von Helium gegenüber Wasserstoff erwarten zu können. Sollte dieser Massenanteil aber nicht durch das besondere Schicksal der Expansion in den Dichtefluktuationen mitbestimmt und demnach mit der heutigen kosmischen Materiedichte in den Hierarchien korreliert sein? Wenn das Verhältnis von Helium zu Wasserstoff dagegen nur vom unkosmologischen Massenverhältnis von Neutronen zu Protonen abhängen sollte, bliebe die kosmologische Expansion dabei völlig außen vor. Das wäre aber wahrlich zu schade! Wo sollte man dann nämlich schließlich die wirklich tragenden Urknallindizien hernehmen?

Kapitel 5

Die geheimen Wege der Strukturbildung im Kosmos

Bestünde die Welt nur aus Sandkörnern, eines gegenüber dem anderen völlig indifferent und gleichgültig, so müßte zwangsläufig oberhalb der „Sandkorndimension" im Weltall alles amorph, strukturlos und anarchisch erscheinen. Da sich der Kosmos jedoch auf wachsenden Größenskalen immer wieder als hierarchisch strukturiert zeigt, darf man schließen, daß er eben nicht aus kräftemäßig abgeschlossenen Gebilden ähnlich den Sandkörnern besteht, sondern aus Objekten, die mit ihren Kraftfeldern über die für sie typischen Dimensionen hinausgreifen.

Wie aber sollen sich die auffälligen Mammutstrukturen im Weltall, jene großen Mauern aus Galaxien und als kosmische Gravitationsstrudel agierenden „Attraktoren", aus zufällig gegebenen, anfänglich unscheinbar kleinen Dichtefluktuationen in der kosmischen Materieverteilung gebildet haben können? Hier herrscht unter den heutigen Theoretikern ein fataler Erklärungsnotstand: Eigentlich sollten Dichtestörungen im kosmischen Materiemilieu sich erst ausprägen können, wenn sich die im Zuge der Weltexpansion sich abkühlende Materie in elektrisch neutrale Atome verwandelt. Von diesem Zeitpunkt bis heute bleibt aber nicht Zeit genug zur Ausbildung des heute sichtbaren Strukturierungsgrades. Die vielbemühte „dunkle Materie" bietet auch keinen Ausweg, denn dann müßte der Kosmos statt von leuchtender von dunkler Materie bestimmt sein.

Wir als Menschen sind geformte Materie. Tiere und Pflanzen sind es ebenso. Die ganze Erde ist überzogen mit vielfältigsten Formen strukturierter und gestalthafter Materie. Auch im weiteren Kosmos ist dies nirgendwo anders. So ist unser Sonnensystem in hohem Maße strukturiert, unsere Galaxie ist eine dynamisch sich entwickelnde und eine zwischen ihren Teilen synergetisch interkommunizierende Großstruktur – und die Strukturierung hin zu immer größeren Hierarchien im Kosmos endet, soweit wir heute sehen können, nirgendwo. Woher mag so etwas kommen? Warum herrscht nicht wenigstens auf irgendeiner transatomaren Hierarchieebene schließlich und endlich doch Uniformität vor?

Wenn der bildende Künstler einem zunächst amorphen Marmorklotz eine Form, und damit eine ästhetischideelle Aussage nach außen hin, aufprägt, so geschieht dies durch gestaltende Gewaltanwendung an einer dieser Formung gegenüber willfährigen und gleichgültigen Materie, wenn man von den Einschränkungen festkörperphysikalischer Gesetze absieht. Die Materie gibt einem von außen aufgeprägten Formungswillen in ihren Maßen nach. Wie aber soll man verstehen können, daß die Materie aus einem in ihr selbst liegenden Zwang her sich eine Form aufprägt. Welche Mächte und Kräfte mögen hier wohl den Willen zur Gestalt führen und in eine werdende Realität ummünzen?

Wenn die Welt aus Sandkörnern bestünde, so wäre eine Strukturierung unterhalb der Sandkorndimension wegen des molekularen, atomaren und subatomaren Aufbaues jedes solchen Korns verständlich, jedoch oberhalb dieser Dimension sollte es keine Strukturierung im eigentlichen Sinne mehr geben können, sollte es nur aussagelose Multiplizitäten oder Wiederholungen der immer gleichen Grundeinheit „Sandkorn" geben, womit die Welt als vielleicht endlose, aber gewiß doch gestaltlose „Sandwüste" erscheinen müßte. Wie kommt der Kosmos demnach aus dem Chaos heraus, das sich eigentlich in ihm einfinden sollte, wenn er sich auf solche Grundeinheiten wie etwa Sandkörner als seine Bausteine stützen müßte? Wenn sich unsere wahre Welt bis hinauf in die größten Raumdimensionen als strukturiert erweisen sollte, so gibt es in ihr offensichtlich weder eine solche bausteinhaft abgeschlossene Grundeinheit der Materie, die nur Vielfachheiten ihrer selbst als Spektrum der Realitäten zulassen würde, noch gibt es eine alle auftretenden Subgebilde des Weltalls einheitlich erfassende, alles übergreifende und einschließende, skalenfreie Kraft. Vielmehr muß es im Kosmos offensichtlich zur Ausbildung von hierarchietypischen Kraftfeldern kommen, die ihrer Natur nach hierarchieunterhaltend wirken. Die Frage bleibt dabei dann also, wo die Zufälligkeit im Werden des Kosmos ansetzt, und wohin die Unordnung, die eigentlich bei jedem physikalischen Prozeß zunehmen sollte, sich verflüchtigt, wenn der Kosmos Gestalt annimmt. Angesichts des immer wieder diskutierten Weltanfangs in Form eines heißen Urknalles im thermodynamischen Gleichgewicht muß die Frage sich aufdrängen, ob es möglich ist, daß aus primär gegebener Unordnung so etwas wie Ordnung spontan entstehen kann.

Oft drängt sich der Eindruck auf, daß nur komplexe Systeme mit sehr verzweigten, vielwegigen Wechselwirkungsformen zu höherer Ordnungsbildung fähig sein können, gerade so, als sei die Fähigkeit zur Strukturausbildung eine Tugend der komplexen Systeme mit ihren sehr vielen Freiheitsgraden des Verhaltens, die einen evolutionären Weg des Systems zu höheren Ordnungsformen erst möglich erscheinen lassen. Hier aber belehren uns neuere Ergebnisse aus dem Bereich nichtlinearer Prozeßabläufe eines Besseren. Selbst ganz einfache physikalische Systeme sind zu auffälliger Strukturbildung in der Lage. Schon ein einfaches Pendel kann die wunderbarsten Formen von Schwingungsabläufen entwickeln, wenn es nur neben der Gravitationseinwirkung einer zusätzlichen Krafteinwirkung unterliegt; deren Stärke darf allerdings nicht proportional zur Pendelauslenkung aus der Ruhelage sein, sondern sollte zum Beispiel quadratisch oder kubisch davon abhängen. Ebenso können schon wenige Atomrümpfe – also Atome, denen man eines ihrer Hüllenelektronen durch Ionisation entfernt hat, so daß sie hernach elektrisch geladen sind –, die in einen gemeinsamen elektrischen „Potentialkessel" eingesperrt sind, fantastisch anmutende Strukturen aufbauen, die man sich mit der Methode der Laserlichtfluoreszenz direkt ansehen kann.

In beiden Fällen geht die Strukturbildung auf das Wirken miteinander konkurrierender Kräfte unterschiedlicher Natur oder unterschiedlicher Wirkungslänge zurück. Verbirgt sich hinter dieser Erkenntnis vielleicht auch schon das Geheimnis der Strukturbildung im Kosmos? Eine Antwort auf diese Frage wird man nicht leicht geben können, aber man kann sich zunächst einmal fragen, woran sich denn überhaupt dieser hier befragte Umstand einer augenfälligen Strukturiertheit im Kosmos objektiv aufweisen läßt, das heißt, womit sich eventuell der auf der jeweiligen kosmischen Größenskala gegebene Strukturierungsgrad quantitativ messen läßt. Wenn man statistisch viele Objekte auf einen vorgegebenen Raum verteilt fände, also so viele, daß auf die gewählte Volumeneinheit immerhin noch sinnvoll viele dieser Objekte entfallen würden, so sollte sich immer erweisen, daß die Wahrscheinlichkeit, in der Nachbarschaft eines bestimmten herausgegriffenen Objektes ein zweites solches Objekt zu finden, nicht vom Abstand zu diesem Referenzobjekt abhängt. Andernfalls sind die Objekte eben nicht zufällig, sondern in Strukturen angeordnet im Raum verteilt.

In kosmischen Dimensionen von Größenordnungen zwischen 10 und 500 Millionen Lichtjahren beginnt man neuerdings auf genau diese Weise mit immer größerem Erschrecken immer mehr solcher stark ausgeprägten kosmischen Materiestrukturen wahrzunehmen. Es läßt sich selbst bei diesen Riesendimensionen des Raumes keine Zufälligkeit in der Verteilung der Objekte bestätigen. In einer gigantischen kosmischen Tiefendurchmusterung nach optisch registrierbaren Objekten mit galaktischen Eigenschaften erkannten so erst kürzlich die Astronomen John P. Huchra und Margaret J. Geller vom Harvard Smithsonian Center for Astrophysics in Cambridge (USA) deutlicher als alle anderen, daß es augenfällige Großstrukturen mit Ausmaßen von 300 Millionen Lichtjahren und mehr gibt. Solche Mammutstrukturen bestehen zumeist aus flächenhaft angeordneten Haufen und Superhaufen von Galaxien, die sich zu flächenartigen Strukturen zusammengelegt haben. Es ist, als wenn sich die unzähligen Materieobjekte im Weltall am liebsten zu Häuten anordnen möchten, welche riesige Leerräume umspannen, in denen sich – auf den Mittelwert gesehen – weit weniger leuchtende Materie befindet als in den Häuten. Die mittlere Materiedichte in diesen sogenannten Häuten ist dabei um mindestens einen Faktor 19 bis 50 größer als in den eingeschlossenen kosmischen Vakuolen. Das Weltall nimmt in gewisser Hinsicht dadurch

eine Beschaffenheit ähnlich einem wulstigen Seifenschaumgebilde an, bei dem die Flüssigmaterie ja auch
allein in den von Oberflächenspannungen bestimmten
und geformten Seifenhäuten steckt, während die eingeschlossenen Räume nur unsichtbare gasförmige Materie
enthalten.

Solche Massenansammlungen fallen den Astronomen
nicht nur aufgrund ihres Zusammenhangs und ihrer
räumlichen Anordnung auf: Sie verraten sich vielmehr
auch durch ihre Gravitationseinwirkung auf ihre weitläu-
fige Umgebung. So scheinen gigantische Massenansammlungen von 1 Billiarde Sonnenmassen irgendwo
jenseits des Hydra-Centaurus-Superhaufens in Form eines großen kosmischen Attraktors zusammengekom-
men zu sein – ihre Gravitationswirkung ist unübersehbar,
wiewohl dieses Gebilde bisher nicht durch ein entsprechendes Leuchtmuster identifiziert werden konnte. Dies
jedenfalls wollen Astrophysiker heute schließen, die sich
die Eigenbewegungen vieler Galaxien in unserer näheren
und weiteren Nachbarschaft genauer unter die Lupe
genommen haben. Dabei zeigt sich eben als auffälliges
Faktum, daß alle diese galaktischen Objekte eine Vor-
zugsbewegung auf diesen großen kosmischen Attraktor
hin durchführen.

Der lokale Schwerpunkt aller galaktischen Massen in
unserer kosmischen Nachbarschaft bewegt sich danach
mit etwa 300 km/s auf dieses Zentrum zu. Da dies im
Rahmen der normalen Physik seine kausale Erklärung
finden sollte, nimmt man an, daß ein von diesem Zentrum her wirkendes Gravitationsfeld diese koordinier-
ten Bewegungen als Freifallbewegungen in eine dort befindliche kosmische Potential „mulde" veranlaßt. Eine solche
Mulde im kosmischen Gravitationspotential kann jedoch

nur durch riesige Massen- bzw. Energieansammlungen realisiert werden. Nach eben dieser Überlegung sollte dann aber dieser mysteriöse kosmische Gravitationsschlund von einer Gesamtmasse entsprechend 1 Billiarde Sonnenmassen dargestellt sein, die jedoch optisch nicht mit irgendeiner Leuchtstruktur identifiziert werden kann oder durch die Präsenz von leuchtender Materie markiert wäre.

Natürlich ist es denkbar, daß es sich bei diesem Gravitationszentrum um eine Zusammenballung von sogenannter „dunkler Materie" handelt. In jedem Falle spräche es jedoch für eine gigantische Großstruktur im Kosmos, wie man sie noch vor kurzer Zeit in Astronomenkreisen nicht für möglich gehalten hätte. Je mehr und je tiefer man ins Weltall blickt, um so spruchreifer wird die Tatsache, daß es bis hinauf zu den größten Raumskalen Galaxienverteilungen gibt, die ganz und gar nicht einer Poissonschen Zufallsstatistik entsprechen. Das heißt aber nicht mehr und nicht weniger, als daß die Materie im Kosmos nicht einfach wahllos auf beliebige Orte verteilt ist; vielmehr beeinflußt die Existenz einer materiellen Struktur an einer bestimmten Stelle im Kosmos offensichtlich die Wahrscheinlichkeit dafür, weitere materielle Strukturen in deren Nachbarschaft zu finden.

Den fundiertesten Beweis für diese im Rahmen der bisherigen Kosmologien, die ja immer nur ein homogenes Universum behandeln, ganz und gar bestürzende Tatsache lieferten inzwischen die englischen Astronomen Will Saunders und Mitarbeiter vom Astrophysik-Department der Universität Oxford (England) in einer kürzlich erschienenen Veröffentlichung in der Zeitschrift NATURE. Hierin breiteten sie erstmals ihr reiches Beobachtungsmaterial im Rahmen einer Ganzhimmelsdurchmusterung der kosmischen Galaxienverteilung bis hin zu Rotverschiebungsentfernungen von 500 Millionen Lichtjahren aus.

Die Durchmusterung enthielt weit mehr assoziierte Quellen bei großen Entfernungen, als jemals bisher archiviert werden konnten, weil man einen neuen Beobachtungszugang zu solchen extrem leuchtschwachen Quellen in den Tiefen des Himmels benutzt hatte: Diese Objekte waren allesamt aufgrund ihrer Infrarotleuchtkräfte mit dem IRAS-Satelliten (Infrared Astronomical Satellite) identifiziert worden. Infrarotlicht wird vom Staub in unserer Galaxie weit weniger absorbiert als optische Strahlung; mit diesem „Licht" können wir demnach weiter und ungestörter in den Weltraum hinaussehen. Nach sehr sorgfältiger Analyse der in diese Durchmusterung eingegangenen Befunde kommen Saunders und Kollegen zu dem klaren Ergebnis, daß es weit mehr kosmische Strukturiertheit bei großen Raumskalen gibt, als alle derzeit diskutierten Standardmodelle zur kosmischen Strukturbildung trotz Annahme von Dunkelmaterie in heißer oder kalter Form vorhersagen können.

Durch sogenannte Zwei-Punkt-Korrelationsuntersuchungen, bei denen aus den vorliegenden galaktischen Positionsdaten die mittlere Wahrscheinlichkeit dafür bestimmt wird, daß zwei galaktische Objekte in einem bestimmten Abstand R zueinander auftauchen, können sie auf allen Raumskalen die gegebenen Abweichungen der tatsächlichen Verteilung von einer rein Poissonstatistischen Zufallsverteilung entdecken. Dabei zeigt sich ganz auffällig, daß auf allen Skalen starke Strukturiertheit erkannt werden kann. Bisher muß die Frage nach einer Erklärung solcher Gestaltbildung völlig unbeantwortet bleiben.

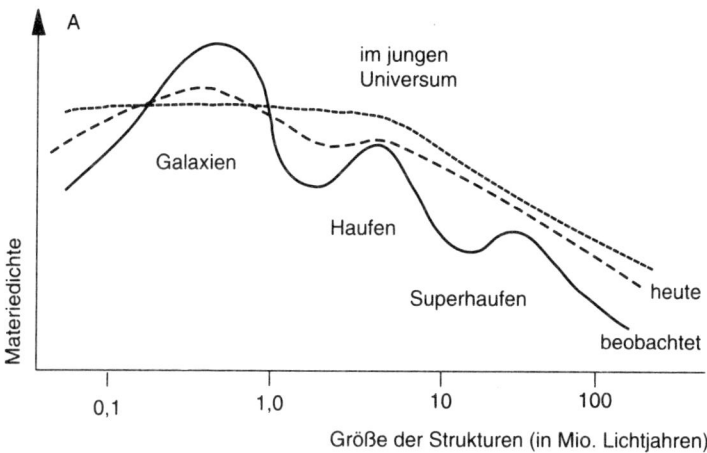

im jungen
Universum

A

Galaxien

Haufen

Superhaufen

heute

beobachtet

Materiedichte

0,1   1,0   10   100

Größe der Strukturen (in Mio. Lichtjahren)

Auch die dunkle Materie reicht nicht zur Erklärung der beobachteten Materiestrukturen im Kosmos (durchgezogene Linien): Während bei „Zuhilfenahme" von kalter dunkler Materie (oben) die Zeit für die Entstehung von Superhaufen nicht ausgereicht hätte (gestrichelte Linie), dürften mit Hilfe heißer dunkler Materie (unten) bislang nicht so viele Galaxien entstanden sein.

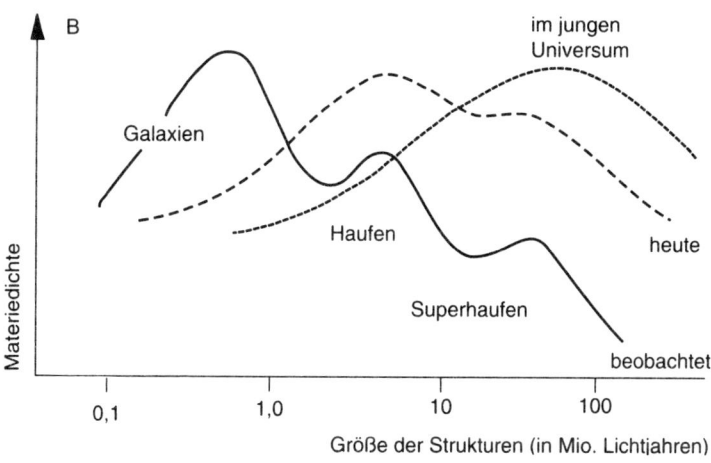

B

im jungen
Universum

Galaxien

Haufen

Superhaufen

heute

beobachtet

Materiedichte

0,1   1,0   10   100

Größe der Strukturen (in Mio. Lichtjahren)

141

Während jedoch der Strukturierungsgrad bei kleinen (15 Millionen Lichtjahre) und mittleren (30 Millionen Lichtjahre) Skalen durch gewisse theoretische Vorhersageversuche zur Strukturbildung unter Annahme von kalter, dunkler Materie im Kosmos einigermaßen zufriedenstellend erklärt werden kann, bleibt der erstaunlich hohe Strukturierungsgrad bei Skalen größer als 60 Millionen Lichtjahre selbst von solchen „esoterischen" Theorien völlig unerklärt. Zu einem fast gleichlautenden Schluß kommen auch die Astronomen Efstathiou, Sutherland und Maddox, ebenfalls vom Astronomie-Department der Universität Oxford, in einer Publikation in NATURE. Das bedeutet also, daß man gegenwärtig den erkennbaren Großstrukturen im Kosmos gegenüber völlig erklärungslos ist, selbst dann, wenn man gespenstische Formen von kosmischer Dunkelmaterie, noch dazu in ausgewogenen Proportionen zu leuchtender Materie, sozusagen als hilfreiches Strukturierungsmittel mit hinzunimmt!

Daß es im Gegensatz zu dem oben konstatierten Faktum eigentlich gar keine großräumigen Ballungen von gravitierender und strahlender Materie in Form von „großen Mauern", „großen Vakuolen" oder „großen Attraktoren" geben sollte, drückt sich in dem gravierenden kosmischen Umstand aus, auf den man seit 1965 zunehmend aufmerksam geworden ist, nämlich in der Existenz der kosmischen Hintergrundstrahlung, der eine Strahlungstemperatur von nur knapp 3 Kelvin und eine frappierende Isotropie zu eigen ist. Die extreme Gleichförmigkeit und Isotropie dieser Strahlung wird dabei speziell angesichts der Erklärung wundersam, die man für dieses Strahlungsphänomen gibt. Wie wir im vorausgegangenen Kapitel im Detail diskutiert haben, glaubt man in dieser Strahlung das zeitlich stark retardierte optische Abbild einer frühen Phase unseres expandierenden Universums vor sich zu haben. Diese Strahlung, so heißt es, stamme aus jener Phase der kosmologischen Evolution, in der sich die unter 3000 Kelvin abkühlende kosmische Materie im Weltraum zu elektrisch neutralen Atomen zusammenfügte und damit für die im Weltall vorhandene elektromagnetische Strahlung durchsichtig wurde.

Wenn es in dieser Phase bereits Ansätze zu einer Strukturierung in Form materieller und energetischer Verdichtungen im Universum gegeben hätte, so bliebe unverständlich, warum gerade diese sich nicht auch als Intensitätsschwankungen in der Hintergrundstrahlung niedergeschlagen haben sollten. Wenn es andererseits nach Aussage der strengen Isotropie in der Hintergrundstrahlung zu dieser Zeitperiode im Kosmos die heute gesehenen Verdichtungen nicht einmal in Ansätzen gab, so bleibt wiederum erst recht unverständlich, warum es dann heute in der Tat solche stark ausgeprägten Strukturierungen allenthalben gibt. Rätsel über Rätsel ergeben sich da – und kein Weg zur Lösung?

In diesem Zusammenhang wird neuerdings immer häufiger von der sogenannten „dunklen Materie" geflüstert, einer Form von Materie im Kosmos, die dem Beobachter im Weltall zumindest im optischen Bereich des elektromagnetischen Wellenspektrums völlig verborgen bleibt und die auch sonst praktisch durch keine andere Form der Wechselwirkung im Universum auffällt – bis auf die eine Form der Wechselwirkung eben, die ihre Existenz überhaupt zu verraten scheint: die gravitative Wirkung nämlich. Im vereinfachenden Sprachgebrauch ließe sich sagen: Man sieht sie nicht, diese dunkle Materie, aber dennoch sollte sie da sein, weil sie dringend als gravitatives Bindemittel für die verschiedenen Strukturen aller Größenhierarchien im Weltall benötigt wird. Ohne sie scheint es aussichtslos, die Strukturen des Weltalls irgendeiner Erklärung zuzuführen.

Die Astronomen haben sich in ihrem Hilferuf nach einer solchen Wunschform von Materie schon so sehr festgelegt, daß sogar die Elementarteilchentheoretiker unter den Physikern den astronomischen Nöten bereits Gehör zu schenken beginnen und darüber nachsinnen, ob es nicht neben den schon entdeckten und bestätigten elementaren Materieteilchen noch ganz andere Arten von Teilchen geben sollte, die aus noch zu klärenden Gründen kaum mit den bekannten Teilchen in einer der üblichen Weisen über elementare Kraftfelder wechselwirken und demnach auch nicht augenfällig in Erscheinung treten können. Als Kandidaten für solche exotischen Teilchen läßt sich mühelos eine Vielzahl verschiedener Spezies aufzählen.

Überall wird meist an erster Stelle gerne an massive Neutrinos gedacht, von denen es nach heutiger Sicht drei verschiedene Sorten geben sollte, die sogenannten Elektron-Neutrinos, die Müon-Neutrinos und die Tau-Neutrinos. Als die Neutrinos von dem österreichischen Atomphysiker Wolfgang Pauli 1931 zur Erklärung der Phänomene beim normalen Kern-Beta-Zerfall gefordert und damit als neue Teilchen eingeführt wurden, schrieb man ihnen zunächst verschwindende Ruhemasse zu. Die Messungen der damaligen Zeit wären auch einfach nicht gut genug gewesen, etwas davon Abweichendes nachzuweisen. Inzwischen sind aber Zweifel an der Richtigkeit dieser Annahme aufgekommen, und überall in der Welt laufen derzeit Untersuchungen, die auf die Bestimmung des genauen Wertes der Neutrinoruhemasse abzielen.

Von vornherein muß klar sein, daß die Massehaftigkeit der Neutrinos einige ganz grundlegende Eigenschaften dieser Teilchen wesentlich betreffen würde. Wenn zum Beispiel die verschiedenen Neutrinotypen verschiedene Massen hätten, so müßten sie ineinander zerfallen können. Weiterhin ergibt sich, daß Neutrinos, je massereicher sie sich erweisen werden, sich um so weniger mit Lichtgeschwindigkeit bewegen können, also der einzig möglichen Geschwindigkeit für Photonen. Wenn sich jedoch bei den derzeit laufenden Untersuchungen bereits die leichteste der drei Neutrinosorten, das Elektron-Neutrino, als massiv mit einem Ruhemassenäquivalent von 5 Elektronenvolt oder mehr erweisen sollte, so würde dies geradezu weltbildwandelnde Folgen haben. Es ergäbe sich dann nämlich der revolutionierende Umstand, daß (zumindest beurteilt von der Ruhemassenmenge her) der Materieinhalt des Universums nicht von den Atomkernen bestimmt ist, die irgendwo in den Sternen und Sternsystemen durch Kernverschmelzungen für das Leuchten im Universum verantwortlich sind: Vielmehr wären dann die Neutrinos vorherrschend, denen man bisher eigentlich gar keine kosmische Rolle zugeschrieben hat, weil ihre Wechselwirkung mit anderer Materie für extrem schwach gehalten wurde.

Dieser „kosmische Dornröschenschlaf" der Neutrinos wäre damit auf einmal zu Ende. Wenn die Neutrinos nämlich im oben genannten Sinne massiv wären, so beherrschten sie gravitativ absolut das evolutionäre Geschehen im Kosmos. Dann aber wären gleichzeitig ihre Schallgeschwindigkeiten – also jene Geschwindigkeiten, mit denen Neutrinos kosmische Informationen in der Raumzeit transportieren können – zu allen Zeiten der kosmischen Entwicklung deutlich kleiner als die Lichtgeschwindigkeit. Das hätte zur Folge, daß bereits im frühen Universum, wenn sich die Neutrinos nur erst einmal wechselwirkungsmäßig von der restlichen Materie des Kosmos abgekoppelt haben, bereits gravitativ angetriebene Verdichtungen von Teilbereichen des Neutrinomateriekosmos nach dem in der klassischen Astronomie bekannten Modell der Jeans-Instabilität ausbildeten, mit denen eine frühe, wenn auch zunächst noch unsichtbare gravitative Feldstrukturierung in das bis dahin homogene Weltall hineinträte. Die kosmische Welt würde sich verästeln und von einem vernetzten System aus Gravitationshügeln und Gravitationstälern spinnennetzartig durchzogen werden. Die frühe kosmische Epoche der Homogenität wäre damit aufgehoben!

Wir wollen hier zunächst einmal kurz auf den Prozeß dieser eben erwähnten, gravitativ in Gang gesetzten Materiekondensation im Universum zu sprechen kommen. Sie vollzieht sich im Grunde als ein Prozeß ganz analog der bekannten und vertrauten Kondensation in einer Wasserdampfwolke, wo aufgrund der intramolekularen Wechselwirkungskräfte unter günstigen thermodynamischen Bedingungen die bis dahin freien Wassermoleküle sich aus der freien Dampfphase zu Flüssigkeitsansammlungen in Form von Wassertropfen zusammenfinden. Zwischen den freien Gasatomen im Kosmos wirkt ein interatomares Gravitationsfeld, das die Gasatome bei ihrer Bewegung beeinflußt und in einem kritischen, von den thermodynamischen Rahmenbedingungen bestimmten Fall dafür sorgt, daß eine gewisse Untermenge von Gasatomen durch diese interatomaren Gravitationsfelder veranlaßt wird, einen gebundenen Unterverband zu bilden, aus dem die beteiligten Gasatome nicht mehr austreten können. Auf der Basis der Newtonschen Gravitation hatte sich 1929 als erster der englische Astronom J. H. Jeans mit der Frage der Stabilität von zufällig sich bildenden, kosmischen Gasansammlungen beschäftigt, die unter der Wirkung eines von ihrer eigenen Masse selbst erzeugten, lokal gegenüber dem globalen Feld des Kosmos veränderten Gravitationsfeldes stehen. Dabei war herausgekommen, daß es eine kritische Massengrenze einer solchen Gasansammlung oder auch Dichtefluktuation gibt, oberhalb derer das lokal verdichtete Gas unter seiner eigenen Schwere unwiderruflich kollabieren sollte. Diese Grenzmasse hängt vom mittleren thermodynamischen Zustand des ungestörten, uniformen, kosmischen Gashintergrundes selbst ab: Sie erweist sich als proportional zur Wurzel aus der dritten Potenz der Gastemperatur T und als umgekehrt proportional zur Wurzel aus der Gasdichte ρ. Das heißt, daß zufällige Dichtefluktuationen im kosmischen Gas dann instabil gegen Gravitationskollaps werden können, wenn ihre Masse die kritische Grenzmasse aus dem Jeansschen Gesetz übertrifft.

Diese Grenzmasse aber verändert ihren Wert im frühen Kosmos, wenn Strahlung und Materie noch eng aneinander gekoppelt sind, weil sich im Zuge der kosmischen Evolution die Werte für Temperatur und Dichte des Gashintergrundes verändern: Beide werden mit wachsendem Weltradius kleiner. Wenn dagegen normale Materie und Strahlungsfeld nach genügend vorangeschrittener Abkühlung erst einmal voneinander entkoppelt sind, so bleibt die dann für normale Materie zu definierende Jeanssche Grenzmasse konstant bei etwa einem Wert von zweihunderttausend Sonnenmassen, weil Materietemperatur und Materiedichte sich dann im expandierenden Kosmos gerade so weiter verändern, daß die Jeansmasse gleichbleibt. Das würde bedeuten, daß sich zu diesem Zeitpunkt nur Massensysteme von dieser oder höherer Größenordnung, also von mehr als 200 000 Sonnenmassen, auf dem kosmischen Gashintergrund durch Eigengravitation selbständig machen können.

Wenn jedoch die normale Materie im Grunde nur einen verschwindenden Anteil zur Gesamtmasse des Universums beiträgt, so ist das Leuchten dieser normalen Materie auch nur ein trügerisches Zeichen für die echten und wahren Gravitationsstrukturen im All. Eine Struktur wie die des „großen Attraktors" müßte dann vielmehr aus dunkler, exotischer Materie wie zum Beispiel massiven Neutrinos bestehen. Die Frage geht dann aber vielmehr nach einer kritischen Jeansmasse für ein kosmisches Neutrinogas, das sich in vieler Hinsicht ganz anders als ein normales Gas verhält. Gravitationsinstabile Verdichtungen können in einem solchen Gas anwachsen, sobald dieses sich vom elektromagnetischen Strahlungsfeld entkoppelt. Das geschieht jedoch um so früher in der kosmischen Evolution (und bei um so höheren Temperaturen), je größer die Ruhemasse der Neutrinos ist, das heißt, je schwerer es fällt, solche Neutrinos auf dem Wege der Paarerzeugung aus elektromagnetischen Photonen nachzubilden.

Die zu solchen Verdichtungen gehörigen Gesamtmassen hängen nun aber kritisch mit der tatsächlichen Ruhemasse der Neutrinos zusammen, und zwar dergestalt, daß größere Neutrinomassen zu kleineren Jeansmassen des kosmischen Neutrinogases führen. Heute diskutierte Massenwerte für das leichteste der Neutrinos, das Elektronneutrino, bewegen sich zwischen 0,1 bis 17,4 Elektronenvolt. (Die Masse eines Teilchens kann nach der Formel $E = mc^2$ auch in Energieeinheiten angegeben werden, zumal dann, wenn diese „handlicher" als die in der Alltagswelt gebräuchlichen Kilogramm sind; eine Masse von einem Elektronenvolt (1 eV) entspricht dabei etwa 10^{-36} (1 Sextillionstel Kilogramm). Dabei muß man wissen, daß das leichteste unter den bisher bekannten ruhemassebehafteten Teilchen, das Elektron, eine Masse von 511 000 Elektronenvolt besitzt, also mindestens um einen Faktor 20 000 massereicher ist als die heute diskutierten Neutrinos.)

Die angelaufenen Neutrinoexperimente mit dem Galliumarsenid-Neutrinodetektor in einem Tunnelgewölbe tief unter dem italienischen Gran Sasso Massiv sind bisher nur mit Neutrinomassen kleiner als 0,1 Elektronenvolt verträglich. Demgegenüber kann man aus dem für die Ionisation des lokalen galaktischen Gases verantwortlichen ultravioletten Strahlungsfeld eine Neutrinomasse von etwa 17 Elektronenvolt errechnen, wenn man diese ultraviolette Strahlung als elektromagnetisches „Zerfallsprodukt" von massereichen Neutrinos deutet.

Wenn sich schließlich jedoch immer noch erweisen sollte, daß das Neutrino als „fermionisches" Teilchen mit halbzahligem Spin tatsächlich als wirklich „masselos" zu gelten hat, so haben die Elementarteilchentheoretiker immer noch kein Problem, die dunkle Materie in anderer Form herbeizuschaffen. Sie verfügen nämlich über einen ganzen Zirkus von weiteren potentiellen Teilchenkandidaten, die eine gute Basis insbesondere für die „kalte", dunkle Materie im Weltall darstellen könnten, die Cold Dark Matter oder kurz CDM (so bezeichnet man diese noch hypothetischen Teilchen, weil ihnen wegen ihrer großen Teilchenmassen im Rahmen der Thermodynamik des kosmischen Materiegemisches nur kleine thermische Geschwindigkeiten zukämen). Während nämlich nach dem bisherigen Bild der materiellen Naturrealität alle ein Kraftfeld erzeugenden Teilchen als Fermionen mit halbzahligem Spin und endlicher Ruhemasse eingestuft werden, dagegen alle ein Kraftfeld vermittelnden Teilchen als sogenannte Bosonen mit ganzzahligem Spin und verschwindender Ruhemasse auftreten, würde ja das Neutrino, wenn es ohne Masse wäre, einen eklatanten Bruch in dieser heiligen Ordnung darstellen: Es wäre ja dann eben ein Fermion mit verschwindender Masse! Dann aber, so sagen sich die Theoretiker, kann diese bisher für gültig gehaltene Ordnung nicht heilig sein, vielmehr sollte es dann, unter höheren Ordnungsgesichtspunkten gedacht, auch Bosonen mit einer von Null verschiedenen Ruhemasse geben, also Teilchen mit ganzzahligem Spin und endlicher Ruhemasse. Dem bekannten elektromagnetischen Photon könnte dann ein Photino an die Seite gestellt werden, dem Quant der Quarkbindungskraft, dem Gluon, ein Gluino, und so weiter. In einer solchen Welt, in der volle Symmetrie zwischen Kraftfeld vermittelnden und Kraftfeld erzeugenden Elementarteilchen hergestellt wäre, würde es überhaupt keinen Mangel an Materie geben, denn die Materiemenge, die wir in Form von Elektronen und Atomkernen in unserem Universum aufscheinen sehen, könnte quasi beliebig um die dazugehörige Materiemenge symmetrisierender Teilchen ergänzt werden.

Für die theoretisierenden Astronomen brauchte es dann zum Beispiel kein offenes Weltall mehr zu geben, das immer weiter expandiert, nur weil die Gravitationsbindung der sichtbaren Materiemenge nicht ausreicht, seine Expansion aufzuhalten. Ebensowenig brauchte es Galaxienhaufen zu geben, die eigentlich auseinanderfliegen sollten, weil ihre ersichtlichen Gravitationsbindungen die in ihnen steckenden kinetischen Energien nicht beherrschen können. Wäre dies aber schon des Rätsels Lösung? Würde dies die Strukturhaftigkeit der Welt zwanglos verstehen lassen? Wie sich herausstellt, wäre es zumindest nicht die ganze Lösung, denn das Problem der „fehlenden Massen" tritt ja in der Astronomie an unterschiedlichen Stellen und dort jeweils mit unterschiedlicher Schärfe auf.

Der jeweilige „Bedarf" an dunkler Materie im Vergleich zur sichtbaren Form ist dabei sehr variabel. Das aber heißt, es würde gar nichts helfen, die normale Materie einfach nach einem festen Verhältnis überall mit exotischen Materieformen zu ergänzen! Man müßte dann schon dafür sorgen, daß unterschiedliche Verhältnisse von exotischer Materie zu normaler Materie bei unterschiedlichen astronomischen Hierarchien auftreten! Wie aber sollte so etwas in der kosmischen Natur veranlaßt worden sein, wenn doch ein allgemeines Naturgesetz die Verhältnisbildung zu regeln hat, uneingedenk der Strukturen, die später daraus hervorgehen sollen?

An dieser Stelle muß man nun aber noch einmal fragen, was denn die dunkle Materie mit der Strukturbildung im Kosmos eigentlich überhaupt zu tun hat. In der Tat ist dieser Zusammenhang nicht ganz geradwegig und unmittelbar einsichtig. Er beginnt sich schon kurz nach dem allgemein zitierten Urknall und der sich damit einleitenden kosmischen Expansion herzustellen. Wenn der Kosmos gemäß dem, was wir in ihm zu sehen bekommen, nur aus normaler, leuchtender Materie (also Atomkernen und Elektronen) sowie aus elektromagnetischer Strahlung besteht, so ist klar, daß der Kosmos in seiner frühesten Phase, nachdem Teilchen und Antiteilchen sich restlos in Photonen umgewandelt haben, energetisch vom Strahlungsfeld dominiert sein muß. Erst nach etwa zehntausend Jahren, wenn die Photonen dieses Strahlungsfeldes durch die kosmische Expansion entsprechend stark kosmologisch gerötet worden sind und sie dadurch stark an Energie verloren haben, würde die normale Materie die dominante Rolle im Kosmos übernehmen und das weitere kosmische Geschehen determinieren – wenn nicht doch die dunkle Materie vorherrschend ist.

Kleine Dichtefluktuationen können in der normalen Materie, die mit dem elektromagnetischen Strahlungsfeld stark wechselwirkt, jedoch erst anwachsen, wenn die Materie sich im Zuge der Expansion so weit abgekühlt hat, daß sie sich in Form von Atomen elektrisch neutralisieren kann. Wegen der vorher gegebenen starken Kopplung zwischen Strahlung und Materie kann erst dann eine gravitativ angetriebene Verdichtung zu gravitationsinstabilen kosmischen Substrukturen einsetzen, wie sie zuerst 1929 von J. H. Jeans und später 1956 von W. H. McCrea und W. B. Bonnor beschrieben worden ist.

So schön und so nützlich diese theoretischen Betrachtungen auf der einen Seite auch immer sein mögen, so oft wird andererseits in der Astronomengemeinschaft auch ein dabei ungelöst bleibendes Problem übersehen. Das generelle Problem bei der Beschreibung des Entwicklungsschicksals solcher Verdichtungsstrukturen, die aus einer kleinen zufälligen Dichtefluktuation mit geringfügiger lokaler Dichtestörung im Kosmos hervorgehen, besteht nämlich immer darin, den ungestörten dynamischen Grundzustand der kosmischen Materie, auf dem sich eine Störung ausbilden soll, angemessen zu beschreiben.

Schon bei Jeans trat dieses Problem eklatant zum Vorschein, daß man in der Tat mit den bisherigen Gesetzen der Gravitation und der Thermodynamik keine hydrostatisch stabile homogene Materiekonfiguration beschreiben kann. Ein im Raum verteiltes Gas führt zwangsläufig zum Aufbau eines mit der Masse dieses Gases verbundenen Gravitationsfeldes, in dem sich das Gas selbst wiederum nur dann kräftemäßig stabilisieren können sollte, wenn es ein entsprechendes Druckgefälle in sich aufbaut. Ein solches Druckgefälle kann aber nicht mit einer homogenen Dichte- und Temperaturverteilung zusammengehen, was dann schließlich klar besagt, daß man Störungen an einem stabilen Grundzustand des kosmischen Gases nur betrachten kann, wenn man von vornherein von einem nichthomogenen Grundzustand ausgeht. Das ist jedoch weder bei Jeans noch bei seinen Epigonen jemals auch nur in Ansätzen geschehen: Alle Theoretiker wollen nur immer einen homogenen Grundzustand stören, den man aber theoretisch gar nicht rechtfertigen kann!

Noch komplizierter wird die Theorie der sich selbst erzeugenden Strukturen in den späteren Arbeiten von McCrea und Bonnor, in denen der Grundzustand des kosmischen Gases bereits die kosmische Expansion des Gesamtuniversums darstellen soll. Die Frage ist hier, wie sich geringfügige zufällige Dichtefluktuationen in einem expandierenden kosmischen Hintergrundgas verhalten. Es ist klar, daß unter diesen Umständen ein Anwachsen der lokalen Dichtestörung nur dann erfolgen kann, wenn die durch die Eigengravitation der Dichtestörung angetriebene lokale Dichtezunahme mit der Zeit größer als die global kosmische, zeitliche Dichteabnahme im Hintergrundgas ist. Dabei hängt die typische Zeitskala des Anwachsens lokaler Dichtefluktuationen sowohl von der räumlichen Ausdehnung dieser Fluktuation als auch von der Schallgeschwindigkeit und der Dichte des Hintergrundgases in der jeweiligen Phase der kosmischen Entwicklung ab.

Bei räumlich sehr ausgedehnten Fluktuationen wird diese Zeitskala mit der Freifallzeit identisch, welche nur durch die Dichte des Hintergrundgases bestimmt wird und dabei die Dauer angibt, in der die Störung im eigenen Gravitationsfeld frei in ihr Schwerezentrum kollabieren würde. Während der Rekombinationsphase würde diese Zeit sich auf etwa eine Million Jahre belaufen. Das besagt, daß solche Fluktuationen überhaupt nur dann anwachsen können, wenn in dieser Phase die typische Rate der Weltexpansion (gegeben durch eine charakteristische Zeitdauer $t_{ex} = S(t)/(dS/dt)$ deutlich größer als eine Million Jahre ist. Diese Rate der Weltexpansion ist nun stark vom verwendeten kosmologischen Expansionsmodell abhängig, welches ja die Abhängigkeit des Weltradius $S(t)$ von der Weltzeit t darzustellen hat. In einem der hier üblicherweise diskutierten Friedman-Modelluniversen (Alexandrej Friedman, 1922) beläuft sich diese kosmische Expansionszeitskala beispielsweise aber nur auf knapp hunderttausend Jahre, womit erschreckenderweise klar wird, daß in solchen Universen, die ja die größte Popularität besitzen, nach der Rekombinationsphase praktisch keine Dichtefluktuationen mehr anwachsen können. Die eigentliche Strukturbildung im Universum sollte demnach also früher ansetzen, wenn sie denn überhaupt nach dem Bilde der bisherigen Theorien verläuft.

In einem von normaler Materie dominierten Kosmos wachsen, wenn überhaupt, zunächst nur Verdichtungen bei sehr großen Skalen heran und erst danach, im Zuge einer weiteren Fragmentation, auf sukzessive kleineren Skalen. Das Problem dabei ist allerdings immer, daß in den meisten kosmologischen Modellen (bis auf solche mit geeignet groß und positiv gewählter kosmologischer Konstante Λ) die Zeit, die seit der Rekombination zu kosmischer Neutralmaterie bei Rotverschiebungswerten um $z = 1000$ bis heute vergangen ist, bei weitem nicht gereicht haben kann, um die heutige Strukturiertheit im Weltall in einem solchen Theorienbild verständlich erscheinen zu lassen. Erst recht nicht würde man das frühe Erscheinen der ersten Quasare bei Rotverschiebungswerten von $z = 5$ verstehen können, wodurch ja bereits ein extremer Strukturierungsgrad im frühen Kosmos gleich nach der Rekombination angedeutet ist.

Als ein Ausweg aus diesem Problem der Strukturbildung ist schon bei den Astrophysikern McCrea und Bonnor 1956, und dann noch expliziter bei den Astrophysikern K. Brecher und J. Silk 1969, ein Universum nach dem Modell von Lemaître diskutiert worden. Diesem Modell liegen die Einsteinschen Feldgleichungen, jedoch mit der von Einstein selbst seinerzeit zunächst vorgeschlagenen und dann verworfenen Erweiterung um eine sogenannte „kosmologische" Konstante Λ zugrunde. Solche Modelle beschreiben zusätzlich zur normalen, anziehenden Gravitation eine jenseits eines bestimmten Abstandes wirksam werdende gravitative Abstoßung im Kosmos. Dadurch ergibt sich die Möglichkeit, daß bestimmte dieser Modelle mit einer geeignet gewählten Materiedichte ihre Expansion praktisch bis auf eine ganz geringe Rate reduzieren können und damit für eine recht lange Zeit den Weltradius konstant halten, bevor sie dann eine weitere, inflationäre Expansion einleiten, die sie danach dann nimmermehr beenden.

In einer solchen Phase der kosmischen Expansionsstagnation kann die Expansionszeitskala natürlich beliebig groß werden, wodurch in dieser Phase auch in einem von normaler Materie dominierten Kosmos wieder ein Strukturwachstum möglich werden sollte. Hier gießen aber Brecher und Silk denjenigen, die jetzt Hoffnung schöpfen, sogleich eine Menge Wasser in den süßen Λ-Lemaître-Wein, indem sie in einer genauen Rechnung analysieren, wie sich ein stagnierender Kosmos verhält, wenn er beginnt, allenthalben gravitative Verdichtungen hervorzubringen. Bei solchen Verdichtungen wird nämlich sogenannte Gravitationsbindungsenergie frei, die in Form von elektromagnetischer Strahlung aus den sich bildenden Verdichtungsstrukturen in die kosmische Umgebung hinausdringt und die kosmische Strahlungsenergiedichte in dieser Phase stark vergrößert. Da diese von den sich bildenden Strukturen ausgehende und in den Kosmos verstreute Energie jedoch einen neuen Zusatz zur globalen, gravitativen Bindungskraft im Kosmos darstellt, so würde der bis dahin stagnierende Kosmos durch diesen Zugewinn an globaler Bindungskraft sogleich danach wieder zum Kollaps veranlaßt, wenn die Stagnationsphase nur lange genug anhalten sollte. Wenn wir wollen, daß es uns und alle Galaxien um uns herum heute gibt, so darf ein Universum in der Phase der Strukturbildung demnach nur kurz stagnieren und muß hernach um so schneller expandieren. Das Fortschreiten des Fluktuationswachstums bliebe also auch in einem solchen Weltall wiederum unmöglich – es sei denn, daß die Dynamik im stagnierenden Kosmos gerade so ideal abgestimmt wäre, wie W. Priester und J. Hoell (1991) hoffen möchten, so daß die Strukturbildungsrate die weitere Expansion des Kosmos nicht zunichte macht. Abgesehen davon würde es uns, wenn alle Strukturen aus einer solchen Stagnationsphase herstammen könnten, alle Galaxien oder zumindest ihre Vorstufen und Frühformen praktisch bei gleicher kosmologischer Rotverschiebung erscheinen lassen müssen, was natürlich auch nicht der Wirklichkeit entspricht. Denn alle, bis auf die uns nächsten Galaxien, an denen bereits das Phänomen der inflationären Weltexpansion zu sehen sein müßte, sogar die allerfernsten und entwicklungsmäßig frühesten Galaxien würden wir bei derjenigen Rotverschiebung z_s versammelt sehen müssen, welche zur Phase des stagnierenden Weltradius gehören würde. (Ist S_0 der heutige Weltradius und S_s der Weltradius zum Zeitpunkt der Stagnation, so gilt für die „zugehörige" Rotverschiebung $z_s = (S_0/S_s)-1$.

Aus diesem Grunde, weil kein anderer Weg zum Ziel führt, verfällt man auch an dieser Stelle wieder auf die Idee der dunklen Materie in der Hoffnung, das Problem der Strukturierung im Kosmos vielleicht durch sie besser lösen zu können. Stellt man sich darunter eine Form der Materie vor, die nur sehr schwach mit normaler Materie oder elektromagnetischer Strahlung wechselwirkt, deren Schicksal von solcher Wechselwirkung mit normaler Materie also weitgehend unberührt bleibt (wie zum Beispiel massive Neutrinos oder sogenannte WIMPs, weakly interacting massive particles), so kann man von solcher Materie erwarten, daß sie sich schon sehr viel früher als normale Materie in der Geschichte der kosmologischen Expansion von den restlichen Energieformen des Universums unabhängig macht.

Eine solchermaßen unabhängige Materie kann danach über selbsterzeugte Gravitationsinstabilitäten völlig für sich allein zu kosmischen Dunkelstrukturen zu verklumpen beginnen und nichtleuchtende Gravitations„täler" im Universum ausbilden. Hierbei spielt allerdings eine kosmogonisch entscheidende Rolle, ob es sich bei der dunklen Materie um eine „kalte" oder „heiße" Materieform handelt. Je massereicher nämlich diese schwach wechselwirkenden Teilchen der dunklen Materie sind, um so früher können sie im thermischen Milieu des Kosmos über den Prozeß der Paarerzeugung aus alternativen Energieformen nicht mehr nachgebildet werden, und um so früher können sie sich dementsprechend vom restlichen Materiegeschehen abkoppeln. Solange die Temperatur im Kosmos aber ausreicht, die „dunklen" Teilchen der Masse m aus thermischer Energie nachzubilden (und also gilt: $KT \geqq mc^2$), solange verhalten sich Dichtefluktuationen in ihnen adiabatisch, reagieren also auf Volumenverkleinerungen durch starke Druck- und Temperaturerhöhungen und können demnach nur auf den allergrößten kosmischen Raumskalen zu flächigen Formationen anwachsen.

Erst wenn die kosmische Temperatur in diesem Sinne unterkritisch geworden ist, können Dichtefluktuationen isotherm anwachsen, also ihre Temperatur bei Volumenverkleinerung konstant halten, wobei sie sich dann allerdings in der Zeit ganz anders verhalten.

Wichtig ist jedoch, daß die dunkle WIMP-Materie (insbesondere, wenn sie aus massereichen Neutrinos mit Massen von weniger als 5 Elektronenvolt besteht) sehr viel früher zu verklumpen beginnen kann als die leuchtende Materie. Schon lange vor der kosmologischen Rekombinationsphase würde sich ein strukturierter Kosmos in Form von Dunkelmaterie und einem zu ihr gehörigen strukturierten Dunkelgravitationsfeld ausbilden können. Die Strukturiertheit des heutigen Universums wäre also somit einfacher zu verstehen, wenn man sich nur jetzt

158

noch verständlich machen könnte, warum hernach dann auch die normale Materie, die allein wir ja schließlich heute strukturiert erscheinen sehen, auf dieses vorstrukturierte Gravitationsfeld entsprechend durch erzwungene Strukturbildung reagiert.

Allerdings tritt nun ein anderes Problem auf: Wenn die dunkle Materie im Kosmos wesentlich zur Gesamtmasse im Universum beitragen sollte und sie sich vor dem Rekombinationspunkt der normalen Materie, also bei Rotverschiebungswerten von $z > 1000$ und damit vor der Entstehung der sogenannten kosmischen Hintergrundstrahlung, bereits verklumpt hat, sollte sie das metrische Raumzeitgeschehen im damaligen Weltall gerade durch ihre Verklumptheit bereits wesentlich mitgeprägt haben. Das hieße aber, daß die Raumzeitexpansion ab dann eigentlich lokal inhomogen und anisotrop verlaufen sein sollte, weil normale Materie und das elektromagnetische Strahlungsfeld in lokal unterschiedlichen Gravitationsfeldern expandiert haben müßten. Folglich sollte die aus dieser inhomogenen Expansion hervorgehende heutige 3 K-Hintergrundstrahlung in entsprechendem Maße inhomogen erscheinen. Nach den heutigen Messungen des COBE-Satelliten konnte jedoch gerade dies bisher überhaupt nicht bestätigt werden. Im Gegenteil, diese kosmische Hintergrundstrahlung erwies sich ja eben in geradezu erschreckendem Maße als perfekt homogen und isotherm.

Erst im Frühjahr 1992 konnte einer der Hauptverantwortlichen für die Hintergrundstrahlungsmessungen mit COBE, der Astrophysiker G. Smoot, berichten, daß nach nunmehr einjähriger Auswertung von 300 Millionen COBE-Daten für alle beteiligten Wissenschaftler feststehe, die kosmische Hintergrundstrahlung sei doch nicht

„völlig" gleichförmig. Vielmehr weise sie eine „gemaserte" Struktur auf mit schwächeren und intensiveren Strahlungsregionen von etwa 15 Winkelgrad Durchmesser, zwischen denen Temperaturunterschiede von etwa 30 Millionstel Grad bestehen! Um diese Minimalschwankungen würdigen zu können, muß man sich vergegenwärtigen, daß sich, wie wir diskutiert haben, weit stärkere Schwankungen dem Hintergrund durch terrestrische, interplanetare und galaktische Störstrahlungen und durch die Eigenbewegung der Erde gegen das Hintergrundstrahlungsfeld aufprägen. Durch letztere nämlich tritt eine Dopplersche Verstimmung der Hintergrundphotonen auf, die die aus der Bewegungsrichtung einkommende Strahlung um einige Tausendstel Grad heißer erscheinen läßt als die aus der Gegenrichtung. Das sind immerhin also um den Faktor 100 größere Temperaturunterschiede als die jetzt von amerikanischen Forschern als kosmische Strahlungsinhomogenitäten identifizierten Unterschiede! Ebenfalls größer als letztere sind auch Intensitätsunterschiede, die durch den überlagerten Beitrag von diffusen Strahlungen aus unserer Milchstraße verursacht werden. Die strukturierenden Effekte dieser Überlagerungen glauben die verantwortlichen Wissenschaftler aus den COBE-Daten jedoch entfernen zu können, und erst die danach dann immer noch verbleibenden Restfluktuationen in der Strahlung deuten sie schließlich als Abbild der Strukturiertheit des frühen Kosmos zur Zeit, als die Hintergrundstrahlung sich gerade erst entwickelte und der Kosmos eine Temperatur von etwa 3500 Grad Celsius besaß.

Ab jetzt gilt es also zu verstehen, wie ein Kosmos, der um diese Zeit bei einer Durchschnittstemperatur von 3500 Grad Celsius insgesamt nur Temperaturschwankungen

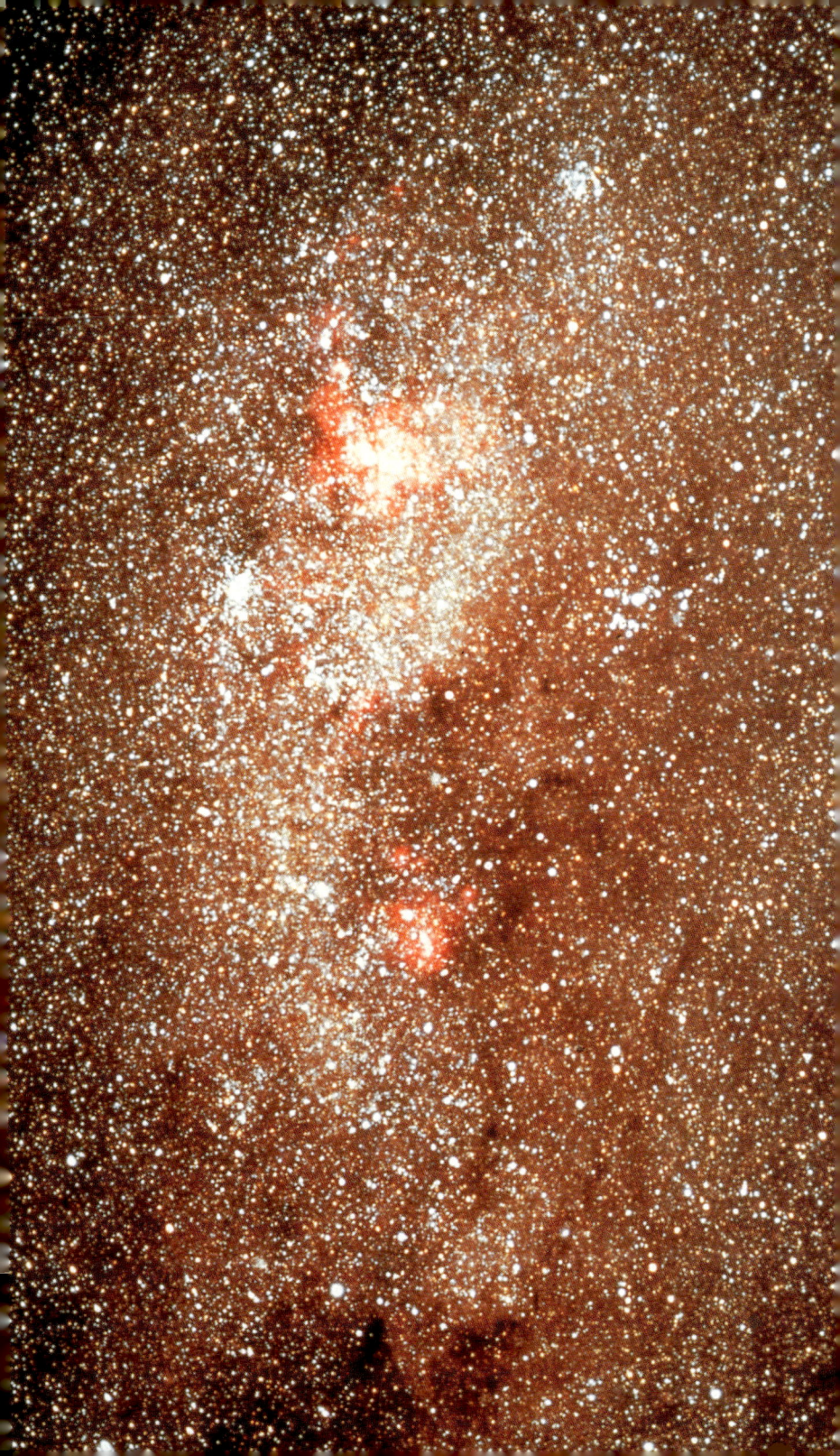

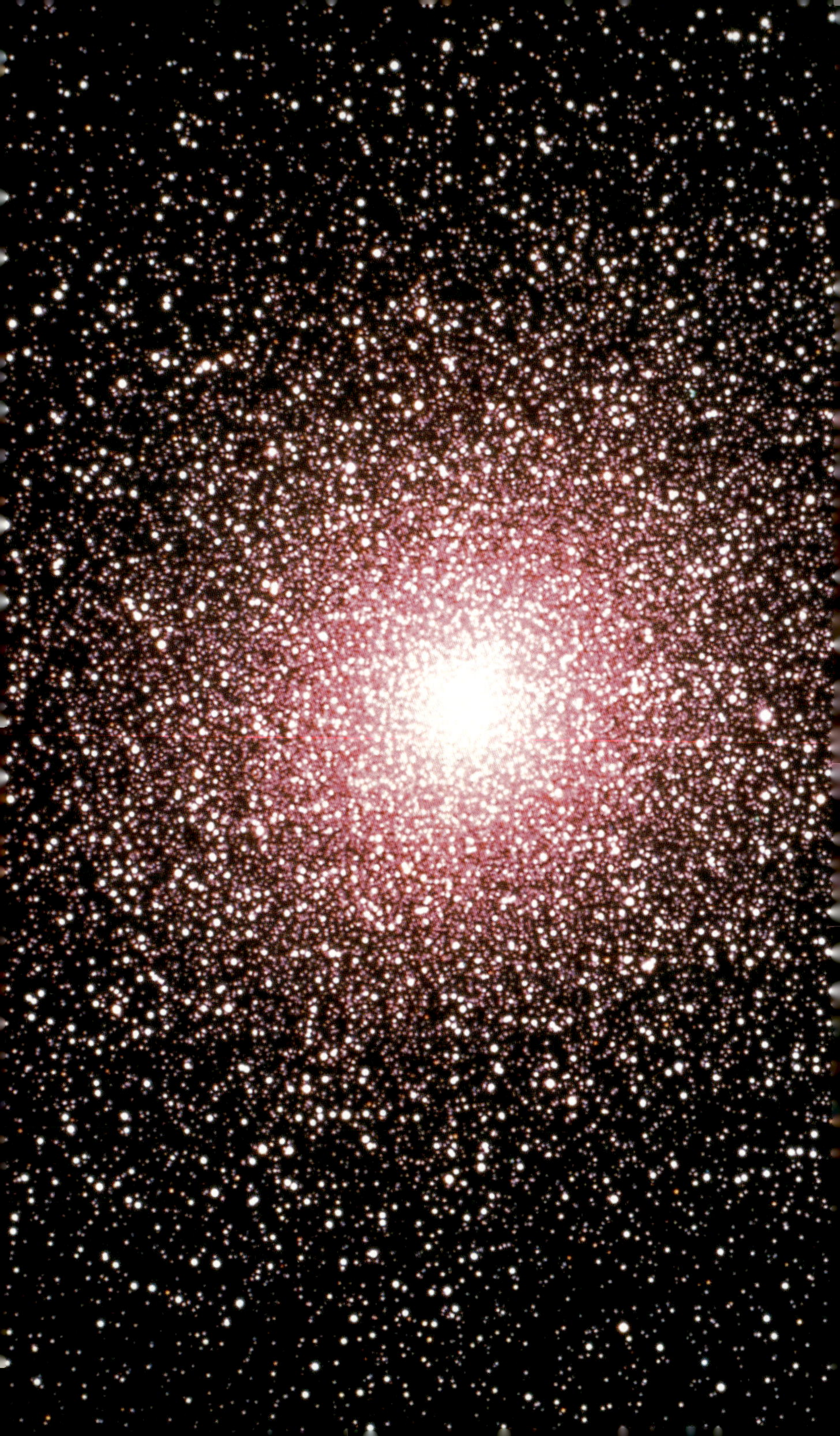

Seite 161: Der dunkle Nachthimmel ist nicht gleichmäßig hell, sondern selbst im Milchstraßenbereich nur von einzelnen Sternen besetzt – in der Urknall-Kosmologie ein Indiz für das begrenzte Weltalter und einen expandierenden Kosmos. (ESO-Foto)

Seite 162: Kugelsternhaufen gehören zu den ältesten Objekten im Kosmos. Trotzdem enthalten auch die Sterne dort schon Elemente schwerer als Wasserstoff und Helium, die nach der Urknall-Kosmologie erst in den ersten Sterngenerationen erbrütet worden sein sollen. (ESO-Foto)

Oben: Die Bewegungsverhältnisse innerhalb von Galaxien lassen sich nicht nur mit der angenommenen Existenz von ausgedehnten, aber unsichtbaren Halos erklären, sondern auch mit einem etwas modifizierten Gravitationsgesetz. (ESO-Foto)

Seite 164: Dieses Röntgen„bild" vom Überrest der Tycho-Supernova aus dem Jahre 1572 zeigt das Ergebnis einer kleinen Explosion in Raum und Zeit. Der von den meisten Kosmologen postulierte Urknall wäre eine Explosion von Raum und Zeit gewesen. (MPG-Foto)

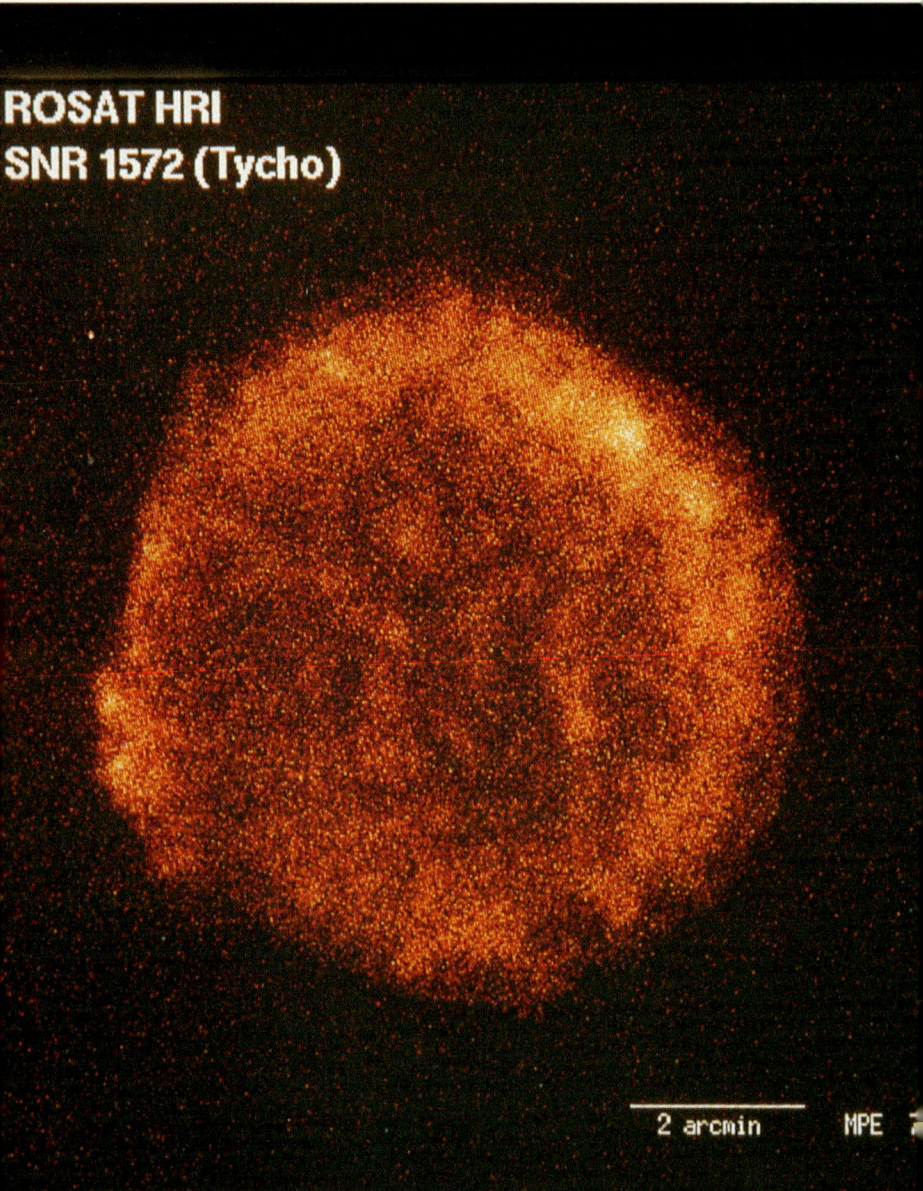

ROSAT HRI
SNR 1572 (Tycho)

2 arcmin   MPE

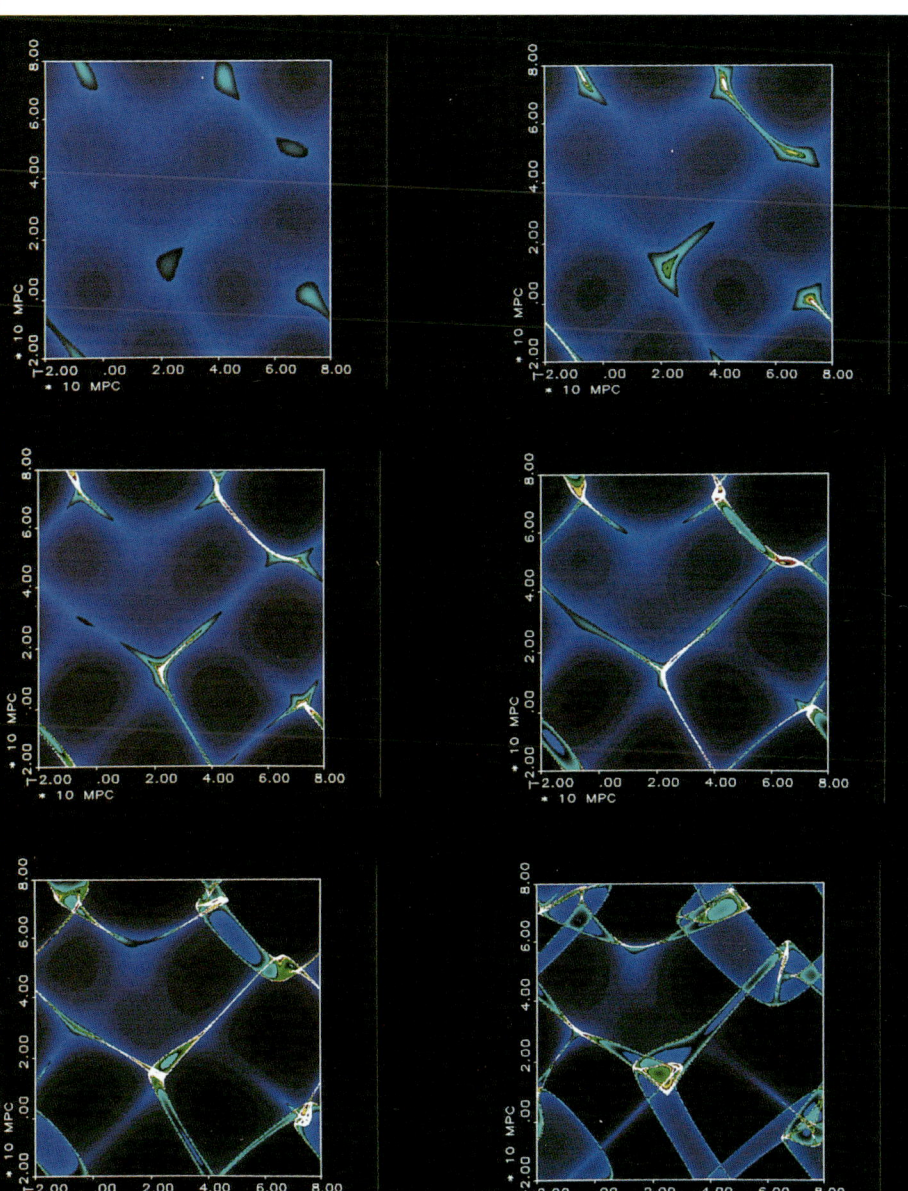

165

COBE DMR – FULL SKY MAPS

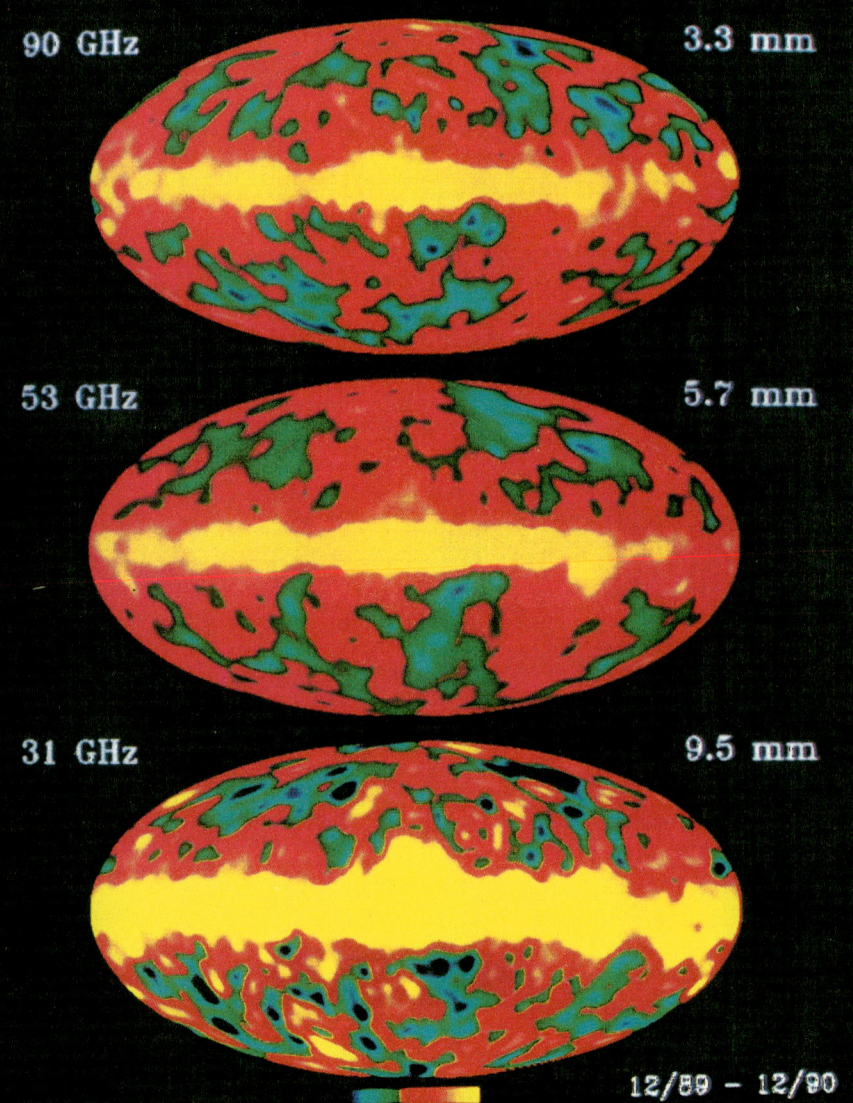

90 GHz   3.3 mm

53 GHz   5.7 mm

31 GHz   9.5 mm

12/89 – 12/90

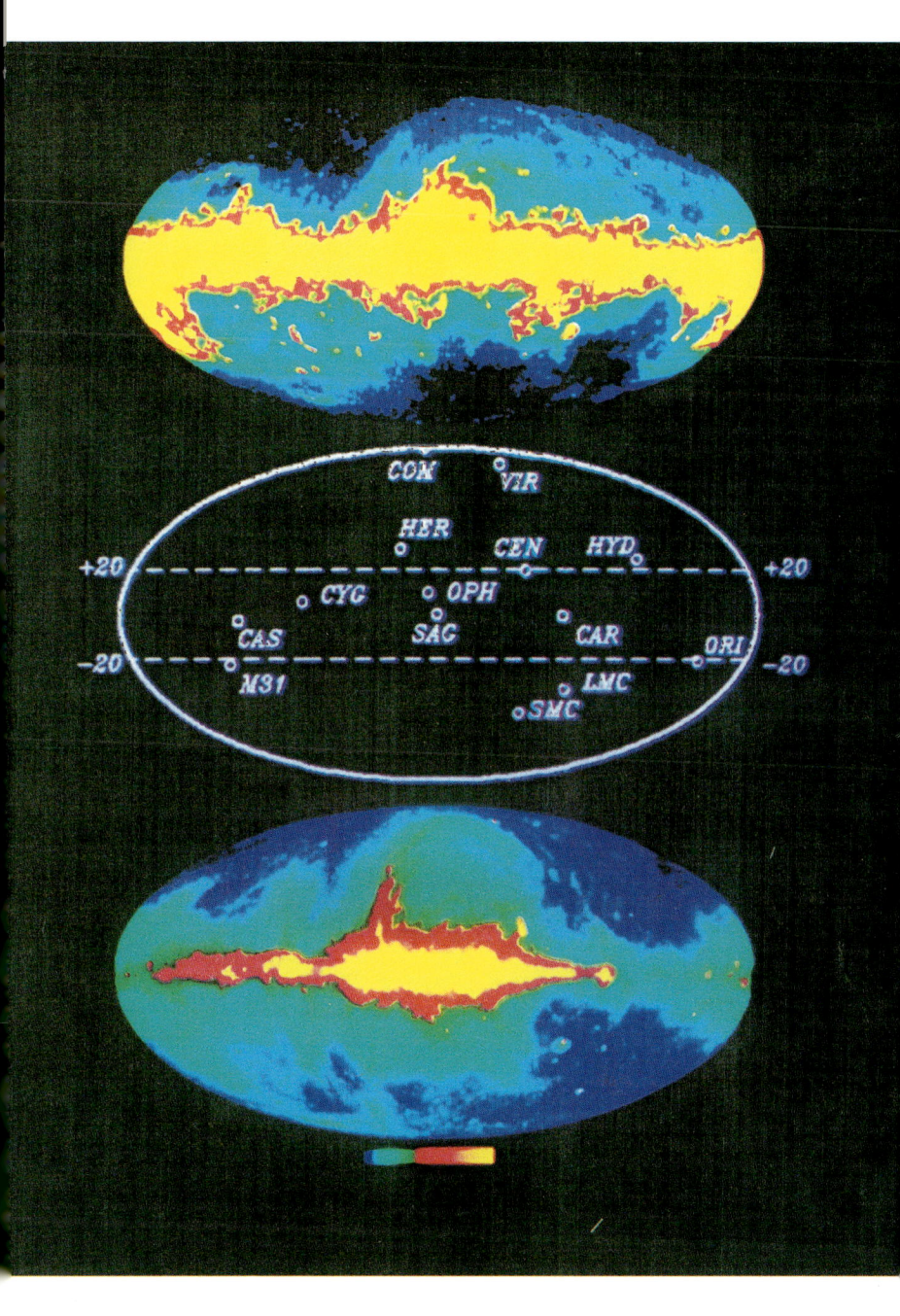

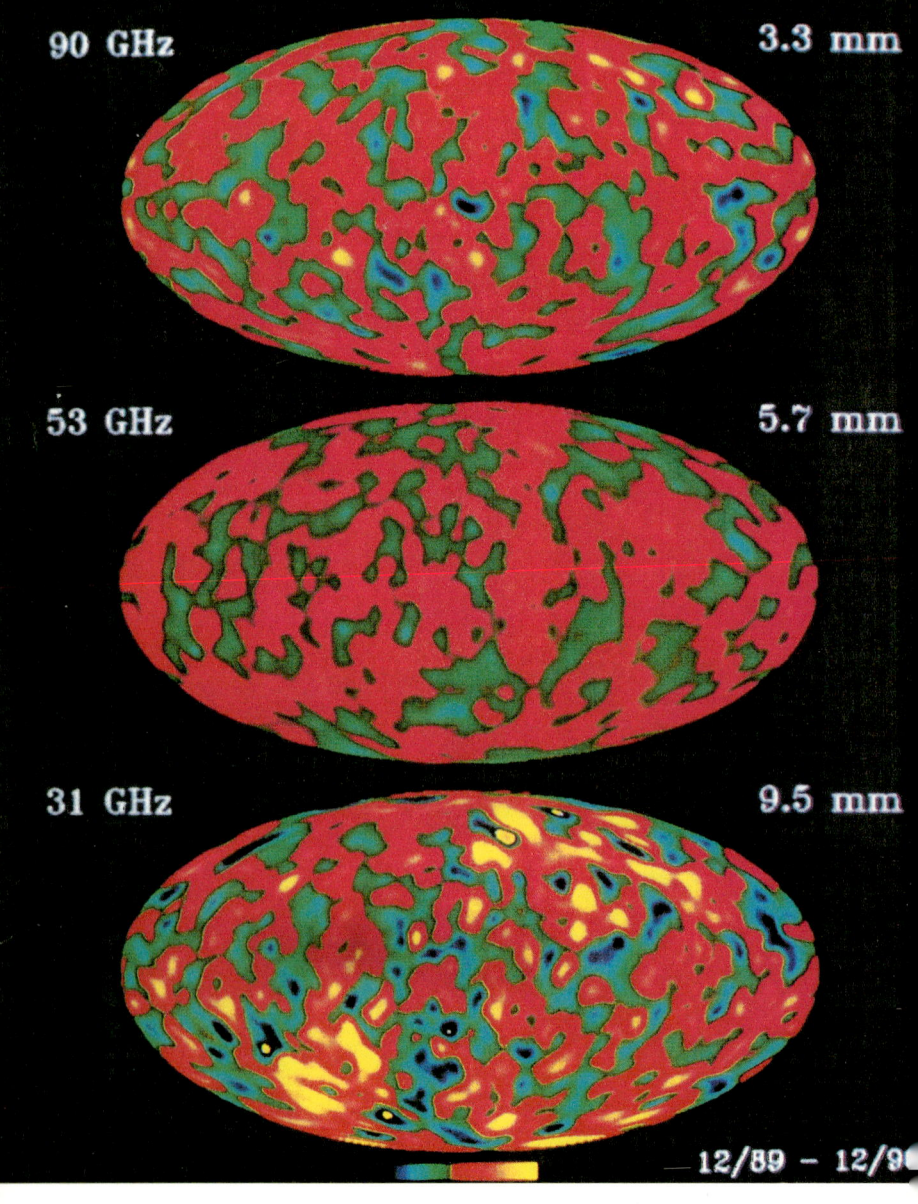

COBE DMR – (A–B) MAPS

90 GHz   3.3 mm

53 GHz   5.7 mm

31 GHz   9.5 mm

12/89 – 12/9

von wenigen hundertstel Grad aufwies, hernach alle Strukturen herbeischaffen konnte, die wir heute sehen können. Und in der Tat erweist sich unser derzeitiger Kosmos ja von den kleinsten bis zu den größten Längenskalen als durchgängig hierarchisch strukturiert, es gibt sogar viel mehr Strukturiertheit bei großen Raumskalen im Universum, als alle derzeit diskutierten Standardmodelle zur kosmischen Strukturbildung trotz Annahme von Dunkelmaterie oder nicht verschwindender Einstein-Konstante vorhersagen können. Wenn es bei der jetzigen Deutung der neuesten COBE-Messungen bleiben sollte, so kann man immerhin hoffen, den Beginn oder den Zustand einer Strukturbildung im frühen Kosmos zu Gesicht zu bekommen, denn der substantielle Hintergrund, vor dem unsere Welt sich entwickelt haben soll, erweist sich endlich nicht mehr in so erschrecken-

Seite 165: Zweidimensionale Modellrechnung für die Strukturentwicklung in einem mit heißer dunkler Materie erfüllten Universum. (T. Buchert, MPI für Physik und Astrophysik)

Seite 166: Die ursprünglichen Meßdaten des COBE-Satelliten zeigen in den unterschiedlichen Frequenzbereichen ähnliche Strukturen, denen ein breiter, durch Störstrahlung aus der Milchstraße hervorgerufener Streifen überlagert ist.

Seite 167: Diese Störstrahlung stammt einerseits vom interstellaren Staub, der mit dem Infrarot-Satelliten IRAS vermessen wurde (oben), andererseits von der galaktischen Kontinuumsstrahlung, die mit Radioteleskopen untersucht wurde (unten).

Seite 168: Nach Abzug der Störanteile von Staub und Gas aus der Galaxis bleiben Strukturen in den COBE-Daten übrig, die als Anzeichen für frühe Inhomogenitäten in der Materieverteilung gedeutet werden. (COBE-Fotos/ IRAS-Foto/MPG-Foto)

dem Maße als perfekt homogen und isotherm wie noch bis „gestern".

Ein weiteres, für die Erscheinungsform unseres Universums jedoch sehr essentielles Faktum muß in diesem Zusammenhang auch noch bedacht werden, und zwar die Elementzusammensetzung der kosmischen Normalmaterie! Nach der kosmologischen Lehre des „heißen Urknalls" bildeten sich die leichtesten Elemente des Periodensystems, wie Wasserstoff, Helium, Lithium, Beryllium und Bor sowie deren Isotope, schon in einer sehr frühen Phase des Universums auf dem Wege der nuklearen Fusion von kleineren zu größeren Atombausteinen, sobald die kosmischen Materietemperaturen bei fortschreitender Expansion unter eine Grenze von einigen Milliarden Grad Celsius abgefallen waren. Bei Temperaturen über zehn Milliarden Grad Celsius, also in der davorliegenden Phase der kosmologischen Evolution, sind alle die oben genannten Atomkerne nicht stabil, sondern zerfallen in ihre Grundbausteine, wie die Neutronen und die Protonen.

Für den späteren Elementaufbau ist nun sehr wesentlich, mit welchem Mengenverhältnis von Neutronen zu Protonen die eigentlich kosmische Elementbildung eröffnet wird. Wie die Physiker schönerweise aber vorhersagen können, hängt dieses ursprüngliche Mengenverhältnis zunächst einmal überhaupt nicht von irgendwelchen kosmischen Gegebenheiten sowie Zeitverläufen der kosmischen Thermodynamik ab. Solange nur die Temperaturen im Kosmos groß genug sind (über 10 Milliarden Grad Celsius), ist das Zahlenverhältnis von Neutronen zu Protonen im Rahmen eines thermodynamischen Gleichgewichtszustandes der kosmischen Materie nur von dem Unterschied in den Massen des Neutrons und des Protons und von der kosmischen Temperatur abhängig. Der Massenunterschied zwischen Neutron und Proton entspricht nach Labormessungen jedoch einem Energieäquivalent von 1,293 MeV. Bei 10 Milliarden Grad Celsius errechnet sich deswegen eine relative Häufigkeit von 0,38 für die Neutronen und von 0,42 für die Protonen. Protonen sind also ein wenig häufiger in dieser Phase des kosmischen Geschehens. Unter der 10 Milliarden-Grad-Grenze sollte das kosmische Materiesystem jedoch gegenüber dem Neutronen-zu-Protonen-Verhältnis aus dem thermodynamischen Gleichgewicht herausfallen, und damit sollten sich diese relativen Häufigkeiten ändern, etwa koinzident mit einer schließlichen relativen Neutronenhäufigkeit von 0,164, wie 1971 von Peebles ausgerechnet worden ist.

Danach bestimmt der radioaktive Betazerfall der freien Neutronen deren zukünftige Häufigkeit im Kosmos. Da die Halbwertszeit der freien Neutronen gegenüber spontanem Betazerfall in Proton, Elektron und Neutrino etwa zehn Minuten beträgt, reduziert sich in dieser Phase der kosmologischen Entwicklung alle zehn Minuten die Zahl der Neutronen um den Faktor $1/e = 0,37$. Wenn dieser Zerfall schlicht so anhalten würde, so gäbe es schon nach zwei Stunden in diesem Weltall überhaupt keine Neutronen mehr, und es könnten danach folglich auch überhaupt keine höheren Elemente mehr erbrütet werden, zu denen man ja unbedingt ein ausreichendes Verhältnis von Neutronen zu Protonen benötigt. Von ganz entscheidender Wichtigkeit wird demnach, daß die vorhandenen Neutronen in dieser Phase die Gelegenheit bekommen, in höhere Atomkerne hineingebacken zu werden, in denen sie dann vor dem Zerfall geschützt stabil überdauern können. Dazu ist erforderlich, daß sie, solange sie noch genügend thermische Energie oberhalb der Fusionsschwelle besitzen, mit Protonen zusammenstoßen und dabei eine Fusion zu schwerem Wasserstoff, Deuterium genannt, erfahren.

In weiteren Fusionsprozessen zwischen den dabei sich bildenden Reaktionsprodukten werden sukzessive Tritium, Helium, Lithium und so weiter aufgebaut, bis die thermischen Energien der kosmischen Reaktionspartner für weitere Fusionsprozesse zu niedrig geworden sind. Wichtig für die endgültigen Elementhäufigkeiten ist die Dichte- und Temperaturabnahme der normalen Materie in dieser fusionsaktiven Phase. Und eben hierbei spielt es nun wiederum eine entscheidende Rolle, ob der Kosmos zu diesem Zeitpunkt bereits vorstrukturiert ist durch ein Gravitationsmuster der dunklen Materie oder nicht. Wenn die dunkle Materie zum Beispiel aus WIMP-Teilchen mit einem Ruhemassenäquivalent von mehr als einem MeV (1 Million Elektronenvolt) besteht, so kann diese bereits in der Fusionsphase eine Strukturbildung durchgeführt haben. Dann aber sind beim Fusionsablauf einige kosmische Bereiche vor anderen deutlich bevorzugt. Dort, wo die Dunkelmaterie verdichtet ist, expandiert der Raum langsamer, und Normaldichte sowie Temperatur erfahren hier eine langsamere Abnahme mit der Zeit als anderswo im Kosmos, wo die Dunkelmaterie verdünnt vertreten ist. In den Bereichen verdichteter Dunkelmaterie sollten demnach Fusionsprozesse effektiver ablaufen und länger andauern können, was sich dann zum Beispiel in einem entsprechend höheren Häufigkeitswert von Helium gegenüber Wasserstoff niederschlagen sollte. Dann aber müßte man feststellen können, daß die ursprünglichen, primordialen Elementhäufigkeiten heute in Bereichen, die verdichtete Materie aufzeigen, charakteristisch anders sind als in Bereichen verdünnter Materie. Konkret hieße das zum Beispiel, daß die Heliumhäufigkeit vom Zentrum großer Strukturen nach außen systematisch abfallen müßte. Das scheint jedoch ganz und gar nicht der Beobachtung zu entsprechen, die bis in die weitere Umgebung (bis zu Rotverschiebungen von $z \geq 0{,}04$) eher ganz eindeutig auf eine konstante primordiale Heliumhäufigkeit schließen läßt.

Bei dieser Behauptung muß allerdings klargestellt sein, daß es um die primordiale Häufigkeit geht, so wie sie in der kosmischen Materiezusammensetzung bereits angelegt war, bevor sich die eigentlichen Galaxien und Sterne gebildet haben. Danach nämlich, wenn das interstellare Gas innerhalb der Galaxien über den Weg der Sternbildung durch das nukleare Brennen in den Sternzentren ständig zu Kernen mit höherem Atomgewicht weiterprozessiert wird, ändern sich die Elementhäufigkeiten im Laufe der Lebensdauer dieser Galaxien doch beträchtlich. Die Materie, die in die Bildung der Sterne eingeht, wird in dieser anfänglichen Zusammensetzung nie mehr an das Gas der Galaxis zurückgegeben, auch dann nicht, wenn der sich aus ihr konstituierende Stern schließlich sein Leben in Form einer gigantischen Supernovaexplosion beendet. Während des Lebens, das heißt, Leuchtens dieses Sterns, wird nämlich das Ausgangsmaterial durch nukleare Fusionsprozesse im Inneren des Sternkörpers chemisch verändert, indem es unter anderem mit schwereren Elementen wie etwa Metallen angereichert wird. Dabei wird an erster Stelle natürlich auch die Heliumhäufigkeit über ihren primordialen Wert hinaus vergrößert. Diesen Umstand erkennt man deutlich daran, daß die Heliumhäufigkeit im galaktischen Material offensichtlich mit der diesem Material jeweils eigenen Metallhäufigkeit linear korreliert ist: je höher die Metallhäufigkeit, um so höher auch die zugehörige lokale Heliumhäufigkeit! Da nun das gasförmige galaktische Material wegen der höheren Sternentstehungsraten im Zentralbereich der Galaxien schneller nuklear prozessiert wird als in den Randbezirken, zeigt sich auch in Entsprechung zu diesem Umstand ein Abfall der Heliumhäufigkeit mit dem Abstand von den galaktischen Zentren.

In jedem Falle kann man aber mit einem einfachen Trick aus solchen Ergebnissen auf eine sogenannte „primordiale" Heliumhäufigkeit zurückschließen, indem man sich die beobachtete Veränderlichkeit der Heliumhäufigkeit mit der Metallhäufigkeit des Materials genauer ansieht und dann auf der Basis dieses Befundes auf die Heliumhäufigkeit bei verschwindender Metallhäufigkeit extrapoliert. Im Bilde solcher primordialer Elementhäufigkeiten scheint sich aber dann der Kosmos in dem oben angesprochenen Sinne wieder als homogen darzustellen. Zumindest zur Zeit der primordialen Elementbildung scheint sich demnach noch keine universelle Strukturiertheit eingestellt zu haben!

Da bleibt dann schließlich, zurückkommend auf alles Vorhergesagte, nur die Frage im Raum stehen, ob wir nun lieber dunkle Materie einführen sollen, damit wir die Struktur im Kosmos vielleicht besser verstehen können, oder ob wir sie lieber nicht einführen wollen, damit wir wenigstens die Strukturschwäche der Hintergrundstrahlung und der primordialen Elementhäufigkeiten verstehen. Im Bild der Urknallgenese unseres Kosmos läßt sich alles gemeinsam jedenfalls nicht begreifen.

Kapitel 6

Der Blick ins Große – zum Scheitern verurteilt?

Unsere alltägliche Welt definiert den mediokosmischen Bereich. An den Umgang mit diesem Wirklichkeitsbereich sind wir gewöhnt. Wie aber erschließen wir uns die Welten des Allergrößten und des Allerkleinsten?

Sind wir überhaupt für den Umgang mit dem Großen im Universum gerüstet? Es scheint oft, als änderten sich die Gesetzmäßigkeiten, wenn wir die Dimensionen wechseln, unter denen wir Realitäten erfassen wollen. Warum erweist sich denn so vieles im Kosmos als wider unsere Erwartung gehend? Was stimmt denn hier nicht?
Was zeichnet zum Beispiel das Firmament als Bezugssystem aus, in dem sich die Planetenbewegung auf Newtonschem Wege beschreiben läßt und gleichzeitig der irdische Meeresspiegel nicht abgeplattet erscheinen würde? Offenbar werden die Einsteinschen Feldgleichungen dem Machschen Prinzip nicht gerecht. Nach ihm sollte die träge Masse jedes Körpers und damit die Materiedichte im Weltall keine frei wählbare, sondern eine sich erst aus der Massenrückwirkung selbst bestimmende Größe sein. Das muß die Relativität der Massen im Universum zur Folge haben, und es muß bedeuten, daß das ganze Weltall aus jeder seiner Konstellationen aus allen seinen Teilen auf alle seine Teile zurückwirkt – ein völlig neues Konzept für ein Verständnis des Universums.

Der Mensch und seine allervertrauteste Umgebung ist im mediokosmischen Bereich angesiedelt, in dem Bereich der Natur also, der seinen Sinnen – den Augen, Ohren oder der Nase – zugänglich ist und dessen räumliche und zeitliche Ausmaße man in Zenti- bis Kilometern beziehungsweise Minuten bis Tagen beschreibt. Die Sensoren zur Erfassung des Allerkleinsten sowie des Allergrößten in der Natur fehlen ihm dagegen. Wenn er dennoch von diesen Bereichen der Realität Kenntnis gewinnen will, so muß er sich eigens dafür konzipierter Detektoren bedienen, die die hochenergetischen Botschaften aus dem mikrophysikalischen Bereich oder die niederenergetischen Botschaften aus dem makrophysikalischen Bereich aufnehmen und in „menschliche" Botschaften umsetzen können.

Nun geht aber gerade in der heutigen Zeit stärker als jemals zuvor des Menschen Blick vom Mediokosmos sowohl einerseits auf das Kleinste wie auch andererseits auf das Größte der Naturrealität hin. Kann die Erforschung der Atom- und Elementarteilchenwelt auf der einen Seite sowie der Sternen- und Galaxienwelt auf der anderen Seite aber überhaupt dem Menschen zuträglich sein? Was kann die Beschäftigung mit der Natur in diesen „unmenschlichen" Dimensionen uns denn überhaupt einbringen? Was haben die Atome, die wir uns nur mit hochtechnologischen Maßnahmen wie etwa mittels Elektronenmikroskopie oder der Laserlichtfluoreszenz sichtbar machen können, denn mit dem Fleisch und Blut unseres eigenen Körpers zu tun? Was haben die Aufnahmen des Hubble-Teleskopes oder des ROSAT-Röntgenteleskopes von den weitesten Strukturen in unserem Universum mit Leib und Seele des Menschen gemeinsam? Läßt sich diese disjunkte, weit auseinanderklaffende Forschung ins übermenschlich Große und gleichzeitig ins untermenschlich Kleine überhaupt mit Sinn für den Menschen erfüllen?

Die Antwort ist: Ja! Denn das Kleinste in der Natur konstituiert uns als Menschen, das Größte in der Natur dagegen konstelliert uns und gibt uns unsere kosmische Lebensbühne vor, auf der wir als geschichtliche Wesen für die kurze Weile der Menschheitsäonen agieren können. Wenn wir jedoch auf diese Weise den Blick ins Kleine sowie ins Große vor dem menschlichen Intellekt rechtfertigen wollen, so bleibt dennoch die bange wissenschaftstheoretische Frage, ob wir für solche Blicke in unserer Vernunft überhaupt ein angemessenes intellektuelles Rüstzeug entwickelt haben und ob wir überhaupt für den Umgang mit dem Außermenschlichen begrifflich, also von unserer Logik und Rationalität her, gewappnet sind. Können denn die Gesetze, mit denen wir die Vorgänge in unserer mediokosmischen Welt beschrieben finden, einfach so ohne weiteres in ihrer Gültigkeit auf außermenschliche Dimensionen übertragen werden? Gelten zum Beispiel die physikalischen Erhaltungssätze für Energie, Impuls oder Drehimpuls auch im atomaren oder im kosmischen Bereich?

Newtons Gravitationsgesetz, so wissen wir inzwischen, gilt nicht mehr für die großen Weiten und die großen Massen des Kosmos. Aber gilt es denn im atomaren Bereich? Zwar wissen wir es nicht, aber wir nehmen trotzdem an, daß die Gravitation im „atomistisch Kleinen" keine Rolle spielt. Das entspricht einer unvorsichtigen Extrapolation aus dem mediokosmischen in den mikrokosmischen Bereich, die sich unter Umständen noch einmal als ein geschichtsträchtiger Fehler der Wissenschaft erweisen wird. Andererseits gilt die Drehimpulserhaltung im atomistischen Bereich nur noch mit starken Einschränkungen; nicht der Gesamtdrehimpuls als Vektorgröße muß erhalten bleiben, vielmehr dürfen sich die drei zueinander senkrechten, kartesischen Komponenten dieser Vektorgröße bei einem natürlichen Prozeß oder einem experimentellen Eingriff nur um quantisierte Einheiten von der Größe $h/2\pi$ ändern, wobei h wiederum das Plancksche Wirkungsquantum darstellt.

Die Gesetzmäßigkeiten ändern sich also unabsehbar, wie an diesen Erfahrungen bewiesen ist, wenn man die Dimensionen wechselt. Haben wir demnach nicht zu fragen, ob wir denn eigentlich schon die richtigen Gesetze für das kosmisch Große beziehungsweise das atomistisch Kleine gefunden haben? Wenn wir mit unseren aus der Laborerfahrung getrimmten physikalischen Erwartungen den Kosmos und die dort in den riesigen Weiten des Alls ablaufenden Prozesse sichten, stoßen wir doch unübersehbar auf eine Vielzahl von Ungereimtheiten und Umstimmigkeiten: Der Nachthimmel sollte eigentlich taghell sein, und er ist es dennoch nicht! Die kosmische Hintergrundstrahlung sollte eigentlich strukturiert sein, aber sie ist in Wahrheit homogen und isotrop! In einem expandierenden Universum sollten sich eigentlich gar keine Galaxien und Galaxienhaufen bilden können, und dennoch haben sie sich ganz offensichtlich gebildet! Die ältesten Sterne jeder Galaxie und die ältesten Galaxien, die Quasare, sollten eigentlich keine Metallanteile enthalten, doch erkennt man in den Spektren sehr wohl solche Elemente!

Was ist hier los? Warum entspricht die kosmische Wirklichkeit nicht unseren Erwartungen? Oder sind unsere Erwartungen falsch? Aber das Problem taucht nicht nur im Großen auf. Es ist keines, das urtümlich gerade mit denjenigen Dimensionen von Zeit und Raum verkoppelt ist, denen sich die Astrophysik widmet. – Zwei Papierfahnen zum Beispiel, dicht nebeneinander gehalten und von vorne angeblasen, zeigen erstaunlicherweise keine Neigung zum Auseinanderklaffen der Papierflächen, sondern im Gegenteil zum Aufeinanderhaften, als wenn ein mysteriöser Leim sie verkleben wollte. Das ist wider jede vernünftige Erwartung! Was ist hier denn los? Warum erfüllt sich unsere Erwartung an diesem Tatbestand nicht? – Und warum erfüllt sie sich in anderer Hinsicht auch nicht an den kosmischen Geschehnissen? Wenn wir einen Tischtennisball in den konischen Mund eines Trichters legen und von unten durch das in die Trichteröffnung führende Rohr Gas gegen den Tischtennisball strömen lassen, möchten wir vermuten, daß wir mit der Gasströmung den Ball aus dem Trichtermund auch gegen das Gravitationsfeld anheben können, während in Wirklichkeit jedoch der Ball wie durch magische Kräfte trotz der Gasanströmung unten gehalten wird. Zum anderen sehen wir Gasblasen in einem Aquarium nach oben steigen, obwohl die Schwerkraft nach unten wirkt. Wie oft stellen wir doch auf solche oder ähnliche Weise fest – wenn wir das Geschehen in der Natur verfolgen –, daß da wohl irgend etwas nicht stimmen kann.

Was soll diese unsere Feststellung aber besagen? Stimmt etwas nicht, weil es unseren Erwartungen zuwiderläuft? Oder stimmen unsere Erwartungen nicht, weil wir die Gültigkeit unserer Gesetze überschritten haben?

Von zwei verschiedenen Körpern mag der eine schwerer, der andere leichter sein, was uns auch durch eine Federwaage leicht und unmißverständlich angezeigt werden kann. Trotzdem wäre es falsch zu erwarten, der schwerere der beiden, der offenbar stärker von der Erde angezogen wird, fiele deshalb schneller zu Boden. Wäre denn aber hier die Erwartung falsch, daß unter der stärkeren Kraft der schnellere Fallvorgang bewirkt wird? Oder passiert hier etwas wider die richtige Erwartung? Je massereicher ein Körper ist, um so schwerer ist er doch auch nach allgemeiner Erfahrung. Also unterscheidet das Gravitationsfeld demnach ja doch sehr wohl hinsichtlich der Massen der Körper. Nicht alles wird gleich stark angezogen, dennoch sind alle Massen beim Fallen gleich schnell! Was passiert denn da nun eigentlich?

Die Anziehung ist unterschiedlich und massenabhängig, das Fallen ist gleich. Ganz ähnlich ist es ja auch, wenn wir an gleich langen Schnüren befestigt eine Bleikugel und eine Holzkugel gleicher Größe eng beieinander um ein gemeinsames Zentrum umlaufen lassen. Sie durchlaufen beide praktisch die gleiche Bahn, fallen also, wenn man so will, gleichartig, und dennoch sind die zentrifugalen Kräfte, die beide Kugeln auf die sie führenden Schnüre ausüben, wegen der ungleichen Massen ebenso ungleich wie die Massen. Sind also Schwerkräfte so etwas wie Zentrifugalkräfte? Wenn dem so ist, so sollten sie ebenfalls, wie Zentrifugal- und Korioliskräfte auch, ihrer Natur nach reine Scheinkräfte sein! Das heißt, sie sollten sich zum Verschwinden bringen lassen, wenn man nur für die Naturbeschreibung das geeignete Koordinatensystem oder, wie wir es an anderer Stelle genannt haben, das geeignete Bezugssystem, erwählt.

Tatsächlich sind Gravitationskräfte von der Art der Zentrifugalkräfte, denn sie lassen sich lokal zumindest zum Verschwinden bringen, allerdings nur in einem beschleunigt bewegten Koordinatensystem. Nehmen wir einmal an, man könnte das Gravitationsfeld der Erde für eine gewisse Zeit abschalten. Alle Körper in der Erdumge-

180

bung würden sich dann, beurteilt von einem Erdmittel-punktsystem aus, auf geraden Bahnen bewegen oder gar am Orte stehend verweilen. Von der mit dem gesamten Erdkörper mitrotierenden Erdoberfläche aus betrachtet erscheinen solche an sich kräftefreien Bewegungen jedoch wie Bewegungen von Körpern, auf die irgendwelche absonderlichen Kräfte einwirken und ihnen krummlinige Bahnen aufzwingen. Indem wir das mit der Erde rotierende System für die Beschreibung solcher Bewegungen wieder aufgeben, verschwinden auch diese systemimmanenten Kräfte sogleich wieder.

Von einer festen Position im Zentrum der Sonne aus gesehen bewegen sich die Planeten mit ihren typischen Keplerschen Kreisbahngeschwindigkeiten auf Kreisbahnen. Da bei einer strengen Kreisbahnbewegung eine ständige Änderung der Objektgeschwindigkeit vorliegt (zwar nicht von ihrem Betrag her, wohl aber von ihrer Richtung her) und die zeitliche Änderung einer Geschwindigkeit eben einer Beschleunigung gleichkommt, die nach Newtons Bewegungsgesetz eine Kraft zur Ursache haben muß, muß der solarzentrische Beobachter im Falle der Planetenbewegung auf einwirkende Kräfte schließen. Diese Kräfte sind zum einen die von Newton formulierten Gravitationskräfte, ausgelöst von der Masse der Sonne, am Orte des Planeten, und zum anderen die sogenannten Zentrifugalkräfte, die immer dort auftreten, wo eine Bewegung, beurteilt von einem bestimmten System aus, eine Drehachse auszeichnet. Diese Zentrifugalkräfte sind jedoch nichts anderes als Ausdruck der Beschleunigungen, also von Richtungsänderung oder Betragsänderung der Geschwindigkeit, wie sie in diesem System registriert werden, also nach Newton gerade die Folge von Kräften.

Begeben wir uns nun in ein Koordinatensystem, dessen Ursprung zwar auch mit dem Sonnenzentrum zusammenfällt, das aber nicht auf den Fixsternhimmel fixiert und damit „ruhend" ist, sondern um eine Drehachse durch den Sonnenmittelpunkt rotiert; dabei soll die Rotationsachse mit derjenigen irgendeiner der Planetenbewegungen und die Drehgeschwindigkeit mit derjenigen dieses Planeten identisch sein. Dann nämlich steht der betreffende Planet in diesem System an seiner Position fest, wiewohl er vom Koordinatenanfangspunkt denselben Abstand hat wie in dem fixierten, solarzentrischen System. Das bedeutet aber in diesem System, daß dieser Planet in seiner Ruhelage unbeschleunigt verharrt, also gemäß Newton ohne jede Krafteinwirkung ist. Das heißt dann also, daß in diesem System die Gravitationskräfte der Sonne aufgehoben sind – sie gibt es in einem solchen System eben einfach nicht! Heißt das nun aber, daß die uns so real scheinenden Gravitationskräfte der Sonnenmasse im Grunde nur Scheinkräfte sind, die uns nur dann als wirksam erscheinen müssen, wenn wir die Bewegungsvorgänge im „falschen", das heißt, ungeeigneten Koordinatensystem beschreiben?

Dagegen spricht, daß sich ja in einem solchen mit einem speziellen Planeten korotierenden System die anderen Planeten immer noch bewegen würden, und zwar auf den gleichen Kreisbahnen wie im Fixstern-fixierten System, nur mit geänderten Kreisbahngeschwindigkeiten: die außenliegenden Planeten mit negativen Bahngeschwindigkeiten, die innenliegenden dagegen mit positiven. Das Auffällige jedoch ist: Für alle diese dann zu beobachtenden Bewegungen läßt sich jedoch jetzt **keine** gemeinsame Newton-Kraft mehr als Ursache finden. Vielmehr zeigt sich, daß die außenliegenden Planeten

182

sich mit negativem Drehsinn bewegen, und zwar mit einer im Vergleich zur Keplerschen Bahngeschwindigkeit ständig anwachsenden Geschwindigkeit.

Um eine solche Geschwindigkeit im Newtonschen Sinne durch die zentripetale Gravitation der Sonne zu stabilisieren, müßte man eine mit dem Abstand vom Zentrum ständig anwachsende Zentralmasse annehmen. Bei großen Entfernungen von der Bahn des Referenzplaneten würde sogar eine Zunahme der wirkenden Sonnenmasse mit der dritten Potenz des Abstandes zu fordern sein. Gesehen von einem solarzentrischen System aus, das gerade mit der Drehgeschwindigkeit der Erde um die Sonne rotiert, also mit einer Winkelgeschwindigkeit von 360 Grad pro Jahr, würde ein Keplersches Objekt im vierfachen Erdabstand sich so bewegen, als würde es in seiner Bewegung fast vom Fünfzigfachen der Sonnenmasse gravitativ angezogen. Natürlich sieht man diese Masse nicht, es handelt sich also um sogenannte „dunkle Masse", von der in der Astronomie auch an vielen anderen Stellen die Rede ist. Wir werden an späterer Stelle noch darauf zu sprechen kommen, wenn es um die Rotationsgeschwindigkeitskurven von Spiralgalaxien geht.

Mit der Rotation von Koordinatensystemen hat es ohnehin so seine Besonderheit. Offensichtlich gibt es unter allen rotierenden solarzentrischen Systemen eines, das besonders vor allen anderen bevorzugt ist, nämlich dasjenige System, dessen kartesische Koordinatenachsen ihre Richtungen gegenüber dem Fixsternhintergrund nicht ändern. Einzig und allein in einem solchen Koordinatensystem erscheinen die Bewegungen aller Planeten nämlich so, als würden sie durch die auf das Zentrum gerichtete Newtonsche Gravitationsanziehung einer einzigen, für alle Planeten gleichen zentralen Masse der Sonne verursacht; in allen anderen Systemen dagegen, deren Achsenrichtungen sich in irgendeinem relativen Drehsinn gegenüber dem Fixsternhorizont verändern, wäre eine abstandsabhängige Sonnenmasse zu fordern, was zweifelsohne einen fragwürdigen Sinn ergibt. Was zeichnet nun aber dieses fixsternfixierte System vor allen andern so sehr aus, und wodurch sollte diese Auszeichnung wohl bewirkt sein?

Es ist vielleicht interessant, einmal an diesem Beispiel den Zusammenhang zwischen Rotationsgeschwindigkeit und Raumzeitmetrik dieser verschiedenen Koordinatensysteme anzusehen. Nehmen wir an, unser ausgezeichnetes System mit den gegenüber dem Fixsternhintergrund fixierten kartesischen Achsen könne als ein System eingerichtet werden, in dem euklidische Geometrie, also die in der Schule immer stillschweigend vorausgesetzte Geometrie des „flachen und ungekrümmten" Raumes, gültig ist. Dann läßt sich durch geeignete Transformationen oder Koordinatenübertragungen von einem in das andere System die Raumzeitmetrik aller anderen Systeme bestimmen, die sich gegenüber dem ursprünglichen „euklidischen" System drehen. Mit den Mitteln der Speziellen Relativitätstheorie könnte man dann leicht folgende Grundsätzlichkeiten für solche rotierenden Systeme ableiten: Nennen wir die beiden in der Rotationsebene liegenden Achsen eines beliebig rotierenden Systems einmal die X- und die Y-Achse, dagegen die des feststehenden, euklidischen Systems X_0- und Y_0-Achse. In radialer Richtung ausgelegte Maßstäbe werden dann von der Rotation des Systems gegenüber dem euklidischen im Sinne der Relativitätstheorie nicht beeinflußt, weil sie ja keine Relativbewegung gegenüber ersterem durchführen. Der Kreisradius bis zu einer bestimmten Koordinate auf der X-Achse bleibt demnach auch im rotierenden System unverändert gegenüber dem im euklidischen System. Es gilt also $X = X_0$. An der Kreisperipherie bei $X = X_0$ senkrecht zur X-Achse ausgelegte Maßstäbe bewegen sich jedoch dort mit einer rotationsbedingten Geschwindigkeit $V(X) = \Omega \cdot X = \Omega X_0$ relativ zu dem euklidischen System, wenn Ω die relative Winkelgeschwindigkeit des rotierenden Systems ist. Nach den Gesetzen der Speziellen Relativitätstheo-

rie hat das zur Folge, daß der in diese Richtung ausgelegte Einheits-
maßstab eine sogenannte Lorentzkontraktion seiner Längeneinheit
nach der bekannten Formel

$$L = L_0 \sqrt{1 - \left(\frac{\Omega \cdot X_0}{c}\right)^2}$$

erfährt. Damit ergibt sich aber in dem rotierenden System nunmehr
folgende, überraschende Merkwürdigkeit: Während in dem euklidischen System das Verhältnis von Kreisumfang zu Kreisdurchmesser
wie in der Schulgeometrie sich zu $2\pi X_0/2X_0 = \pi$, also zu der
berühmten Zahl „pi", ergibt, würde der Geometer in dem rotierenden
System statt dessen die Zahl

$$2\,\pi\,X_0 \sqrt{1 - \left(\frac{\Omega \cdot X_0}{c}\right)^2} \Big/ 2\,X_0 = \pi\,(X_0) < \pi$$

ermitteln!
Das Verhältnis von Kreisumfang zu Kreisdurchmesser wird demnach
in diesem System mit wachsendem Kreisradius immer kleiner. In
einem solchen rotierenden System können also metrische Verhältnisse
wie die auf einer sphärisch gekrümmten Fläche wiedergefunden werden. Bei einer Annäherung an die Entfernung

$$X = X_0 = \frac{c}{\Omega}$$

wird der zugeordnete Kreisumfang schließlich sogar völlig verschwinden, das heißt trotz eines endlichen Kreisradius hat der zugeordnete
Kreis keinen Umfang!
Nicht anders ergeht es Uhren, die man an Orten mit verschiedener
X-Koordinate aufstellt. Im euklidischen System gehen alle Uhren
natürlich gleich, und die Zeiteinheit t_0, etwa die Sekunde, ist überall
gleich lang.
Im rotierenden System bewegen sich Uhren bei $X = X_0$ jedoch mit der
dortigen Rotationsgeschwindigkeit $V = \Omega \cdot X_0$ und erfahren demnach
nach der Speziellen Relativitätstheorie gegenüber dem Zeittakt im
euklidischen System eine Zeitdilatation, also eine Dehnung der lokalen
Zeiteinheit nach der ebenfalls bekannten Formel:

$$t = \frac{t_0}{\sqrt{1 - \left(\frac{\Omega \cdot X_0}{c}\right)^2}}$$

Natürlich sollten wir bei der Anwendung von Einsteins „speziell-relativistischen" Transformationen auf rotierende Systeme ein wenig vorsichtiger sein, denn sie gelten strenggenommen ja nur für sogenannte Inertialsysteme, bei denen sich zwei beliebig herausgegriffene Referenzpunkte aus zwei solchen Systemen relativ zueinander mit konstanter Geschwindigkeit bewegen, während sich hier bei rotierenden Systemen diese Relativgeschwindigkeit in der Zeit periodisch ändert, also in der Tat inhärente Beschleunigungen auftreten. Dennoch können wir die oben angeführten Überlegungen als einen Hinweis darauf verstehen, daß rotierende Systeme offensichtlich eine nichteuklidische oder, wie man auch sagt, „gekrümmte" Raumzeit-Metrik auszeichnet, wie sie auch nach Einsteins Allgemeiner Relativitätstheorie für Gravitationsfelder typisch ist. Diese eigentlich erstaunliche Tatsache, daß rotierende Systeme und Gravitationsfelder tief in der Natur der Dinge angelegt etwas Gemeinsames an sich haben, hängt wohl ganz entscheidend mit der immer wieder bestätigten Tatsache zusammen, daß die träge Masse m_t eines jeden Körpers absolut identisch mit der schweren Masse m_s desselben Körpers ist.
Dieser Umstand ist inzwischen bis zu der staunlichen Genauigkeit von

$$\frac{m_t - m_s}{m_s} \leq 10^{-12}$$

experimentell bestätigt worden. Das soll heißen, daß Abweichungen der trägen von der schweren Masse sich höchstens im Bereich von Millionsteln eines Millionstels abspielen!

Bevor wir aber diesen Punkt weiter vertiefen, wollen wir noch einmal auf den Umstand zurückblicken, daß es unter den rotierenden solarzentrischen Systemen ein ausgezeichnetes gibt, dessen Achsenrichtungen gegenüber dem Fixsternhimmel feststehen. In ihm läßt sich die Bewegung jedes Planeten mit ein und derselben Sonnenmasse beschreiben. Dieses ist gleichzeitig unter den angesprochenen Systemen das einzige, in dem die Ebene eines unter der Sonnengravitation schwingenden Pendels sich nicht drehen würde, während sie sich in allen anderen Systemen mit der zu diesem zugehörigen relativen Win-

kelgeschwindigkeit Ω gegenüber den systemeigenen X-
und Y-Achsen drehen würde. Man erinnere sich hier nur
an die eindrucksvollen Bewegungsabläufe bei der
Schwingung des Riesenpendels von fast 20 Meter Pen-
dellänge im Pantheon-Dom in Paris, dessen Eigenschaften zuerst von dem französischen Physiker Foucault im
Jahre 1851 untersucht worden sind. Auch die Schwin-
gungsebene dieses Pendels steht gegenüber dem Fixsternfirmament still, sie dreht sich jedoch gegenüber
jedem anderen System.

Wieso also kann die Pendelschwingung dieses eine unter
allen anderen im Prinzip völlig gleichwertigen Systemen
in einem so hervorstechenden Sinne auszeichnen? Gibt
es trotz Einsteins Forderung nach der Gleichwertigkeit
aller Koordinatensysteme bezüglich der Beschreibung
der Naturvorgänge vielleicht doch ein bevorzugtes System, das so etwas wie Newtons absoluten Raum repräsentiert? Der Raum hätte also damit dann doch einen
Absolutheitsrang und wäre keine auf jedes System an
jedwedem Standort gleichermaßen relativierte Größe!

Schauen wir zur Klärung einmal auf unsere Erde, die wir
zur Vereinfachung als nur vom Meerwasser bedeckt
annehmen wollen. Wie wir wissen, bildet die Oberfläche
des irdischen Meerwasserspiegels keine exakte Kugelfläche aus, sondern vielmehr eine Geoidfläche, also eine
abgeplattete Kugelfläche mit geringerem Zentrumsabstand an den Polen und größerem Abstand am Äquator.
Nun sagt jeder, diese ellipsoidische Deformation des
Wasserspiegels käme durch die Rotation des Wassers in
Verbindung mit derjenigen des gesamten Erdkörpers
zustande. Ohne Rotation würde dagegen der Meerwasserspiegel eine exakte Kugeloberfläche ausbilden. Aber
welche Rotation gegenüber welcher Referenz ist denn für

diese Deformation maßgebend? Woher weiß denn das Meerwasser der Erde, daß es sich gegenüber dem Fixsternhimmel dreht?

Mit der Erde zusammenhängend gibt es keine Referenz, gegenüber der eine Rotation sinnvoll und absolut definiert werden könnte. Als die uns nächste und auch augenfälligste Referenz käme wohl die Sonne in Frage. Würde die Wasseroberfläche denn dann vielleicht eine ideale Kugelschale repräsentieren, wenn die Erde sich bei ihrer Bewegung um die Sonne gerade so schnell um ihre eigene Achse drehte, daß immer der gleiche Punkt der Erdoberfläche genau zur Sonne schaute, also daß die Sonne ständig über einem einzigen Erdenpunkt im Zenit stünde? Wenn die Erde sich also pro Jahr auch gerade einmal um ihre eigene Rotationsachse drehte und sich damit gegenüber der Position der Sonne gerade nicht drehen würde? Es zeigt sich, daß auch in diesem Falle der Wasserspiegel keine vollkommene Kugelschale einnehmen würde, wiewohl zwar im Vergleich zum tatsächlichen Zustand eine „Verbesserung" zu verzeichnen wäre. Die wahre Kugelschale würde jedoch von dem Wasserspiegel erst dann exakt repräsentiert werden, wenn die rotierende Erde gegenüber dem Fixsternhimmel zur Ruhe käme beziehungsweise sich gegenüber diesem nicht mehr drehen würde! Was aber macht – um des Himmels willen – diesen doch so fernen Fixsternhimmel als Referenz denn so wichtig?

Der letztlich vielleicht geniale Gedanke des österreichischen Physikers Ernst Mach war hierzu, daß zwar die fernen Massen der Sterne und Galaxien des Weltalls nicht im Verdacht stehen können, durch ihre Gravitationskräfte die Verhältnisse in unserer Erdumgebung entscheidend mitzuprägen, daß aber unter Umständen der Wert der trägen Masse jedes beliebigen Körpers in der Erdumgebung auf eine gemeinsame Einflußnahme aller Massen im Weltall auf diesen Körper zurückzuführen sein könnte. Dieser Interdependenzforderung Machs bezüglich der trägen Massen aller Körper im Weltall hatte Einstein bei der Formulierung seiner Allgemeinen Relativitätstheorie stets gerecht zu werden versucht. Neben der Forderung nach der Gleichwertigkeit aller Koordinatensysteme für die Naturbeschreibung und derjenigen nach der Äquivalenz von träger und schwerer Masse schien ihm die Machsche Forderung die wesentlichste heuristische Vorgabe für das Aufsuchen der richtigen Feldgleichungen der Gravitation zu sein. Mit um so stärkerer Resignation hat Einstein schließlich aber nach Aufstellung seiner Feldgleichungen feststellen müssen, daß diese das Machsche Prinzip leider doch nicht erfüllen. In ihnen spiegelt sich demnach die augenfällige, absolute Bedeutung des „Fixsternsystems" auch nicht wider! Das heißt soviel, als daß eines der wichtigsten Grundphänomene in unserer Umwelt in den Einsteinschen Feldgleichungen der Gravitation keine Berücksichtigung findet.

Versuchen wir einmal, uns im Machschen Sinne die Wirkung der Weltobjekte auf die Masse irgendeines Körpers in hypothetischer Vereinfachung vorzustellen, indem wir uns alle Objekte des Universums zentralprojektiv auf eine uns in irgendeiner Entfernung umgebende Himmelskugelschale abgebildet denken. Dort auf dieser Schale ist also jedes Objekt durch einen ihm zugeordneten Lichtfleck repräsentiert, genau nach dem Bild, das unser gestirnter Himmel uns nachts darbietet. Von unserer rotierenden Erde aus wandern diese Lichtpunkte nun fast alle binnen 24 Stunden über die gesamte Himmelskugel hinweg. Wir könnten nun versuchen, die Rotationsgeschwindigkeit der Erde um ihre eigene Achse in gerade dem Sinne zu verändern, daß wir damit die Wanderungsgeschwindigkeiten der Lichtpunkte an unserer Himmelskugel immer weiter verringern, bis wir schließlich alle Lichtpunkte zumindest für ein möglichst großes Zeitintervall (weit größer als ein Tag oder ein Jahr) in festen Himmelspositionen halten könnten. Während wir jedoch genau dieses Ziel zu erreichen streben, können wir gleichzeitig feststellen, daß sich unser Meerwasserspiegel systematisch mehr und mehr in die Kugelgestalt begibt.

Offensichtlich hängt also die Relativbewegung der Wassermassen gegenüber dieser Fixsternkugelschale mit der dabei jeweils resultierenden, von der Kugelgestalt abweichenden Geoidbildung direkt zusammen. Wenn die Relativbewegung zum Erliegen gebracht werden kann, so geht auch der Wasserspiegel wie von selbst in die vollkommene Kugelgestalt über.

Wir könnten dieses Phänomen leicht erklären, wenn wir annähmen, daß die Masse (und zwar vor allem zunächst einmal nur die schwere Masse) jedes Körpers von der Relativbewegung dieses Körpers gegenüber dem Fixsternfirmament abhängig ist; dabei sollte sie natürlich tunlichst nur vom Betrag dieser Relativgeschwindigkeit und nicht auch von deren Richtung abhängen. Die Wassermassen im Äquatorialbereich unserer Erde bewegen sich nun relativ zum Fixsternfirmament, während diejenigen in der Nord- und Südpolregion dies nicht tun. Nehmen wir nun an, daß die schwere Masse der bewegten Wassermassen um ein geringes kleiner ist als die der unbewegten, eventuell sogar bei Gleichheit der zugehörigen trägen Massen, was hier zunächst einmal keine Rolle spielt, so finden wir folgendes Phänomen vor: In einem mit der Erdrotation um ihre Achse mitrotierenden Bezugssystem verschwindet die Rotationsgeschwindigkeit des äquatorialen Meerwassers gänzlich. Es sollte demnach in diesem System keinen Grund geben, warum der Wasserspiegel auch hier asphärisch mit polaren Abplattungen ausgeformt erscheinen sollte. Tatsächlich wird aber auch in dem mit der Erddrehung synchron gedrehten Koordinatensystem diese Abplattung festgestellt. Die Verformung des Meeresspiegels ist demnach also keine Angelegenheit des Koordinatensystems, sie ist vielmehr ein unabhängiges, system-invariantes Phänomen. In dem erdgebundenen korotierenden System ruht das Meereswasser überall, und es gibt folglich nur Gravitationskräfte, die zum Zentrum des Erdkörpers hinwirken. Wenn diese Kräfte es bewirken können sollen, daß der Meerwasserspiegel sich dennoch gegenüber einer Kugelgestalt abplattet, so kann dies nur einhergehen mit ihrer stärkeren Einwirkung auf das polare Meerwasser im Vergleich zu derjenigen auf das äquatoriale Meerwasser. Wenn ein Liter Wasser am Pol wirklich stärker zum Erdmittelpunkt hingezogen wird als am Äquator, dann muß tatsächlich das Phänomen der Abplattung daraus resultieren, weil die schwereren polaren Wassermassen die leichteren äquatorialen teilweise verdrängen und folglich am Äquator anheben.

Daß polares Wasser mehr wiegt als äquatoriales, wird zwar auch von den Geophysikern üblicherweise so beschrieben; sie reden allerdings vom effektiven Gewicht und von effektiver Erdbeschleunigung. Doch dafür müssen die bei einer Rotation des Erdkörpers gegenüber einem absolut feststehenden Raum auftretenden Zentrifugalkräfte ins Spiel gebracht werden. Statt einer Drehbewegung gegenüber einem seit Einstein völlig in Verruf gekommenen absoluten Raum würden wir mit dieser neuen Hypothese die Variabilität der Masse eines Körpers, die sich aus dessen gewichteter Relativbewegung gegenüber allen anderen Objekten im Weltall ergibt, als die tragend verantwortliche Kausation anführen und dabei auch entschieden mehr im Machschen Sinne argumentieren: Die äquatorialen Wassermassen bekämen wegen ihrer anderen „kosmischen Relativbewegung" ein etwas anderes, geringeres spezifisches Gewicht zugeschrieben als die polaren Wassermassen, und das Phänomen der Wasserabplattung an den Polen könnte trotz Verzichts auf einen absoluten Raum zwanglos verständlich werden.

Die Frage wäre hiernach nur, ob wir mit dem obigen Ansatz dem Machschen Gedanken in angemessener und richtiger Weise entsprochen haben. Leider hat niemand bisher zeigen können, daß – und gegebenenfalls wie – sich dieses Prinzip überhaupt streng durchführen läßt. Alles muß jedoch letzten Endes von der Relativität der Bewegungen ausgehen. Eine absolute Bewegung in einem leeren Raum ist sinnlos, weil in ihr nicht die Eigenschaft einer Veränderung begriffen werden kann. Bewegung ist nun einmal etwas Relatives, ist Entfernungsänderung in der Zeit zwischen irgendwelchen konkreten Objekten. Also ist auch der Beharrungswillen in solchen Veränderungen – eben das Phänomen der Trägheit – ein in bezug auf alle anderen Objekte relativierter Wille. Die Beharrung in der Bewegung gegenüber einem nahen Objekt ist dabei nicht stärker als diejenige in der Bewegung gegenüber einem fernen Objekt, oder sollte es zumindest nicht nach ersten Prinzipien sein!

Das inertiale Beharrungsvermögen läßt sich jedoch mit der sogenannten „Bewegungsgröße" quantifizieren, die das Produkt aus träger Masse und Geschwindigkeit des jeweiligen Körpers darstellt. Warum aber sollte in dieser Bewegungsgröße nur die Geschwindigkeit und nicht vielmehr auch die Masse eine relativierte Größe sein? Wäre es denn eigentlich unter diesem Gesichtspunkt so wundersam, wenn auch der Masse kein absoluter Wert zukäme, nicht einmal derjenigen der Elementarteilchen, wenn sie in ihrem jeweiligen Wert vielmehr auf ein integrales Zusammenwirken der im weiten Weltall konstellierten Körper zurückginge? Wäre nicht das gerade ein Wirkungsprinzip, das die Relativitätstheorie mit einem echt physikalischen Inhalt füllen könnte? Der ansonsten in der Speziellen wie Allgemeinen Relativitätstheorie steckende Heurismus, daß alle Koordinatensysteme einander gleichwertig sein sollen, was die Darstellung des Naturverhaltens anbelangt, also die Invarianz der Naturgesetze gegenüber Koordinatentransformationen beim Wechsel der Bezugssysteme, ist in dem Sinne nur ein mathematisches Prinzip, aber physikalisch gesehen ein leeres, weil eigentlich evidentes Prinzip. Auch das in der Relativitätstheorie benutzte kinematische Prinzip von der Relativität der Bewegungen ist in dem Sinne, weil evident, eigentlich physikalisch leer, weil es nicht mithilft, Wirkung und Folge in den Naturvorgängen zu formulieren. Alle Geschehnisse sollen aber in physikalischen Gesetzen als Folgen von bestimmten Wirkungen formuliert sein – die kosmischen Geschehnisse demnach also als Folge der Massen und der Bewegungszustände der Materie im Universum!

Das erfordert aber geradezu, daß die trägheitsbedingten Führungen aller Massen bei ihren Bewegungen im Universum durch die kosmischen Materieverteilungen selbst, und durch sonst nichts anderes, bedingt sein müssen. Nur das „Wie" dieser Bedingtheit ist bisher nicht klar! Man kann nur hoffen, hier weiterzukommen, wenn man sich auf eine gründliche, begriffsscharfe Analyse der Bedeutung von Bewegungen gegenüber entfernten Körpern einläßt. Wenn ich meine Hände übereinander kreuzend bewege, so weiß ich, was relative Bewegung der rechten gegenüber der linken Hand bedeuten soll, denn ich sehe das Kreuzen meiner Hände und Arme an einem Orte geschehen. Wie verhält es sich aber mit der Bedeutung der relativen Bewegung gegenüber weit entfernten Objekten wie etwa den Fixsternen? Hat hier der Begriff der Bewegung überhaupt noch einen faßbaren Sinn? Sind nicht solche Bewegungen sehr suspekte Begriffskonstrukte, ebenso suspekt vielleicht, wie es der Begriff des absoluten Raumes wohl auch ist?

Schauen wir uns zur besseren Beleuchtung dieser Frage noch einmal genauer an, wie sich die Bewegung unserer Erde gegenüber den Fixsternen denn für uns manifestiert. Eigentlich dürfen wir doch gar nicht sagen, daß wir uns relativ zu den unendlich vielen Sternen in den Tiefen des Weltalls drehen! Wir drehen uns vielmehr lediglich relativ zu einem Fixsternfirmament, das von Lichtstrahlen erbaut und strukturiert wird, die ihrerseits von den fernen Sternen auf langen Wegen durch den freien Kosmos zu uns gelangen und die jeweiligen fernen Sterne just in den Richtungen erscheinen lassen, aus denen sie uns treffen. Auf diesen Wegen von den Sternen bis zu uns bewegen sich diese Lichtstrahlen aber durch das metrische Führungsfeld der geometrisierten Raumzeit oder, anders gesagt, der kosmischen Gravitation. Letztere wirkt auf sie wie ein räumlich und zeitlich sich änderndes, dispergierendes Medium, das (ähnlich wie Linsen bei optischem Licht auch) lokale Ablenkungen der Licht-

194

strahlen bewirkt. Der Weg der Lichtstrahlen zu uns wird auf diese Weise nicht nur von den wahren Orten der kosmischen Lichtquellen, sondern auch von der Geometrie der zwischengelagerten Raumzeit und damit von den kosmischen Gravitationsfeldern bestimmt. Für die Richtung, unter der uns ein Stern erscheint, ist demnach nicht nur der Ort dieses Sterns, sondern auch die Art der Lichtausbreitung von dort durch die Raumzeit bis zu uns verantwortlich!

Im vergangenen Jahrhundert unterstellte man die Existenz eines Äthers, der uns umgibt und als Medium des Lichttransportes dient; in diesem Fall wäre eine Relativbewegung mit Sinn zu definieren als die Bewegung meines Standortes oder meiner Beobachtungsposition relativ zum Äther am gleichen Orte. Aber wie sollte es dagegen, allgemein-relativistisch gedacht, unter Verzicht auf jeden Äther möglich sein, den relativen Bewegungszustand zweier Körper zu beurteilen, die im Raum – und damit sinnvollerweise (und das heißt in positivistischer Weise) auch in der Zeit – weit voneinander entfernt sind? Welche lokalen Referenzen verbleiben uns denn überhaupt noch, wenn wir schon so etwas wie den Äther wegen konzeptioneller Unhaltbarkeiten und experimenteller Unstimmigkeiten aufgeben müssen? Gibt es in dem uns umgebenden Raum überhaupt etwas, gegenüber dem wir eine Relativbewegung nicht nur qualifizieren, sondern sogar quantifizieren könnten?

Nun stellen ja in neuzeitlicher Sicht der Dinge, das heißt mit der „allgemein-relativistischen Brille" gesehen, gerade die lokalen Lichtgeodäten so etwas wie einen Ätherersatz bereit, indem sie also Lichtleitlinien vorgeben, die den Weltraum wie unsichtbare Glasfiberfasern durchziehen und der Lichtausbreitung mögliche Wege weisen.

Solche Lichtgeodäten sind dabei diejenigen Raumzeitkurven, auf denen die Ausbreitung der Lichtstrahlen in
der gekrümmten Raumzeit erfolgt und erfolgen muß.
Andere Wege gibt es weder für das Licht noch für
jedwede andere elektromagnetische Strahlung! Lassen
wir von unserem Beobachtungspunkt aus Lichtstrahlen
in die verschiedensten Richtungen laufen, so definieren
sie ein lokales Bündel von Raumzeitkurven. Gerade aber
mit den Sternen oder – allgemeiner – den kosmischen
Leuchtobjekten im All wird uns nun lokal ein solches
Bündel von Referenzlichtstrahlen oder Lichtgeodäten als
Referenznetz an die Hand geliefert. Dieses Netz bildet
sozusagen unser ausgezeichnetes lokales Koordinatensystem. Gegenüber solchen lokal definierten Lichtgeodäten mag dann aber sehr wohl eine Relativbewegung in
Form einer Winkeländerung unserer örtlichen Koordinatenachsen gegenüber ausgewählten Geodäten, nämlich
den Sternpositionen, feststellbar und quantifizierbar sein,
nicht aber gegenüber den weit entfernten Objekten
selbst.

Wenn wir demnach festzustellen glauben, daß wir uns
samt unserer Erde relativ zu den Fixsternen drehen, so
bedeutet das nichts anderes, als daß wir an uns selbst eine
zeitabhängige, also sich in der Zeit ändernde Orientierung gegenüber diesem lokalen Lichtgeodätensystem
wahrnehmen. Nur gegenüber letzterem drehen oder
bewegen wir uns somit eigentlich! Die entfernten Objekte determinieren zwar die Natur dieser Lichtgeodäten an
unserem Ort, jedoch die Masse und die Trägheit eines
jeden Körpers an unserem Ort wird selbst erst an der
Relativbewegung gegenüber diesen Geodäten erkennbar
und gerade daran auch bestimmbar!

Dies findet man eindrücklich bestätigt, wenn man anstelle der irdischen Massen, die eine Relativbewegung gegenüber den lokalen Lichtgeodäten durchführen und dabei an sich selbst das Phänomen der trägen Eigenmasse etablieren, lokale Lichtteilchen oder Photonen betrachtet. Diese bewegen sich, wo immer sie herkommen, auf einer der lokalen Lichtgeodäten. Im System dieser Teilchen gibt es demnach keine Relativbewegung gegenüber den Lichtgeodäten, denn sie verweilen fest auf einer von ihnen und können davon nicht abweichen! Ohne eine Relativbewegung der letzteren Art unterbleibt aber nach dem oben Gesagten dann auch das Phänomen der Masse. Solchen Teilchen vermag der Kosmos durch seine Interdependenzwirkung zwischen allen kosmischen Objekten folglich keine Ruhemasse zu „vermitteln". Sie verhalten sich wie ruhemasselose Objekte, einfach deswegen, weil sie nicht anders können, als sich auf kosmischen Lichtgeodäten zu bewegen!

In der Tat aber werden ja nun gerade die Photonen in der Physik als masselose Teilchen beschrieben, und mit dieser Beschreibung würde die Physik also für solche Teilchen automatisch das Machsche Prinzip miterfüllen! Masse wäre also demnach nichts anderes als das Phänomen der Relativbewegung gegenüber kosmischen Lichtgeodäten.

Wie verhält es sich nun aber mit Schein und Sein der Gravitationskräfte? Wir hatten zuvor angedeutet, daß man verführt sein könnte, den Gravitationskräften sowie den Zentrifugalkräften den Charakter von Scheinkräften in dem Sinne einzuräumen, daß man die Wirkung dieser Kräfte in geeigneten Bezugssystemen zum Verschwinden bringen kann. Das sind im Falle der Zentrifugalkräfte die sogenannten „korotierenden" Systeme, im Falle der Gravitationskräfte die sogenannten „freifallenden" Systeme, also Systeme, die der Wirkung der örtlichen Gravitation einfach nachgeben und ihr im freien Fall Folge leisten; damit aber heben sie die Wirkung dieser Kräfte auf. Die Innenwelt eines im Erdgravitationsfeld freifallenden Kastens sieht so aus, als gäbe es gar kein Gravitationsfeld, zumindest dann nicht, wenn der Kasten klein genug ist, so daß sich über den Dimensionen des Kastens nicht die räumlichen Unterschiede der Gravitationsanziehung durch die Erde auswirken. Wenn der Kasten jedoch zu groß in seinen Ausmaßen ist, so machen sich trotz des freien Falls, der ja strenggenommen nur für den Massenschwerpunkt des Kastens vorliegt, differentielle Gravitationskräfte innerhalb des Kastens bemerkbar. Sie würden zum Beispiel zwei reibungsfrei rollende Kugeln aus den Ecken des freifallenden Kastens sich aufeinander, beziehungsweise auf den Kastenschwerpunkt, zu bewegen lassen. Jeder antriebsfrei fliegende, ohne zwangskompensierte Kräfte sich bewegende Körper im nahen und fernen Weltall befindet sich in einem solchen freifallenden, gravitationsfreien Eigensystem. Das heißt aber eigentlich soviel wie die Ungeheuerlichkeit, daß sich alle Körper im Weltall, von sich aus beurteilt, in einem gravitationsfreien System befinden, sofern sie nicht von einem anderen System mechanisch oder desmodromisch geführt, getragen oder gestützt werden. Woher kommt dann aber die Gravitation überhaupt ins Weltall, wenn jeder der freien Körper dieses Weltalls frei (und damit gravitationsfrei) im Kosmos herumfällt? Etwas Ähnliches an Problematik birgt die Zentrifugalkraft in sich. Wenn wir zwei Körper im Weltall haben, die einander nach Maßgabe ihrer Massen in Newtonscher Art gravitativ anziehen und sich deswegen kreisend umeinander bewegen, so sagt man, die Körper bewegen sich immer gerade so, daß die jeweils wirkende Gravitationskraft durch eine entsprechend entgegengesetzt wirkende Zentrifugalkraft kompensiert wird. Letztere tritt jedoch in verschieden gewählten Koordinatensystemen mit unterschiedlicher Größe auf. Legen wir den Koordinatenanfangspunkt in die sich bewegende Masse selbst hinein, so verschwindet die Zentrifugalkraft in diesem System völlig. Allerdings gibt es in diesem System dann auch keine Gravitationskraft, weil es ja im obigen Sinne gerade ein freifallendes System wäre. Legen wir den Koordinatenanfangspunkt des Systems, in dem wir den Zweikörperbewegungsvorgang beschreiben wollen, in sehr große Ferne von den Zentren beider Körper, derart, daß deren Abstände R vom Koordinatenanfangspunkt sehr groß werden, so werden die in diesem System beurteilten Zentrifugalkräfte wegen $K \sim v^2/R$ verschwindend klein und müßten vernachlässigt werden können, während die Gravitationskräfte nach wie vor unverändert bleiben, da sie ja nur vom Relativabstand der beiden sich anziehenden Massen bestimmt werden. Wie soll man nun verstehen, daß in diesem System beurteilt die gleiche Bewegung wie vorher abläuft, obwohl jetzt offensichtlich keine Kompensation von Gravitations- und Zentrifugalkräften gegeben sein kann?

Man sieht daran, daß die Zentrifugalkraft eine sehr unangenehme Eigenschaft hat, sie ist nämlich systemabhängig! Weder ihre numerische Größe noch ihre Richtung haben einen absoluten Charakter. Dagegen hat die Gravitationskraft bei einer gegebenen Konstellation der beiden anziehenden Körper in jedem Koordinatensystem den gleichen numerischen Wert, vorausgesetzt, daß der relative Abstand der beiden Körper und die beiden Massen dieser Körper in jedem dieser Systeme gleich beurteilt werden ($r = r^*$, $M_1 = M_1{}^*$, $M_2 = M_2{}^*$), zumindest aber so beurteilt werden, daß $M_1M_2/r^2 = M_1{}^*M_2{}^*/r^{*2}$ gilt. Aus diesem Grunde, um diese beirrende Zentrifugalwillkür auszuschließen, sollte man eigentlich sinnvollerweise für eine physikalisch-pragmatische Beschreibung nur Koordinatensysteme zulassen, in denen gar keine Zentrifugalkräfte auftreten. Dies wären aber dann wiederum eigens bezüglich jeder einzelnen Masse zu wählende freifallende Bezugssysteme – für jede anders bewegte Masse ein anderes System! Was aber machen wir mit der rotierenden Erde und dem von der Kugelgestalt abweichenden Meerwasserspiegel?

Indem wir in ein korotierendes geozentrisches System gehen, können wir erreichen, daß alle irdischen Massen ruhen und demnach keine Zentrifugalkräfte auftreten dürfen. Dennoch befinden sich alle irdischen Massenpunkte, bis auf die im innersten Zentralbereich der Erde, nicht in einem freifallenden System. Auf der Tagseite der Erde werden Massen von der Sonne effektiv angezogen, auf der Nachtseite dagegen abgestoßen. Es müssen demnach differentielle Kräfte zwischen den einzelnen Wasserelementen der Ozeane wirken, die die Wasserspiegelverbeulung bedingen. Sie verschwinden offenbar nur, wenn das Materiesystem „Erde" gegenüber einer „himmlischen Referenz" ruhen würde, sich also gegenüber dem Fixsternfirmament nicht drehen würde. Das wirft noch einmal von einer anderen Seite die Frage auf, welche Referenz den absoluten Bewegungszustand eines Massensystems wohl bestimmen mag.

Hier ist es interessant, auf das Gedankenexperiment von Thirring zurückzukommen, das dieser in einer Ausgabe der „Physikalischen Zeitschrift" aus dem Jahre 1921 publizierte: Er stellte sich in der Mitte des Universums eine ruhende Kugel vor, die von den vielen weit entfernten Fixsternmassen des Kosmos umgeben ist. Um deren Gravitationswirkung auf die Kugel in der Mitte des Universums im Rahmen eines allgemein-relativistischen Kalküls besser numerisch erfassen zu können, dachte er sich all diese kosmischen Gravitationsfeldquellen bezüglich der zentralen Kugel in der Mitte durch eine entsprechende massereiche, also mit gravitierender Masse belegte Hohlkugelschale von geeignetem Radius R_u ersetzt. Diese Schale sollte also in bezug auf die zentrale Kugel durch ihren Radius R_u den Sternhimmel und durch ihre effektive Masse M_u dessen Gravitationswirkung angemessen repräsentieren. Innerhalb einer homogen mit Masse belegten, ruhenden Hohlkugelschale sollten sowohl nach Newton als auch nach Einstein überall ein konstantes Gravitationspotential und demnach verschwindende Gravitationskräfte herrschen. Das heißt also auch, daß sich die zentrale Kugel innerhalb der das Universum repräsentierenden Hohlkugelschale kraftfrei und damit dauerhaft dort lagern läßt. Wenn die Hohlkugelschale die Wirkung des gesamten massenerfüllten Universums richtig wiedergibt, sollte zumindest in einem statischen Universum jeder Punkt im Raum durch eine dort herrschende Kräftefreiheit ausgezeichnet sein.

Nun fragte Thirring sich, was eigentlich dann passieren sollte, wenn sich die innere kleine Zentralkugel gegenüber der äußeren riesigen Hohlkugelschale irgendwie drehen würde.

Zunächst sollte aus der Relativität der Bewegungen und der relativistisch geforderten Äquivalenz aller Bezugssysteme der Schluß zu ziehen sein, daß es für die Beschreibung der Physik des Gesamtweltalls, hier bestehend aus Zentralkugel und Hohlkugelschale, einerlei sein müsse, ob nun die innere sich gegenüber der äußeren oder eben die äußere sich gegenüber der inneren als drehend beschrieben wird. In einem Bezugssystem, in dem die Hohlkugelschale ruht, erschiene demnach die Zentralkugel als rotierend, und an ihrem Außenrand müßte also eine Zentrifugalkraft zur Wirkung kommen. Wenn die Kugel zum Beispiel aus flüssigem Quecksilber bestehen würde, deren Gestalt wesentlich durch die Adhäsionskräfte an ihre Oberfläche (Oberflächenspannung!) bestimmt wäre, so würde sich bei einer solchen Rotation eine Abplattung der Quecksilberkugel in Rotationsachsenrichtung ergeben müssen – analog zur Abplattung des irdischen Meerwasserspiegels an den Polen. Das erscheint jedem doch als ganz natürlich! Thirring fragte sich jedoch dann, wie die Physik wohl die Situation im äquivalenten Ruhesystem der Zentralkugel beschreiben würde.

In diesem System ruht die Zentralkugel, das heißt also, sie führt keine Bewegung und – was besonders wichtig ist – eben auch keine Rotation durch. In einer Kugel, die nicht rotiert, sollten aber auch keine Zentrifugalkräfte auftreten können, und demnach sollte diese Kugel, auch wenn sie aus Quecksilber besteht, eine makellose, durch die Oberflächenspannung bestimmte Kugelgestalt einnehmen, wenn in diesem System nicht neue, systemeigene Zusatzkräfte ins Spiel kommen. Um zu beantworten, ob solche Zusatzkräfte hier auftreten sollten, bemühte Thirring die Allgemeine Relativitätstheorie Einsteins und untersuchte mit ihrer Hilfe, wie sich eine massive Hohlkugelschale auf die Raumzeitmetrik in ihrem Inneren auswirken sollte, wenn sie sich, wie in dem jetzt gewählten System gegeben, dreht.

Wie er dabei zeigen konnte, ergibt sich für das Innere

einer rotierenden massiven Hohlkugelschale im Gegensatz zur ruhenden keine Kräftefreiheit mehr: Die Raumzeitmetrik ist hier jetzt verzerrt und nichteuklidisch. Das aber hat zur Folge, daß die einzelnen Punkte am Außenrand der Zentralkugel unterschiedlichen, nicht verschwindenden Kräften ausgesetzt sind, die nur noch an den Durchstoßpunkten der Drehachse exakt verschwinden, ansonsten aber in allen Punkten eine Kraft mit „zentrifugalem" Charakter darstellen. In der Tat also zeigt Thirring in seinen Rechnungen, daß auch in dem System, in dem das Zentralobjekt ruht, analoge Kräfte von „zentrifugaler Natur" auftreten, die wiederum unter Mitwirkung der Oberflächenspannung eine Abplattung einer Quecksilberkugel in der Mitte des Universums erwarten lassen können.

Das Aufregendste in Thirrings Rechnung besteht jedoch gerade nicht in dem Nachweis dieser Analogkraft, sondern vielmehr darin, daß durch sie zwar das Auftreten einer zur normalen Zentrifugalkraft analogen Kraft im System der ruhenden Zentralkugel nachgewiesen ist, daß gleichzeitig aber auch ein eklatanter Unterschied in der quantitativen Größe dieser analogen Kräfte aufscheint. Es ergibt sich nämlich, daß die im System der ruhenden Zentralkugel aufgrund der Raumzeitverzerrungen der außen rotierenden Hohlkugelschale auftretenden Kräfte um einen ganz bestimmten Faktor von denjenigen Zentrifugalkräften abweichen, die an der rotierenden Zentralkugel auftreten.

Dieser Faktor wiederum ergibt sich als Quotient aus dem Schwarzschildradius der massiven Hohlkugelschale R_{us} = $2GM_u/c^2$ und dem echten Radius R_u dieser Schale. Es läßt sich demnach **keine** Äquivalenz der Systeme nachweisen. Auch die strenge Gültigkeit der Relativität von

Rotationsbewegungen ist demnach aufgehoben!

Die vehemente Forderung des Äquivalenzprinzips, nämlich daß die Physik in beiden Bezugssystemen – ruhende Hohlkugelschale beziehungsweise ruhende Zentralkugel – die gleiche Beschreibung der Phänomene liefern sollte, kann demnach nur erfüllt werden, wenn zwischen Ersatzmasse des Universums M_u und Hohlkugelradius R_u ein ganz bestimmtes Verhältnis besteht: der kraftbestimmende Faktor muß gerade den Wert „1" annehmen, damit gilt $R_{us}/R_u = 2GM_u/c^2R_u = 1$!

Um der Gültigkeit des Äquivalenzprinzips willen sollte im Lichte der Thirringschen Rechnungen demnach also ein abgestimmtes Verhältnis zwischen Masse und Radius der Hohlkugelschale erfüllt sein. Dieses Verhältnis sollte sich in erster Linie gerade in der Form derjenigen Gleichungen niederschlagen, die das Gravitationsfeld beschreiben sollen, also etwa den Einsteinschen Feldgleichungen! Die Gesamtmasse und Gesamtgröße des Universums dürfen sicher im Rahmen einer vernünftigen Naturbeschreibung nicht a priori, etwa als Naturkonstante, vorgeschrieben sein. Es kann aber durch die richtigen und angemessenen Gesetze der Gravitation dafür gesorgt sein, daß die gravitative Wirkung der Gesamtmasse des Universums bezüglich eines ausgewählten Punktes im Universum nur gerade dann durch die Ersatzmasse M_u einer Hohlkugelschale mit dem Radius R_u zu repräsentieren ist, wenn beide in einem ganz bestimmten Verhältnis zueinander stehen, wenn nämlich $M_u/R_u = c^2/2G$ ist.

Wenn wir hier einmal davon ausgehen wollen, daß die Lichtgeschwindigkeit c und die Gravitationskonstante G als Naturkonstanten zu betrachten sind (wie ja auch Einstein selbst dies tut), so läßt sich klar feststellen, daß die Einsteinschen Feldgleichungen und die in ihnen enthaltenen Lösungen dieser oben geforderten Skalierungs-regel **nicht** genügen! Einem Äquivalenzprinzip zuliebe sind diese Feldgleichungen aufgestellt worden, doch gerade das Äquivalenzprinzip der Relativität der Bewegungen erfüllen sie dennoch nicht.

Der Mangel in der Allgemeinen Relativitätstheorie rührt wahrscheinlich noch von dem Umstand her, daß allen Massen der im Universum befindlichen Körper ein universell absoluter Rang zugesprochen wird. Die träge Masse eines Körpers ist eine absolut nur durch ihn selbst festgelegte, genuine Eigenschaft, sie ist in keiner Weise (so wie Ernst Mach das immer als denknotwendig angesehen hatte) in irgendeiner Form auf die Weltkonstellation aller anderen Körper im Universum relativiert. Nach dem allgemein-relativistischen Äquivalenzprinzip ist aber die träge Masse eines Körpers identisch mit seiner schweren Masse. Das hieße nicht nur, daß ein Körper aufgrund derselben Eigenschaft einerseits träge und andererseits Quelle eines Schwerefeldes ist, sondern daß beide von dieser gemeinsamen Eigenschaft ableitbaren Phänomene überhaupt nicht auf den restlichen Kosmos und seine Beschaffenheit relativiert sind. Hierin könnte womöglich der Mangel der Einsteinschen Feldgleichungen bestehen! Darin nämlich, daß die Massen im Universum, wenn sie als streng genuine Größen angesehen werden, nicht der oben hervorgehobenen Skalierungsforderung genügen. Bezüglich des Zentrifugalkraftparadoxons, das wir zuvor behandelt haben, läßt sich doch folgendermaßen argumentieren: Stellen wir uns eine ruhende kosmische Welt aus Fixsternen mit Massen M^* vor, gegenüber der wir uns mit unserem Bezugssystem „Erde" drehen. Dann sollte sich die Zentrifugalkraft in unserem irdischen System aus der entsprechend gegenläufigen Drehung einer zugeordneten Fixsternhohlkugelschale der effektiven Masse M_u mit dem Radius R_u errechnen lassen, wobei $M_u/R_u = c^2/2G$ sein sollte. Wenn wir nun das „unendliche Fixsternweltall" um einen bestimmten Faktor, etwa auf das Doppelte seines vorherigen Durchmessers S, aufblähen und gleichzeitig wollen, daß bei gleicher Drehgeschwindigkeit wie zuvor die Zentrifugalkraft an der Erde davon unbeeinträchtigt bleibt, so müssen wir fordern, daß die jetzt wirksame Masse M_u' der aufgeblähten Hohlkugelschale mit dem neuen Radius R_u' zusammenhängt wie $M_u'/R_u' = M_u/R_u$. Das heißt aber dann, daß mit einer Verdoppelung aller metrischen Abstände im Weltall auch eine Verdoppelung der effektiven Weltmasse einhergehen sollte! Wenn wir dagegen nur wollen, daß das Äquivalenzprinzip der Drehungen erfüllt wird – ganz gleich, ob A sich gegen B oder B sich gegen A dreht –, ohne die Forderung der strengen Gleichheit der Zentrifugalkräfte bei gleicher Drehgeschwindigkeit zu stellen, so müßten wir immerhin noch verlangen, daß die träge Masse an unserem Ort sich bei dieser Weltaufblähung genau mit dem Faktor M_u'/R_u' verändert.

In jedem Falle also würde ein Skalieren der Massen des Universums mit den Abständen im Universum zu fordern sein, welches der Allgemeinen Relativitätstheorie von ihrer Formulierung her nicht zugrunde gelegt ist. Es spricht also vieles dafür, daß dem Machschen Gedanken von der Interdependenz der trägen Massen im Universum viel Bedeutung zukommt, obwohl diesem Gedanken in noch keiner Theorie bisher angemessen entsprochen werden konnte. Das Problem der rotierenden Erde mit ihrem asphärischen Meerwasserspiegel ist gewiß sehr komplex und wird sicherlich keiner ganz offenhändigen

Lösung zuzuführen sein; es läßt sich aber noch um ein erhebliches Maß auf sein Wesentliches hin reduzieren und macht dadurch faßbarer, um welches Paradoxon der Allgemeinen Relativitätstheorie es dabei eigentlich geht. Nehmen wir deshalb statt der Erde einmal zwei absolut gleiche träge Massen, die durch einen Faden miteinander verbunden sind und sich in Rotation um ihren Massenschwerpunkt befinden. Jeder von uns wird unmittelbar ahnen, daß hier aufgrund der gegebenen Zentrifugalkräfte eine Zugkraft längs des stramm gezogenen Fadens zwischen den Massen aufkommt. Diese Zugkraft hat eine offensichtlich reale, vom Koordinatensystem unabhängige Existenz. Auch in einem Koordinatensystem, dessen eine kartesische Achse stets mit der Verbindungslinie zwischen den beiden einander umkreisenden Massen identisch bleibt – in dem beide Massen also ruhen würden –, würde diese Kraft präsent bleiben, was man unmittelbar zu sehen bekäme, wenn man den Faden zwischen den beiden Massen durchschneiden würde! Die beiden Massen würden alsdann beginnen, in der Richtung ihrer vorher bestehenden Verbindungslinie auseinanderzufliegen, so als würden abstoßende Kräfte sie dazu veranlassen. Welches ist aber die Natur dieser abstoßenden Kräfte? Woher kommen diese Kräfte, die in einem leeren, gravitationslosen Raum zwei „ruhende" Massen zwingen können voneinanderzuweichen? Offensichtlich gibt es für diese zwei Massen im Weltraum doch einen ausgezeichneten Zustand und ein zugehöriges, ein ausgezeichnetes Koordinatensystem, in dem ganz alleine diese Fliehkräfte verschwinden würden! Das wäre dann identisch mit dem Zustand und dem dazugehörigen System der absoluten, lokalen Ruhe beider Massen gegenüber einem lokalen Referenznullpunkt. Alle anderen

Zustände und Koordinatensysteme beschreiben Bewegungsformen zweier Massen gegenüber dieser absoluten, lokalen Ruhereferenz.

Was haben wir nun aber in der Allgemeinen Relativitätstheorie als absolute Raumzeitreferenz zur Verfügung? Ganz gleich, ob die lokale Raumzeit von nahen oder fernen Massen- und Energieträgern geprägt ist, in jedem Falle gibt es eine wohl definierte Art, wie sich ein Lichtstrahl von einem lokalen Referenzpunkt wegbewegt. Die Bewegung der beiden Testmassen an diesem Punkt, ob sie nun zusammengebunden sind oder nicht, mag dagegen jedoch im allgemeinen ganz anders verlaufen und ist dann mit dem Auftreten einer differentiellen Kraft längs ihrer Verbindungslinie gekoppelt. Nur wenn beide Massen im Vergleich zum Lichtstrahl am Ort eine ganz bestimmte Form der differentiellen lokalen Bewegung durchführen, ist das Zweimassensystem offensichtlich kraftfrei. Sie müßten sich nämlich auf Wegen so wie zwei Lichtteilchen, also Photonen, bewegen, brauchten dabei gar nicht einmal so schnell wie das Licht zu sein, aber ihr Raumzeitweg dürfte keinen Winkel gegenüber dem eines entsprechenden Lichtteilchens bilden! Erst dann würde so etwas wie die „Zentrifugalkraft" oder die differentielle „geodätische" Kraft verschwinden! Es taucht wieder die Frage auf, wie das „richtige" Gravitationsgesetz denn eigentlich beschaffen sein müßte. Aber immer noch davor steht die Frage, was Gravitation denn überhaupt ist. Im allgemeinen wird sie verstanden als eine Wirkung auf verschwindend kleine Testmassen bezüglich des Ortes einer die lokale Region beherrschenden Masse, von der das Gravitationsfeld dieser Region bestimmt ist. Im Falle der Bewegung eines künstlichen Erdsatelliten um die Erde, oder der Bewegung der Erde um die Sonne, ist leicht zu unterscheiden, welches als Testmasse und welches als Feldmasse im jeweiligen Fall gelten soll. Im sehr viel komplexeren und allgemeineren Fall der Bewegung irgendeines galaktischen Objektes durch die globale Massenverteilung im Universum ist eine solche Unterscheidung jedoch weit weniger trivial. Nach aller Meinung ist das Gravitationsgesetz eine Errungenschaft Isaac Newtons. Nur die neuzeitlichen Physiker meinen dagegen, daß Einstein in seiner Allgemeinen Relativitätstheorie die „bessere" Gravitation beschreibt. Aber stimmt denn das eigentlich, wenn wir doch im vorigen Abschnitt erkennen mußten, daß das von Einstein in seiner Theorie berücksichtigte Relativitätsprinzip im Machschen Sinne nicht umfassend genug ist? Es stellt zum Beispiel keine Äquivalenz zwischen zwei gegeneinander rotierenden Bezugssystemen her und relativiert die träge Masse der Objekte des Universums nicht auf ihre Konstelliertheit im Raum. Was also ist wahr bei Newton? Was ist wahr bei Einstein? Was stimmt bei beiden nicht?

Fallen im Schwerefeld ist eine beschleunigte Bewegung bezüglich der Feldmasse, die das Schwerefeld, wie man sagt, erzeugt. Es ist jedoch eine gleichförmige Bewegung im fallenden Bezugssystem selbst. Gibt es demnach vielleicht gar keinen echten Qualitätsunterschied zwischen beschleunigten und gleichförmigen Bewegungen? Bei beschleunigten Bewegungen werden massebehaftete Körper aus dem Zustand der Ruhe oder der gleichmäßigen Bewegung herausversetzt, weil eine Kraft auf sie einwirkt. Im Falle der Schwerkraft erweist sich diese Kraft als proportional zur Masse solcher Körper. Dabei wirkt sich eine Eigenschaft der beschleunigten Körper aus, die man Trägheit nennt und die wiederum ebenfalls mit der Masse der Körper direkt zusammenhängt. Wenn also alle Körper gleich schnell fallen, so müßte dies besagen, daß diese Körper gerade aufgrund derselben Eigenschaft schwer sind, aufgrund derer sie auch träge sind. Bei gleichen Anfangsbedingungen fliegen also alle Körper, wie sie auch immer materiell beschaffen sein mögen, in einem vorgegebenen Gravitationsfeld auf der gleichen Bahn. Statt der Erde könnten wir also ebenso gut eine Bleikugel oder einen Luftballon auf der gleichen Bahn um die Sonne umlaufen lassen, und beide würden dabei, gleich der Erde, ein Jahr für ihren Umlauf um die Sonne benötigen.

Dieser Umstand hat als ersten Albert Einstein auf die revolutionäre Idee gebracht, daß ein Gravitationsfeld für die Bewegung von Massen so etwas wie ein Schienensystem definiert und sie anhand dieser Schienen zwingt, sich nur längs derselben, wie von Zwangskräften geführt, zu bewegen. Dieses Schienensystem ist nach Einstein gegeben durch die krummlinige Raumzeitgeometrie, die durch die Feldgleichungen der Allgemeinen Relativitätstheorie festgelegt sind. In diesen Feldgleichungen benutzte Einstein das Prinzip der Äquivalenz von träger und schwerer Masse als ein Grundpostulat. Daraus folgt, daß jede Verletzung dieses Äquivalenzprinzips in Form der Tatsache, daß zwei Körper unterschiedlich fallen, auch Einsteins Allgemeine Relativitätstheorie zu Fall bringen wird.

Wegen der enormen Wichtigkeit dieser Äquivalenz wird derzeit bei der Europäischen Weltraumagentur ESA ein Satellit geplant, genannt STEP (Satellite Test of Equivalence Principle), mit dem dieses Prinzip auf Herz und Nieren geprüft werden soll. Newton hat unter Benutzung von Pendelversuchen die Äquivalenz von träger und schwerer Masse im Promillebereich nachweisen können. Eötvös konnte diese Grenze 1896 auf den Bereich von wenigen Zehnmillionstel herunterdrücken, mit STEP aber strebt man nun eine noch millionenfach bessere Genauigkeit an. Sie soll erreicht werden, indem man mit diesem Satelliten zwei sehr unterschiedliche Körper frei um die Erde kreisen läßt und dabei die Unterschiede in deren Bewegungen relativ zu einer durch den Satelliten gegebenen Referenz genau registriert. Man wiederholt damit mehr oder weniger den Galileischen Fallversuch, allerdings mit einem „Turm", der eine Analoghöhe von der Größenordnung des Erdumfanges, also $H = 2\pi R_E \approx$ 40 000 km, hat. STEP wird ein außerordentlich ruhiges und erschütterungsfreies Labor darstellen, mit dem man sich auch die Möglichkeit zur Bestimmung der Gravitationskonstanten mit einer bisher nie dagewesenen Genauigkeit eröffnen will. Letztere ist für den irdischen Bereich gegenwärtig nur im Bereich von Promille genau bekannt, was angesichts der Fundamentalität ihrer Bedeutung als völlig unzureichend bezeichnet werden muß. Vieles hängt mit der Untersuchung dieser oben genannten Größen zusammen. Was die von der Allgemeinen Relativitätstheorie unterstellte Gleichheit von schwerer und träger Masse anbelangt, so sollte letztere an der Ersetzbarkeit aller Körper im Weltall durch irgendwelche anderen Körper überprüfbar sein. Wenn nämlich die Erde durch jeden anderen Testkörper des Gravitationsfeldes ersetzt werden kann – bei Beibehalt des gleichen Bewegungsablaufes –, so kann man sich fragen, ob nicht auch die Sonne mit ihrer feldbestimmenden Masse durch irgendeinen anderen massehaften Körper ersetzt werden könnte, ohne daß sich in den kosmischen Bewegungen etwas ändern würde.

Hier sagt Einstein jedoch trotz des postulierten Äquivalenzprinzips: Nein! Der Ersatz der Sonne durch einen anderen Körper, zum Beispiel einen Luftballon, ändert das kosmische Schienensystem und damit also die Bewegung aller Testkörper, weil in Einsteins Theorie – zumindest in den Lösungen, die man daraus hervorgeholt hat – für die Definition dieses Schienenstranges der absolute und eben nicht der relative Wert der felderzeugenden Masse entscheidend ist. Woher aber diese Ungleichartigkeit in der Natur der Testmassen auf der einen und der Feldmassen auf der anderen Seite? Wenn ich nun zwar die Sonne im Zentrum des Systems beließe, aber statt der Erde eine zweite Sonne setzte: Von welcher der beiden Sonnen wäre denn dann wohl der kosmische Schienenstrang bestimmt? Was ist hier Testmasse, was Feldmasse? Würden nach wie vor die beiden Sonnen einander in einem Jahr umkreisen? Sollte man nicht aus logischen Gründen die volle Äquivalenz zwischen der Bewegung der Erde um die Sonne und der Bewegung der halb-so-schweren Erde um die halb-so-schwere Sonne fordern können? Das heißt aber, daß der Schienenstrang das Verhältnis von Testmasse und Feldmasse berücksichtigen müßte und daß demnach eben doch nicht alle Körper im Gravitationsfeld der Sonne gleich fallen könnten!

Wegen der logisch zu fordernden Ununterscheidbarkeit von zwei gleich schweren Sonnen hinsichtlich der Schwerefelderzeugung muß klar sein, daß beide Sonnen gemeinsam auf die Ausbildung des kosmischen Schienenstranges einwirken. Das muß jedoch auch klar aussagen können, daß diese Gemeinsamkeit in der Einwirkung nicht an den Umstand der exakten Gleichheit der wirkenden Massen gebunden sein kann, daß vielmehr in jedem Falle beide Körper anteilig den Schienenstrang nach Maßgabe der ihnen zugehörigen Massen mitprägen, und zwar nach Einstein in einer nicht linear zusammensetzbaren, also nicht einfach additiven Weise.

Dies bedingt zum Beispiel, daß die Bewegung einer Testmasse im Gravitationsfeld zweier Feldmassen nach Newton als eine Bewegung unter der Wirkung der Summe der Schwerkräfte der beiden Feldmassen ablaufend dargestellt werden kann. Das ist bei Einstein jedoch nicht mehr möglich. Als die Quellen der Einsteinschen Gravitation fungieren in einer allerdings sehr verzwickten Form die lokalen Energie- und Impulsdichten, indem diese die lokale Veränderung der Raumzeitmetrik über sogenannte „zweite" Ableitungen nach den Raumzeitkoordinaten festlegen. Die Erde bestimmt durch ihre Masse an ihrem Ort demnach nicht die Raumzeitmetrik selbst, sondern nur ihre lokale Veränderung mit. Die Entartung des normalen Zweikörperproblems, also etwa des Doppelsternproblems, zum Testkörperproblem, bei dem eine Testmasse sich im Feld der anderen Masse bewegt, ist in der Newtonschen Gravitation sehr einfach und problemlos durchführbar, in der Einsteinschen jedoch überhaupt nicht, weil diese Entartung nicht als ein kontinuierlicher Übergang vollziehbar ist, sondern weil letzterer mit einer grundsätzlichen und durchschlagenden Qualitätsänderung der Raumzeitmetrik verbunden ist!

Das läßt jedoch die überaus brennende Frage aufkommen, wie man denn angesichts solcher Widrigkeiten überhaupt mit Einsteins Gleichungen die Realität der Welt beschreiben können soll. Wie trifft man denn, anders gefragt, im Weltall unter den unzähligen massebehafteten Objekten, die sich dort alle unter gegenseitiger gravitativer Beeinflussung koordiniert umeinander bewegen, eine angemessene Auswahl zwischen denjenigen Objekten, die als Testkörper, und denen, die als Feldkörper anzusprechen sind?

Die Methode hierbei ist die folgende: Man stellt sich vor, man habe nur eine ansehnlich große Masse im Weltraum und die Raumzeitmetrik des Universums sei nur durch die Wirkung dieser einen Masse, lokalisiert an einer Stelle, bestimmt. Sehr weit weg von dieser lokalen Masse erwartet man dann keine Einwirkung auf die dortige Metrik mehr, entsprechend der Erfahrung – oder ist es nur eine Erwartung? –, daß dort kein auf die Masse bezogenes Gravitationsfeld mehr wirkt. Also nimmt man an, daß in großer Entfernung von einer Masse der Raum schließlich wieder euklidisch wird und von nichts mehr gekrümmt wird. Entsprechend strickt man sich dann eine Lösung der Einsteinschen Feldgleichungen, die asymptotisch genau diese unüberprüfbare Erwartung erfüllt, dabei nicht bedenkend, daß schon die Existenz einer von Null verschiedenen kosmologischen Konstante Λ die Gekrümmtheit der Raumzeit auch bei beliebig großen Entfernungen von jeder Masse zwangsläufig machen würde. Weiterhin muß man sich vergegenwärtigen, daß zudem auch die gemeinsame Einwirkung aller anderen Massen im Universum aus der weiten Nachbarschaft um die erstere, als willkürlich gewählte Aufpunktmasse die Euklidizität der Raumzeit in der Fernzone dieser Masse in Frage stellen muß. Wenn aber dies alles in Frage gestellt ist, so ergibt sich überhaupt keine Möglichkeit mehr, die Einsteinschen Lösungen an die bewährten Newtonschen Lösungen für die Bewegung planetarer Körper um die Sonne anzupassen. Ohne diese Anpassung jedoch sind die Einsteinschen Feldgleichungen tragisch unabgeschlossen und aussagelos, weil sie eine Kopplungskonstante zwischen dem Einstein-Ricci-Tensor, der das Raumzeitmetrikfeld beschreibt, und dem Energie-Impulstensor enthalten, die man ohne diese Anpassungsmöglichkeit überhaupt nicht festlegen könnte. Nur diese Anpassungsmöglichkeit an Newtonsche Verhältnisse nämlich erlaubt es, diese Kopplungskonstante auf den Wert $8\pi G/c^2$ festzulegen, wo G die Newtonsche Gravitationskonstante darstellt.

Durch die Additivität der Massenwirkung hinsichtlich der Schwerkraftentfaltung in der Newonschen Gravitationstheorie ergibt sich in der Newtonschen Theorie auch die Möglichkeit, ein Gitter von Punktmassen durch ein homogenes Massenfeld zu beschreiben, und umgekehrt. Einsteins Feldgleichungen dagegen erlauben jedoch bisher nur Lösungen für ein Massenfeld mit homogen ausgeschmierter Materiedichte oder, alternativ dazu, für einen absolut leeren Raum, der eine Punktmasse umgibt. Zwei oder mehrere Punktmassen können dagegen bislang durch keine Lösung der Feldgleichungen Einsteins beschrieben werden, weil die Relativiertheit der einen Masse durch die Anwesenheit einer anderen Masse in der Einsteinschen Theorie einfach nicht angemessen formuliert ist.

Dies bedingt schließlich auch, daß wir nicht zu einem bestimmten Zeitpunkt alle sich bewegenden Körper im Weltall durch andere Körper (etwa durch Styropor-Kugeln) ersetzen und dennoch hoffen könnten, daß diese als Ersatzkörper die früheren Bewegungen der Himmelskörper einfach ungeändert fortführen würden – mit der gleichen Entwicklung der Strukturen und den gleichen Bewegungen so, als habe sich nichts verändert. Der kosmische Schienenstrang unterscheidet demnach also doch zwischen der kosmisch realen Materieverteilung und dem äquivalenten Styroporuniversum! „Fallen" hier in einem solchen Universum denn vielleicht doch nicht alle Körper gleich? Zumindest muß wohl klar sein, daß in der Einsteinschen Formulierung alle Körper des Weltalls an der Gestaltung der Raumzeitgeometrie, also an der Ausbildung des universellen Schienenstranges im Weltall, mitwirken – eines Schienenstranges, auf dem sich Himmelskörper, wenn sie als Testmassen auftreten, unweigerlich zu bewegen haben, falls nicht die drei anderen Naturkräfte ein anderes Diktat vorgeben. Aber hier stehen wir dann wieder unweigerlich vor der Frage, wann ein Körper des Weltalls denn überhaupt als Testmasse im Einsteinschen Sinne betrachtet werden darf.

Logisch streng müßte man antworten: Immer dann, wenn er auf die Metrik der Raumzeit keine Wirkung ausübt! Das tut er aber nur dann nicht, wenn er keine Energie repräsentiert.

Damit ist die Erde also bei ihrer Bewegung im All nicht als eine Testmasse zu verstehen, denn sie repräsentiert ja schließlich eine gehörige Menge an Energie und bestimmt demnach selbst das Gravitationsfeld mit, in dem auch sie sich, nebst allen anderen Körpern des Universums, bewegt. Das ganze Weltall wirkt also strenggenommen in seiner jeweiligen steroidischen und dynamischen Konstellation auf die Bewegung jedes seiner Körper, und damit auf sich selbst zurück. Alles bestimmt als Einzelnes alles Andere zur Veränderung. Nichts bleibt ohne Auswirkung auf das Ganze, aber das Ganze, als Konstellation gedacht, bestimmt eben auch das dynamische Verhalten seiner Teile, durch das die Konstellation wiederum geändert wird.

Kapitel 7

Neue Gesetze braucht der Kosmos

Geringfügige Abweichungen von der Newtonschen Gravitation machen sich bereits in unserem Sonnensystem bemerkbar. Relativistische Effekte müssen berücksichtigt werden wie etwa die speziell-relativistische Massenzunahme der bewegten Körper und die allgemein-relativistische Massenabnahme bei wachsender Gravitationsbindung im Zweikörpersystem.

Wiewohl Einsteins Allgemeine Relativitätstheorie dies alles angemessen berücksichtigt, läßt sich dennoch aus ihr kein Verständnis für die beobachtete Superrotation der Galaxien und die virulente Dynamik in Galaxienhaufen ableiten. Es scheint, als wäre auf diesen Größenskalen noch einmal eine Gravitationstheorie neuer Qualität vonnöten. Dies manifestiert sich heute bei den Astronomen allenthalben in der Feststellung fehlender Massen und der Forderung nach dunkler Materie in allen Hierarchiestufen der kosmischen Materiestrukturen.
Interessanterweise wird der Bedarf an dunkler Materie zur Erklärung der Beobachtungen immer größer, zu je größeren Raumskalen im Kosmos man aufsteigt. Das scheint klar auszudrücken, daß unsere derzeitigen Gravitationstheorien um so unanwendbarer und falscher werden, auf je größerer Raumskala sie angewendet werden. Wir brauchen ein skalenabhängiges Gravitationsgesetz!

Die Auswirkungen der Gravitation sind überall dort im Kosmos zu beobachten, wo zwei oder mehr Objekte durch eben diese Gravitation zu gemeinsamen Bewegungsabläufen gezwungen werden. Entsprechend kann man solche Mehrkörper-Systeme auf den verschiedensten Hierarchiestufen als geradezu ideale Testlaboratorien für Gravitationstheorien bei unterschiedlichsten Entfernungsskalen ansehen und nutzen: Das Erde-Mond-System oder das Sonnensystem, die Kugelsternhaufen, das System unserer Galaxis oder auch gravitativ gebundene Haufen von Galaxien dienen so auf ganz unterschiedliche Weise als Herausforderung an die existierenden Gravitationstheorien.

In unserem Planetensystem, eingeschlossen alle darin auftretenden Mondsysteme wie das der Erde, des Mars oder des Jupiter, lassen sich mit den Newtonschen Gesetzen der Bewegung und der Gravitation fast alle auftretenden himmelsmechanischen Phänomene zuverlässig und genau beschreiben. Mit geradezu frappierender Exaktheit kann man Umlaufbahnen und Umlaufzeiten vorhersagen, so daß man fast zu dem Eindruck kommen möchte, in diesem Bereich der Natur herrschte eine fast „mathematisch" zu nennende Übereinstimmung mit unserem Verstand: Wir denken uns aus, wie die Planeten sich bewegen sollten – und also tun sie es auch! Ganz so stimmt das dann allerdings doch nicht, vor allem, wenn man beginnt, die Bewegungsabläufe der Planeten und Monde mit den Mitteln der sich ständig verbessernden Beobachtungstechniken genauer und immer genauer zu verfolgen. Da fällt dann zum Beispiel doch auf, daß der Erdmond nicht über Äonen hinweg die immer gleiche Bahn durchläuft, sondern daß er sich ganz allmählich weiter und weiter von der Erde fortbewegt, so daß gar zu fürchten steht, daß er uns Erdenbewohnern eines Tages verlorengehen wird. Da fällt ebenso auf, daß die Bahndrehimpulse der beiden Marsmonde, Phobos und Deimos, entgegen den einfachsten Newtonschen Gesetzen nicht konstant bleiben (als sogenannte Integralinvarianten der zirkumplanetaren Bewegung), sondern vielmehr einer säkularen, langperiodischen Veränderung unterworfen sind. Solche Phänomene lassen demnach an der Verstandesimmanenz des Sonnensystems Zweifel aufkommen: Sie lassen sich nicht mehr ohne weiteres als Bestandteile unseres denkenden Verstandes verstehen, sondern heben das Sonnensystem eher schon in einen eigenen Realitätsrang mit eigener Dignität. Sie bringen aber Newton und die Vorhersagefähigkeit seiner Gesetze damit durchaus nicht in größere Probleme. Man muß sich nur erst einmal klarmachen, daß das Erde-Mond-System nicht als ein einfaches Zweizentrenproblem behandelt werden darf, sondern daß bei ihm auch eine Gezeitenwechselwirkungskraft auftritt, die von einem dem Mond immer vorauseilenden Flutberg auf den irdischen Ozeanen stammt. Ebenso muß man sich klarmachen, daß das Mondsystem des Planeten Mars kein einfaches Zweikörperproblem, sondern wegen der Existenz zweier Monde eben ein weit komplexeres Dreikörperproblem darstellt, bei dem auch die Monde selbst gravitativ aufeinanderwirken. So gesehen bleiben dann alle diese Phänomene im Newtonschen Sinne vollkommen verständlich, wiewohl sie allerdings ihre Deutung erst im Rahmen komplexer gedachter Zusammenhänge finden.

Anders verhält es sich da schon mit dem Phänomen der sogenannten Periheldrehung des Planeten Merkur. Diese Periheldrehung ist mit dem Umstand verbunden, daß dieser sonnennächste Planet nicht auf einer exakten Kreisbahn, sondern auf einer elliptischen Bahn die Sonne umläuft und somit einmal pro Umlauf an einer bestimmten Stelle seiner Bahn der Sonne am nächsten kommt. Nach Newtons Gesetzen sollte nun dieser sonnennächste Punkt (das Perihel) der Merkurbahn im Raum eine stabile Lage einhalten, doch wissen die Astronomen seit langem, daß das Perihel der Merkurbahn selbst auf einem Kreis um die Sonne wandert, wenn freilich auch mit extrem geringer Geschwindigkeit; dabei verschiebt sich seine Position um 43 Bogensekunden im Jahrhundert. Dieses Phänomen hat eine andere Qualität als die vorgenannten, da es in diesem Falle nicht ausreicht, zu seiner Erklärung zusätzlich zur Newtonschen Wechselwirkung mit der Sonne auch noch die Einflüsse der anderen Planeten ins Kalkül einzubeziehen; sie liefern zwar ebenfalls einen Beitrag zur Wanderung (und zwar den größten Anteil des gemessenen Wertes), doch es verbleibt ein nicht vernachlässigbarer Resteffekt, den man mit den Newtonschen Gesetzen nicht verstehen kann. Nicht einmal die Berücksichtigung eines nicht radialsymmetrischen Gravitationsfeldes des rotierenden, aber ausgebeulten Sonnenballes (in Form von Multipolmomenten des solaren Gravitationsfeldes) kann eine angemessene Erklärung liefern. Hier hilft nur, etwas qualitativ völlig Neues in die Gesetze der Himmelsmechanik aufzunehmen, das in Newtons Gesetzen keine angemessene Berücksichtigung findet.

Dieses Neue ist zum einen in der Speziellen Relativitätstheorie und zum anderen, besser und umfassender noch, in der Allgemeinen Relativitätstheorie formuliert worden. Aus der Speziellen Relativitätstheorie kommt zunächst die Erkenntnis, daß jede Energie, auch die kinetische Energie eines Planeten, ihr Massenäquivalent zugesprochen bekommen muß. Wenn ein Planet, wie zum Beispiel der Merkur, sich auf einer elliptischen Bahn bewegt, so bewegt er sich im sonnennächsten Punkt im Vergleich zu allen anderen Bahnpunkten am schnellsten, und man muß ihm folglich hier, und natürlich überall sonst auch, wenn auch in geringerem Maße, eine relativistisch vergrößerte Masse zusprechen. Löst man dann aufs neue das Keplersche Problem der Merkurbewegung, jetzt jedoch mit einer Merkurmasse, die vom Sonnenabstand abhängig ist, so ergibt sich tatsächlich eine Periheldrehung des Planeten. Allerdings ist diese noch nicht von der tatsächlich beobachteten Größe, sondern nur etwa halb so groß.

Die richtige Größenordnung des Effektes erhält man erst, wenn man die Allgemeine Relativitätstheorie für die Erklärung dieses Bewegungsablaufes bemüht. In ihr wird zusätzlich berücksichtigt, daß mit dem Näherkommen eines Planeten an die Sonne die gravitative Bindungsenergie des Systems „Sonne-Planet" vergrößert wird. Dieses Phänomen, das in der Kernphysik als Massendefekt bei der nuklearen Kernbindung bekannt ist, führt auch hier aufgrund der in Sonnennähe erhöhten gravativen Bindungsenergie zu einem, wenngleich geringen, Massendefekt des Sonnensystems, der dem sonnennahen Planeten die zentrale Sonne geringfügig masseärmer erscheinen läßt. Das bedeutet aber, daß das Gravitationsfeld der Sonne in Sonnennähe in Wahrheit ein wenig schwächer ist, als es vom Newtonschen Gravitationsgesetz beschrieben wird. Die Beschreibung des Phänomens „Gravitation" hat gerade hiermit eine völlig neue Qualität angenommen.

Die nicht-newtonschen Effekte in unserem Sonnensystem sind zugegebenermaßen unscheinbar und würden im Rahmen der Naturabläufe, die es in diesem System mit den Mitteln der Physik zu beschreiben gilt, kaum zur Einführung einer nicht-newtonschen Gravitationstheorie zwingen. Wen würde es schon stören, wenn die ohnehin praktisch unmerkliche relativistische Perihelwanderung des Merkur bei Newton schlicht gleich „Null" gesetzt wird beziehungsweise nicht auftritt? Das macht die Newtonschen Gesetze doch praktisch um nichts weniger vorhersagefähig! Nun muß man sich aber aus Prinzip fragen, was wir wohl noch alles an den Gravitationsgesetzen zu ändern haben werden, wenn wir uns erst einmal Bewegungsabläufe weit außerhalb unseres Planetensystems aufs Korn nehmen. Vielleicht, so könnte sich ja herausstellen, benötigen wir für jede neue Raumdimension ein neues Gravitationsgesetz! Um diesem Verdacht nachzugehen, wollen wir hier zunächst einen Blick auf das Problem der sogenannten superrotierenden Scheibengalaxien werfen, die weder aus Newtons noch aus Einsteins Gravitationstheorie her zu begreifen sind. Seit geraumer Zeit ist bekannt, daß die Außenregionen von Scheibengalaxien dynamisch ein ungewöhnliches Verhalten zeigen, indem sie weit schneller um ihr galaktisches Zentrum herumlaufen, als es mit Newtonscher Gravitationswirkung der innenliegenden, sichtbaren Sternmassen stabilisiert werden könnte. Entsprechend sollten angesichts des hier wirksam scheinenden, nach innen gerichteten Gravitationsfeldes die überschüssigen, nach außen gerichteten Fliehkräfte die Materie der galaktischen Außenbereiche innerhalb von unvernünftig kurzen Zeiträumen von den galaktischen Innenbereichen wegfliegen lassen müssen. Diese Befunde haben sich in jüngster Zeit vor allem durch die Beobachtung der

Dynamik des interstellaren Gases der galaktischen Außenbereiche stark gehäuft (die in diesen Regionen vorherrschenden Sternpopulationen liefern nur noch ein
sehr fahles Leuchten). Bei den Beobachtungen dieses der
Dynamik der Gesamtgalaxie streng folgenden Gases
entnimmt man die Rotationsgeschwindigkeit nicht aus
den Dopplerverschiebungen in stellaren Spektren, sondern aus den Dopplerschen Frequenzverschiebungen der
typischen Emissionslinien der Atome, Moleküle und
Ionen dieses interstellaren Mediums, also zum Beispiel
den Linien des Wasserstoffs, Stickstoffs, Schwefels und
Kohlenstoffs.

Aus der genauen Betrachtung der bei verschiedenen
galaktischen Kernabständen auftretenden Rotationsgeschwindigkeiten wird sofort deutlich, wie sehr hier das
tatsächlich beobachtete vom erwarteten Verhalten ab-
weicht. Bei unserem Sonnensystem zum Beispiel, wo
immer die gleiche zentrale Masse auf die Bewegung der
einzelnen Planeten gravitativ einwirkt, ergibt sich nach
Newton deckungsgleich mit der Realität, daß die plane-
taren Rotationsgeschwindigkeiten nach außen hin umgekehrt proportional zur Wurzel aus dem Zentralabstand
abnehmen. Wenn man demnach die Außenbereiche einer
Galaxie als einen Schwarm von Myriaden von Sternen
beschreiben könnte, die sich alle im Gravitationsfeld der
gleichen galaktischen Zentralmasse bewegen, so sollten
nach Newton auch in diesem System die Rotationsgeschwindigkeiten mit dem Abstand abnehmen, was sie
aber in Wirklichkeit nicht tun: Im Gegenteil, sie nehmen
zunächst vom Zentrum her nach außen linear mit dem
Abstand zu und bleiben bei größeren Zentralabständen
dann konstant. Hier würde man vielleicht zunächst meinen, daß nicht die Außenbereiche, sondern vielmehr die

Innenbereiche am gravierendsten gegen die Newtonsche Erwartung verstoßen, indem sie sogar einen Anstieg der Rotationsgeschwindigkeiten mit dem Abstand aufweisen. Dem ist jedoch gerade nicht so, denn ein galaktisches Sternsystem hat keine klar ausgezeichnete Zentralmasse, so wie das Sonnensystem in Form der Sonnenmasse! In erster Näherung können die zentralen Bereiche der Galaxien als Bereiche angefüllt mit einer nahezu konstanten Sterndichte beschrieben werden. Wenn man die Sterne dort also angenähert wie in einem Kugelvolumen verteilt beschreibt, so wächst die aus allen Sternen aufsummierte galaktische Zentralmasse zunächst mit der dritten Potenz des Abstandes an und würde demnach ganz im Newtonschen Sinne erlauben, daß die Rotationsgeschwindigkeiten linear mit dem Abstand ansteigen, wie man es ja in der Tat zu sehen bekommt. Um jedoch bei größeren Abständen vom Zentrum konstante Rotationsgeschwindigkeiten im Newtonschen Sinne zu ermöglichen, müßte man bis in diese entfernten Bereiche hin eine Zunahme der integrierten Zentralmasse proportional zum Zentrumsabstand fordern. Das führt jedoch dann in jeder dieser Galaxien zu hypothetischen, galaktischen Gesamtmassen, die um Faktoren von 10 bis 100 über den tatsächlich optisch verifizierten Massen liegen.

Die optisch hellen, linsenförmigen Kernregionen der Galaxien verhalten sich demnach dynamisch „völlig normal", wie man mit Newton meinen würde. Rotationskurven, die für diese Bereiche aus der Newtonschen Gravitation der dort leuchtenden stellaren Materieverteilung hergeleitet wurden, decken sich vollkommen mit den Beobachtungen, die eine mit konstanter Winkelgeschwindigkeit korotierende Kernregion, verbunden mit einer nach außen kubisch mit dem Zentrumsabstand zunehmenden Gesamtmasse, aufzeigen. Das eklatante Phänomen der Superrotation wird dagegen erst in den Außenregionen an der Dynamik der dortigen Gase und Plasmen deutlich. Beurteilt mit den Newtonschen Gesetzen sollten diese Gase hier nur stabil rotieren können, wenn für sie die gravitative Wirkung „optisch verborgener" Massen, also der sogenannten dunklen Materie, ins Spiel gebracht wird. Dabei wird das in diesem Sinne erforderliche Verhältnis von wirksamer galaktischer Masse zu tatsächlicher galaktischer Leuchtkraft in diesen Regionen um Faktoren von 10 bis 100 größer als das für normale Regionen typische Masse-Leuchtkraft-Verhältnis, das bezeichnenderweise nahe bei demjenigen der Sonne ($M_\odot/L_\odot$) liegt.

Auch bei unserer eigenen Galaxie, der Milchstraße, verhält sich dies nicht anders. Da wir mit unserem Standort „Sonne" mitten in diesem System sitzen und der Gesamtdynamik angehören, ist es nicht ganz leicht, die genauen Rotationsgeschwindigkeiten der galaktischen Sterne in unserer Nachbarschaft in bezug auf das galaktische Zentrum zu ermitteln. Dennoch haben heutige Astronomen durch genaue Erfassung der Eigengeschwindigkeiten und der Entfernungen unserer Nachbarsterne das Kunststück fertiggebracht, die Rotationskurve unserer eigenen Galaxie zu bestimmen und damit festzustellen, mit welchen Umlaufgeschwindigkeiten sich Sterne der galaktischen Scheibe bei gegebenem Abstand vom Zentrum der Milchstraße bewegen. Dabei zeigt sich das übliche Bild: Zunächst steigen die Rotationsgeschwindigkeiten vom Zentrum nach außen hin an, erreichen dann bei einem Abstand von 3000 Lichtjahren ein Maximum, fallen danach zunächst wieder ab, um dann schließlich wieder leicht anzusteigen bis auf ein asymptotisches Geschwindigkeitsplateau von 230 km/s.

Man kann nun versuchen, diesen etwas absonderlichen Geschwindigkeitsverlauf durch Annahme einer entsprechend angepaßten, newtonisch gravitierenden Massenverteilung in der Galaxie zu erklären. Dann zeigt sich jedoch, daß man zu einer solchen Erklärung sowohl eine spezifisch angelegte zentrale Massenverteilung als auch zusätzlich eine ganz genau darauf abgestimmte zweite Massenverteilung benötigt, die einen das Zentrum wie eine massive Kugelschale umschließenden Halo beschreibt. Die Bochumer Astronomen C. Rohlfs und U. Kreitschmann haben nach einem solchen Modellansatz eine Massenverteilung für unsere Galaxie berechnet, welche den Rotationsgeschwindigkeiten der stellaren Scheibenpopulation auf konservativ-newtonsche Weise gerecht werden könnte. Dabei zeigt sich jedoch deutlich, daß man von der benötigten Halomasse um so weniger tatsächlich zu sehen bekommt, je weiter man nach außen zum Rand der Galaxis fortschreitet. Anders ausgedrückt: Das benötigte Masse-Leuchtkraft-Verhältnis wird immer größer. Je nachdem, ob man den Rand unserer Galaxis bei 100 000 oder 150 000 Lichtjahren erwartet, würden Masse-Leuchtkraft-Verhältnisse vom 50- bis 80fachen des solaren Wertes verlangt. Das hieße, über 90 Prozent der wirkenden Masse wären unsichtbar!

Dieser Umstand des in Scheibengalaxien im Sinne der Newtonschen Erwartungen nach außen hin immer stärker anwachsenden Masse-Leuchtkraft-Verhältnisses ist bisher zwar auf vielfältige, jedoch in keinem Fall befriedigende Weise gedeutet worden. Im Rahmen konservativer Gesetzmäßigkeiten sich bewegend muß man dann diese nichtleuchtende, aber gravitierende Materie, also die

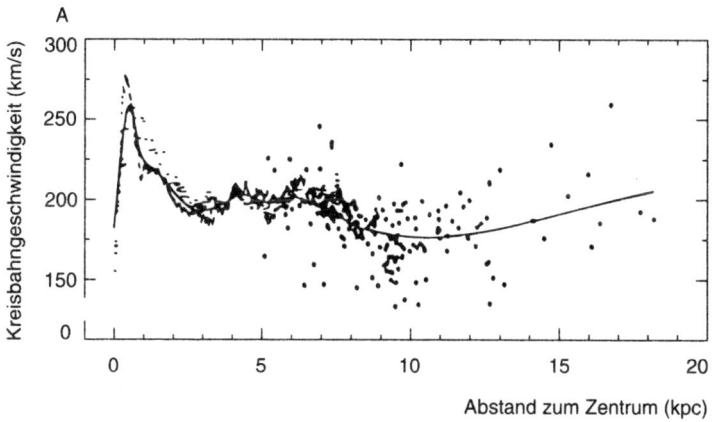

A

Eine mögliche Deutung zum Verständnis der beobachteten Rotationskurve unserer Milchstraße (oben) greift neben den Schwerkraft-Einflüssen von Kern und galaktischer Scheibe auch noch auf die Gravitation eines massereichen Halos zurück (unten).

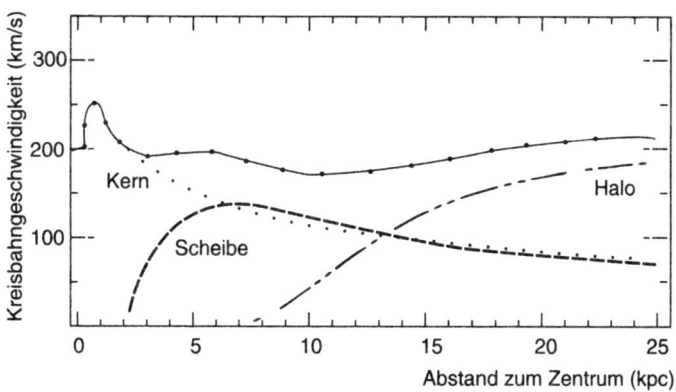

sogenannte „Dunkelmaterie", mit einem geeigneten Kandidaten aus dem physikalischen Realitätsbereich identifizieren. Hier denken einige Astronomen an die schon erwähnten massiven Neutrinos, die allerdings so „kalt" und so impulsarm sein müßten, daß sie trotz ihrer geringen Masse dem galaktischen Gravitationsfeld nicht entkommen können. Das ist eigentlich nur dann möglich, wenn diese Neutrinos selber das eigentliche Gravitationsfeld der jeweiligen Galaxien erzeugen, wenn galaktische Gravitationsfelder also von nichts anderem als von einem großräumig geklumpten Neutrinogas herrühren, in dem sich, wie versehentlich, auch ein paar leuchtend stellare Brocken aus Normalmaterie herumbewegen, die sozusagen nur als Sonden des galaktischen Gravitationsfeldes dienen!

Statt Neutrinos bringen andere Astronomen sogenannte „braune Zwerge" ins Spiel. Darunter verstehen sie gewisse Zwergsterne von der etwa zehnfachen Masse des Planeten Jupiter, wie sie im Zuge der normalen Sternentstehungsraten eventuell sogar sehr viel häufiger entstehen mögen als massereichere Sterne von einer Sonnenmasse oder gar einem Vielfachen der Sonnenmasse. Solche Sterne sind nicht zum Leuchten geboren und sind im Grunde nicht lebensfähige, kosmische Fehlgeburten, die eine nutzlose Verschwendung von kosmischer Masse repräsentieren! Sie können wegen zu geringen Binnendruckes und zu geringer Temperatur das nukleare Brennen in ihrem Inneren gerade nicht mehr in Gang bringen und sollten deshalb Objekte sein, die nur im Infraroten eine sehr schwache Leuchtkraft besitzen und damit der bisherigen Beobachtung weitestgehend entgangen sein könnten.
Erst in neuester Zeit melden sich einige beobachtende Astronomen zu Wort, die glauben, tatsächlich auf derartige Objekte gestoßen zu sein. Noch aber bleiben die Belege für die Existenz brauner Zwerge weitestgehend uneindeutig. So stießen William J. Forrest und seine Kol-

legen von der Universität Rochester auf einem 2,2 Mikron-Infrarot-Bild eines abbildenden Infrarotteleskops auf einen möglichen braunen Zwerg in der Umgebung des etwa 34 Lichtjahre entfernten M 2-Sternes Gliese 569.

Bei der gegebenen Leuchtschwäche und dem Spektraltyp dieses Objektes scheint ihnen zumindest der Verdacht auf einen braunen Zwerg begründet. Etwa neun ähnliche Objekte fanden diese Astronomen assoziiert zu TTauri-Sternen in der sternbildenden Tauruswolke. Aber die Anzeichen dafür, daß diese Objekte braune Zwerge sein könnten, werden vielerseits bezweifelt, weil im Spektrum dieser Objekte praktisch keine Absorptionslinien des Kohlenmonoxids, des Schwefeldioxids und des Wasserdampfes als die für solche kalte und dichte Materie steckbrieftypischen Charakteristika zu finden sind.

Das dürfte einen eigentlich zu der Frage führen, warum die Astronomen denn wohl so große Schwierigkeiten mit dem Nachweis der Existenz brauner Zwerge haben, wenn es von ihnen allein in unserer Galaxie soviel geben sollte, daß man mit ihnen die galaktische Masse verzehnfachen oder gar verhundertfachen kann. Auch andere Formen wie etwa nuklear ausgebrannte Materiereste, also Pulsare, Neutronensterne, erloschene Weiße Zwerge und Schwarze Löcher, erscheinen unter diesem Aspekt als Kandidaten für die fehlende Masse in den Galaxien ganz und gar nicht aussichtsreicher, denn: Was auch immer man sich als Kandidat für nichtleuchtende Materie zur Lösung des Problems der Galaxiendynamik einfallen läßt, es verlangt in jedem Falle nach einer fast mysteriösen Abgestimmtheit dieser dunklen auf die leuchtende Materie. In den Kernen der Galaxien benötigen wir ja offensichtlich gar keine nichtleuchtende Materie! Man sollte aber doch eigentlich auch hier so gut wie anderswo massive Neutrinos oder eben braune Zwerge finden, wenn sie schon an der Dunkelmaterie generell beteiligt sind. Dagegen ist das geforderte Verhältnis von dunkler zu leuchtender Materie sehr variabel mit dem Abstand vom Zentrum der Galaxie. In den Randbezirken braucht man viel, im Zentrum gar nichts davon! Warum sollte gerade hier aber die Dunkelmaterie zur Ansiedlung und damit zur Wirkung kommen? Noch mehr wundern sollte außerdem die Tatsache, daß gerade die Rotationsgeschwindigkeiten in den galaktischen Randbereichen mit der jeweiligen galaktischen Leuchtkraft durch die sogenannte Tully-Fisher-Relation verbunden sind, in der ziemlich klar und unmißverständlich angedeutet ist, daß diese Rotationsgeschwindigkeiten letztendlich eben doch von der leuchtenden und nicht von der dunklen Materie bestimmt werden. Diese nach den beiden amerikanischen Astronomen Tully und Fisher so benannte Beziehung besagt, daß die effektive, absolute Leuchtkraft von fernen galaktischen Sternsystemen in gesetzlich klar geregelter Weise mit der Rotationsgeschwindigkeit der Sterne im Außenbereich solcher Systeme anwächst.

Wenn diese Rotationsgeschwindigkeiten aber, wie nach dieser Relation zu schließen, von der tatsächlich vorhandenen, leuchtenden Materie bestimmt werden, dann wird damit überdeutlich, daß unsere konventionellen Gesetze über Gravitation oder über Dynamik, oder über beides, so nicht stimmen können! Hier scheint weder die Newtonsche noch die Einsteinsche Gravitationstheorie eine zureichende Erklärung anzubieten zu haben. Wieder befinden wir uns in einem kosmischen Laboratorium, in dem Prozesse ablaufen, die nach einer völlig neuen Gesetzesbasis zu verlangen scheinen.

Zwei Möglichkeiten bieten sich hier zunächst einmal vor allem anderen an; man kann erstens versuchen, an Newtons erstem, oder zweitens, alternativ oder zusätzlich, an Newtons zweitem Gesetz eine Revision anzubringen! Beides ist in der Tat so auch versucht worden. So hat der israelische Astrophysiker Milgrom eine Modifikation des Newtonschen Bewegungsgesetzes vorgeschlagen, die in der Tat eine willkommene Abhilfe bei dem Problem der superrotierenden galaktischen Peripherien schaffen würde. Milgrom nimmt in seinen Erklärungsversuchen einfach an, daß unterhalb eines kritischen Beschleunigungswertes a_0 die Kraft $\vec{K}$ nicht mehr proportional zur Beschleunigung $\vec{a}$ selbst, wie bei Newton angenommen, sondern proportional zum Quadrat der Beschleunigung wächst. Ein solches Verhalten läßt sich durch die folgende Gleichung beschreiben:

$$\vec{K} = m \cdot \vec{a} \; (a/a_0) \text{ bei } a \lesseqgtr a_0$$

Einige gravierende Umstände sprechen jedoch deutlich dagegen, daß dies die richtige Erklärung für die Superrotation ist. So sollte der Umschlag von Newtons auf Milgroms Bewegungsgesetz stets bei der gleichen Grenzbeschleunigung a_0 erfolgen und sollte natürlich auch überall sonst in der Physik bei marginalen Beschleunigungen, wie zum Beispiel auch im Mikrophysikalischen, greifen. Im mikrophysikalischen Bereich der Atome sind keine unmittelbaren Folgen abzusehen, weil solche marginalen Beschleunigungswerte zum Beispiel in der Atomhülle erst bei Kernabständen erreicht werden, bei denen sowieso keine stabil gebundenen Elektronen mehr anzutreffen sind. Im makrophysikalischen Bereich ist dies jedoch anders. Hier treten in den Randbereichen von

Planetensystemen oder Sternsystemen durchaus solch kritisch kleine Beschleunigungswerte auf. Das sollte sich dann zum Beispiel in der galaktischen Realität so widerspiegeln, daß der Übergang in den asymptotisch konstanten Ast der Rotationsgeschwindigkeitskurve (siehe Diagramm) bei allen Galaxien stets durch die dort jeweils realisierte Grenzbeschleunigung $a(r) = a_0$ bestimmt wird. Dies trifft jedoch überhaupt nicht zu; vielmehr variiert der Beschleunigungswert „a" am Ende des korotierenden Zentralbereiches durchaus beträchtlich, und zwar bei den bekannten Fällen im Bereich zwischen einem Zehntel und dem Zweifachen des kritischen Beschleunigungswertes! Außerdem kommt hinzu, daß das Milgromsche Bewegungsgesetz den Impulserhaltungssatz verletzen würde, womit sich als Physiker auch schlecht leben läßt. Aus diesen Gründen sinnt man seit längerem schon nach anderen Lösungswegen.

Nach allem anderen, schon Diskutierten kommt dann eigentlich nur eine Änderung an Newtons erstem Gesetz, dem Gravitationsgesetz, in Frage. Kurz: Man muß die Gravitation ändern, um mit der auf galaktischer Skala veränderten Naturrealität geistig einvernehmlich weiterleben zu können. Hier schlägt zunächst der holländische Astronom R. H. Sanders vom Kapteyn Institut der Universität Groningen vor, anstelle des Newtonschen Gravitationspotentials ein Yukawa-artiges Potential für eine Punktmasse M zu benutzen, wie es ähnlich auch im Bereich der Kernkräfte auftritt.

Durch geeignete Wahl der Konstanten ließe sich mit einem solchen Potential eine Situation beschreiben, bei der auf kurzen Distanzen über 90 Prozent der eigentlich langreichweitigen Gravitation von einer abstoßenden Kraft kompensiert würde. Auf kleinen Distanzen, also

232

zum Beispiel innerhalb unseres Sonnensystems, würden wir es danach mit einer stark reduzierten Gravitation entsprechend einer effektiven Gravitationskonstante von 0,08 G (!) zu tun haben. Statt der dunklen Masse, die auf großen Distanzen immer stärker zur Wirkung kommen soll, würde man hier also, alternativ sozusagen, eine mit dem Abstand wachsende Gravitationskonstante beziehungsweise eine Gravitationskraft einführen, die mit dem Abstand schwächer als im Newtonschen Fall abnimmt. Auf entsprechend großen Distanzen von der Größenordnung einiger tausend Lichtjahre wirkt dieselbe Menge Masse also effektiver als auf kürzeren Distanzen.

Auf einem noch ganz anderen Weg will der deutsche Physiker G. Löbert zu einer vom Ergebnis her mit Sanders verwandten Gravitationsbeschreibung kommen. Er möchte von einer Zustandsfunktion für den elektromagnetischen Wellenäther ausgehen, der in sich eine homologe, kosmologische Expansion so durchführt, daß die Abstandsskala zwischen zwei Referenzpunkten sich proportional zum Quadrat der Weltzeit vergrößert. Hier ist freilich keinerlei Grund angegeben, warum überhaupt eine Ätherexpansion stattfinden soll, geschweige denn ein Grund dafür, in welcher quantitativen Form diese erfolgen soll. Mit dem lokalen Wert dieser Zustandsfunktion, die durch die Anwesenheit von Massen mitgeprägt wird, soll nach Löbert dann unter anderem auch die Ausbreitungsgeschwindigkeit elektromagnetischer Wellen zusammenhängen, und zwar ist diese immer kleiner in der Nähe von Massen und größer weiter davon weg. Sie ist also nicht mehr konstant und gleich der Lichtgeschwindigkeit von 300 000 km/s! Das führt zur Krümmung von planaren elektromagnetischen Wellen in der Nähe von Massen, mit einer Wellenablenkung stets in Richtung auf die wirkenden Massen hin und scheint damit einen Ersatz für so etwas wie Gravitationskräfte durch variable Ätherzustände, zumindest hinsichtlich der Wirkung auf planare Wellen, anzubieten. Mit einigen zusätzlichen Willkürannahmen über das, was massetragende Teilchen denn wohl ureigentlich darstellen - nämlich solitär gebündelte, elektromagnetische Energie, also so etwas wie elektromagnetische Wellenpakete, die aufgrund ungenannter Umstände nicht zerlaufen, sondern stabil beieinander bleiben –, und einer Erhaltungsgleichung für die Zustandsgröße des Äthers leitet Löbert dann eine Massenwirkungsfunktion her, die einen schwächer als mit dem Quadrat des Abstandes von einer Zentralmasse abfallenden Masseneinfluß auf die Ätherumgebung wiedergibt.

In der Sprache der übrigen Gravitationstheoretiker ist dies gleichbedeutend damit, daß das Verhältnis der Löbertschen zur Newtonschen Gravitation mit dem Abstand ständig zunehmen sollte. Anders ausgedrückt hieße es auch, daß bei Richtigkeit der Löbertschen Gravitationsbeschreibung sofort verständlich werden könnte, warum im Weltall immer mehr angeblich dunkle Masse zur Wirkung kommt, zu je größeren Raumskalen man aufsteigt, ein Faktum, das ja tatsächlich weitgehend durch die Beobachtung gestützt werden kann, bis auf den einen, dabei verfehlten Umstand, daß in Wahrheit der im Kosmos bemerkte Massendefekt auch bei den größten Dimensionen nicht über Masse-Leuchtkraft-Werte von 500 hinauswächst. Abgesehen aber davon, daß die Löbertsche Theorie gegenüber dem berühmten Michelson-Morley-Experiment, aus dem immerhin die Nichtexistenz des Äthers geschlossen worden ist, in ärgste Bedrängnis kommt, und abgesehen davon, daß sie keine Erklärung für die angenommene Stabilität und Dynamik von Teilchen als gebündelte elektromagnetische Wellenpakete gibt, geht letzten Endes doch (wie auch bei R. H. Sanders) die hierzu erzielte, gegenüber Newton korrigierte Abstandsabhängigkeit der Gravitationswirkung von Massen an der Lösung des eigentlich gegebenen Problems der Galaxiendynamik vorbei.

Selbst diese Maßnahme an den Grundgesetzen der Gravitation scheint sich jedoch nicht als Allheilmittel der Probleme zu erweisen, wie von den Astronomen Dubai, Salucci und Persic vom Osservatorio Astronomico in Triest in einem Artikel in der Zeitschrift **Astronomy and Astrophysics** nachgewiesen wurde. Sie führen dort aus, daß man der Kinematik der Spiralgalaxien in den Außenbereichen offensichtlich mit keiner Maßnahme gerecht werden kann, die von einer abstandsabhängigen, für alle galaktischen Systeme gleichen Korrektur an der Newtonschen Gravitation ausgeht. Denn es zeigt sich wohl ganz eindeutig, daß der logarithmische Gradient der Rotationsgeschwindigkeit, also die typische relative Abnahme der Rotationsgeschwindigkeiten mit dem Zentrumsabstand, von der optischen Größe der jeweiligen Galaxie abhängt. Dieser augenscheinlich fundamentalen galaktischen Gegebenheit glaubt der Autor dieses Buches durch einen kürzlich ebenfalls in der Zeitschrift Astronomy and Astrophysics veröffentlichten Vorschlag für eine neue Form der gravitativen Wechselwirkung zwischen kosmischen Massen weit eher gerecht werden zu können. In diesem Vorschlag wird davon ausgegangen, daß jedes vektorielle Kraftfeld, also insbesondere auch das Gravitationsfeld, nicht nur von seinen Quellen, sondern auch von seinen Wirbeln her bestimmt sein sollte.

Das seltsame Zusammenwirken von Wirbeln und Quellen wird einem ja bereits an den ganz analogen hydrodynamischen Geschehnissen auf bestimmten Wasseroberflächen suggeriert. Wo immer unter einer Wasseroberfläche eine Quelle verborgen ist, dort entwickeln sich Strudel und Wirbel des Wasserstroms. Versetzt man andererseits das Wasser in einem Gefäß durch Drehung des Gefäßes in Rotation und beginnt damit einen Wirbel zu erzeugen, so drängt dieser das Wasser aus dem Zentrum des Gefäßes nach außen, so als entstünde das umgekehrte einer Quelle, nämlich eine Wassersenke in der Mitte. Dieselben Zusammenhänge findet man im Falle des elektromagnetischen Feldes ausgebildet. Hier sind, wie James C. Maxwell unmißverständlich formuliert hatte, die Wirbel des elektrischen Feldes eine Quelle für das magnetische Feld und andererseits die Wirbel des magnetischen Feldes eine Quelle des elektrischen Feldes. Ich meine nun, daß man beim Gravitationsfeld etwas ganz Ähnliches erfüllt finden sollte: Daß ein solches Gravitationsfeld nämlich sowohl durch seine Quellen, wie schon Newton wußte, als natürlicherweise aber auch durch seine Wirbel beschrieben werden sollte. Ich möchte also deshalb annehmen, daß nicht nur Quellen des Gravitationsfeldes in Form der örtlichen Ruhemassen, sondern auch Wirbel des Gravitationsfeldes in Form der zugehörigen Massenströme, die mit der Bewegung der Massen verbunden sind, schwerefeldbildend auftreten.

In einer solchen Theorie wirkt der zentrale, korotierende Kern einer Spiralgalaxie wie ein System aus kreisförmigen Massenströmen, die ein dipolartiges Gravitationsfeld bei größeren Zentrumsabständen zur Folge haben. In diesem Feld können die Außenbereiche der galaktischen Materie mit Geschwindigkeiten rotieren, die der galaktischen Wirklichkeit (siehe Abbildungen auf Seite 227) recht nahe kommen.

Es scheint also zumindest, daß man wohl doch ohne die dunkle Materie in den Spiralgalaxien auskommen kann, wenn es nur um die Erklärung der Rotationsgeschwindigkeiten der in einer Ebene kreisenden galaktischen Sterne geht. Die Geschwindigkeitskomponenten derjenigen Sterne, die sich oberhalb oder unterhalb unserer galaktischen Ebene befinden, senkrecht zu dieser Ebene verhalten sich interessanterweise ohnehin ganz normal in dem Sinne, daß für sie offensichtlich nur die tatsächlich sichtbaren Sternmassen in der Scheibe eine Rolle spielen. Sticht man eine Säule von 10 Quadratlichtjahren in der Gegend unserer Sonne aus der Milchstraßenebene heraus, so enthält sie etwa 35 Sonnenmassen in Form von normalen Sternen und zusätzlich etwa 13 Sonnenmassen in Form von interstellarem Gas und Staub. Beobachtet man andererseits die Bewegung von lokalen Sternen

236

senkrecht zur Milchstraßenebene und beurteilt sie als gravitationsbedingt durch die in der Ebene angesiedelten Massen, so leitet man etwa 46 Sonnenmassen pro 10 Quadratlichtjahre an gravitierender Materie dafür ab. Das heißt aber, daß im Falle der Senkrechtbewegung der Sterne tatsächlich nur die wirklich leuchtende Materie die maßgebende Schwereanziehung zur Ebene hin erzeugt. Hier zeigt sich also kein Bedarf an dunkler Materie! Bei dieser Bewegung senkrecht zur Scheibe würden sich ja auch die Sterne gerade parallel zu den oben erwähnten gravo-magnetischen Feldlinien bewegen und die zusätzlichen Gravo-Lorentzkräfte würden in diesem Falle natürlicherweise verschwinden. – Wie aber löst man das Problem der Dynamik in elliptischen Galaxien? Oder: Wie sieht das Problem der dunklen Materie außerhalb galaktischer Maßstäbe aus?

In elliptischen Galaxien bildet die Gesamtheit der Sterne eines solchen Systems eine ellipsoidische Gestalt aus. Hier bewegen sich alle Sterne im gemeinsamen Gravitationsfeld aller anderen Sterne, und die Gesamtdynamik des Systems ist wegen vielfach sich durchkreuzender Bahnen sehr komplex und überhaupt nicht geschlossen im Rahmen einer Theorie darstellbar. Dennoch kann man aus der mittleren Eigenbewegung der Sterne eines solchen Systems leicht ermitteln, daß auch hier offensichtlich wieder mehr Masse gravitieren muß, als sichtbar in Erscheinung tritt, weil ansonsten ein großer Bruchteil der Sterne binnen kurzer Zeit von diesem System in den ferneren Weltraum „abdampfen" müßte. Mag sein, daß man im Falle elliptischer Galaxien nicht das ganze Leuchten dieser Systeme von außen zu sehen bekommt, weil im inneren Bereich ein Stern den anderen abdeckt und so im Grunde nur die Oberfläche des Ellipsoids Strahlung abgibt. Trotzdem sähe man sich wohl außerstande, die geforderten ungewöhnlich großen Masse-Leuchtkraft-Verhältnisse auf konservative Weise zu erklären. Ein Erklärungsdefizit stellt sich also auch hier ein!

Steigt man von den Galaxien um eine kosmische Hierarchie höher auf, zu den **Systemen** von Galaxien, und betrachtet hier zum Beispiel unsere Lokale Gruppe, also das Galaxiensystem mit etwa dreißig Mitgliedern in unserer unmittelbaren Nachbarschaft, zu dem auch die Milchstraße selbst gehört, so scheint sich auch hier ein Defizit von leuchtender Materie insbesondere dann klar herauszustellen, wenn man solche Systeme als in sich gravitativ gebunden verstehen will. Die beiden sternreichsten Galaxien dieses Systems sind unsere Milchstraße und die Andromeda-Galaxie Messier 31. Diese beiden Galaxien bewegen sich mit einer Geschwindigkeit von 120 Kilometern pro Sekunde aufeinander zu, was sich in einer Blauverschiebung des Spektrums ausdrückt – im Gegensatz zur sonst erwarteten Hubbleschen Rotverschiebung. Solche Blauverschiebungen werden als zufällige Geschwindigkeitsüberlagerungen der ansonsten vorherrschenden und rot-verschiebenden kosmologischen Expansionsbewegung des Kosmos und seiner Leuchtmarkierungen verstanden, die auf Eigenbewegungen der Galaxien zurückzuführen sind. Nimmt man jedoch an, daß die Eigenbewegung von Messier 31 gegenüber der Milchstraße auf die Wirkung eines zur Lokalen Gruppe gehörigen Gravitationsfeldes beim Durchtauchen des „lokalen" Potentialminimums zurückzuführen ist, so ergibt sich zwangsläufig eine Gesamtmasse der lokalen Gruppe von einigen 5 Billionen Sonnenmassen, während man nur etwa einige 100 Milliarden Sonnenmassen in dieser Ansammlung leuchten sieht. Hier scheint also in dieser Hierarchiestufe ein Masse-Leuchtkraft-Verhältnis vom beinahe Hundertfachen dessen, was für die Sonne typisch ist, angedeutet zu sein.

Diese Tendenz eines wachsenden Fehlbestandes an leuchtender Materie setzt sich zu größeren Raumskalen im Kosmos ziemlich systematisch fort. So ist unsere lokale Galaxiengruppe eigentlich nur ein kleiner Seitenfinger eines sehr viel größer angelegten Galaxiengebildes, eines Haufens von Galaxienhaufen, in dessen Zentrum der Galaxienhaufen im Sternbild der „Jungfrau", unter den Astronomen als Virgo-Haufen bekannt, steht. Während kleinere Galaxienhaufen und Galaxiengruppen Masse-Leuchtkraft-Verhältnisse von ungefähr 200 aufzeigen, scheint ein solches Mammutgebilde wie der Virgo-Superhaufen auf Masse-Leuchtkraft-Verhältnisse von über 300 hinzuweisen. Gegenüber diesem Wert ist zwar vielleicht eine gewisse Skepsis angebracht, weil zu seiner Ermittlung angenommen werden mußte, daß der zentrale Galaxienhaufen des Virgo-Superclusters sich selbst nicht noch mit einer Orbitalgeschwindigkeit innerhalb dieser Massenkonfigurationen bewegt. Dennoch kann man wohl auch auf dieser Hierarchiestufe das Phänomen eines Defizites an leuchtender Materie als klar etabliert annehmen.

Sieht man nun noch auf den Kosmos insgesamt, so taucht auch hier eklatant das Phänomen der fehlenden Masse wieder auf: Für den expandierenden Kosmos läßt sich eine sogenannte kritische Dichte berechnen, die ihn angesichts seiner derzeit gegebenen Expansionsrate gerade als gravitativ gebundenes System erscheinen lassen würde mit der Folge einer schließlichen Abbremsung der Expansionsrate auf einen verschwindenden Wert. Bei einem Friedman-Universum mit verschwindender kosmologischer Konstante Λ und einer Hubble-Konstanten von 75 km/s/Mpc ergibt sich dann für unseren jetzigen Kosmos eine kritische Materiedichte von 10^{-29} g/cm^3.

Nur wenn die tatsächliche Dichte im Kosmos genau diesen Wert hat, könnten wir uns in einem flachen, ungekrümmten, euklidischen Universum befinden. Bei kleinerer Materiedichte wäre das Weltall negativ gekrümmt, bei größerer positiv. Da nun astronomische Beobachtungen – zum Beispiel in Form einer Abhängigkeit von Galaxienwinkeldurchmessern als Funktion des Abstandes – zeigen können, daß zumindest über Distanzen von vielen hundert Millionen Lichtjahren keine Anzeichen für einen gekrümmten Raum vorliegen, so muß man (bei $\Lambda = 0$! – d. h. bei verschwindender kosmologischer Konstanten!) schließen, daß die im Kosmos gravitierende Masse tatsächlich das kritische Maß besitzt. Schaut man nun aber auf die im Kosmos leuchtende Materiemenge, so ergibt sich wiederum ein eklatantes Massendefizit. Die großskalig gemittelte Leuchtkraftdichte im derzeitigen Kosmos beläuft sich danach auf etwa vier Millionen Sonnenleuchtkräfte beziehungsweise Sonnenmassen pro Kubikmegalichtjahr. Damit wird man dann bei einem „kritischen Kosmos" auf ein kosmisches Masse-Leuchtkraft-Verhältnis von 1200 geführt – wohl der größte Wert dieser Art, der im Kosmos, bezeichnenderweise auf der größten Längenskala, angetroffen wird! Nun haben wir im Vorangegangenen eine ganze Weile lang über das Problem geredet, wie man wohl von der Gesetzesseite in der Physik auf das Phänomen der „fehlenden Massen" reagieren sollte. Alles lief immer wieder auf die Frage hinaus, ob man nicht eine angemessene Form der Gravitationstheorie schaffen müsse, die diese Unverständlichkeit der verborgenen Massen beseitigen könnte. Nun stellt sich aber unangenehmerweise heraus, daß man mit einer neuen Gravitationstheorie nicht nur das Problem der fehlenden Massen zu lösen haben würde, sondern – freilich an einer anderen Stelle des astrophysikalischen Phänomenfeldes – auch das gerade umgekehrte Problem der „überschüssigen" Massen. Dies klingt nun paradox, aber es ist auch leider nicht eben anders.

Und zwar ergibt sich das Problem des „Zuviels" an Masse in der Gravitationstheorie auf die folgende Weise: Sehen wir uns einmal mit der Newtonschen Gravitationstheorie die Schwerefeldverhältnisse in einem homogenen Massenfeld an, dargestellt durch eine überall gleiche Massendichte. Definieren wir in diesem Massenfeld einen willkürlichen Punkt, so finden wir in einer Kugel mit wachsendem Radialabstand von diesem Punkt immer mehr und mehr Masse repräsentiert. Die auf einen Beobachter am Kugelaußenrand gravitativ zum Zentrum hinwirkende Gesamtmasse sollte demnach kubisch mit dem Abstand anwachsen und damit auch eine ständig anwachsende Schwereanziehung zum Zentrum der Kugel hin folgen lassen. Nun ist aber der Kugelmittelpunkt ja bei unserem Gedankenspiel völlig willkürlich gewählt worden, und es ist beim besten Willen nicht einzusehen, warum zu einem solchen willkürlichen Punkt hin eine Kraft entstehen sollte. Offensichtlich müssen wir also die Wirkung der außenliegenden Massen dringend mitbedenken, wenn wir nicht schon wieder in ein eklatantes Paradoxon hineinirren wollen.

Hier sagt uns aber die Newtonsche Theorie, daß wir von Massen, die uns in Form von homogen massebeschichteten Kugelschalen umgeben, keine Wirkung zu erwarten haben, ähnlich wie ja auch im Falle elektrisch geladener

Kugelschalen, in deren Innenraum kein elektrisches Feld herrscht. Wenn also alle uns umgebenden Kugelschalen wirklich komplett wären, also mit einer homogenen kosmischen Massendichte ausgelegt wären, so dürfte dann eigentlich vom Außenraum des Universums keine Schwerkraftwirkung auf uns zukommen. Wir verblieben also mit dem unausstehlichen Kontingenzphänomen, daß im homogenen Universum nur auf uns allein eine Schwerkraft auf ein willkürlich gewähltes Zentrum hin einwirkt. Wie sollen wir diese Willkür in den Naturgesetzen denn wieder loswerden?

Mit ihr nämlich läßt sich als Physiker ja nun wahrlich nicht leben, und also sagen wir uns dann, wie zum Trost, daß ja die Realität des Kosmos in der Tat auch ganz anders aussieht. Der Kosmos ist ja doch ein hochstrukturiertes Materiegebilde. Da kann man eben beim besten Willen doch nicht von einem Materiephänomen mit homogener Massendichte reden, denn wir haben ja gesehen, daß alles im Universum bis hin zum Größten strukturiert ist und daß nirgendwo die Materie wie ein konturloses Stratum vorliegt, sondern immer nur in Form von Galaxien, Sternen, Planeten oder Kometen konkret geklumpt auftritt.

Die Einsteinsche Gravitationstheorie kann sich einer solchen Situation zwar im Prinzip, aber leider nicht de facto annehmen. Das soll heißen, daß im Rahmen der von Einstein gegebenen Gleichungen des Gravitationsfeldes zwar Welten aus inhomogen verteilter Materie vom Verfahren her erfaßt werden könnten, daß jedoch für ein System von Einsteinschen Gleichungen für derartige Strukturwelten keine Lösungen für das Gravitationsfeld angegeben werden können. Die Einsteinsche Theorie kann bisher jedenfalls – und vielleicht könnte sich dies auch als ein Faktum von grundsätzlicher Natur der Gleichungen erweisen – nur Lösungen für Welten anbieten, die auf einer streng homogenen Beschaffenheit der Welt aufbauen. Eine besorgte Frage, die sich daraufhin dann stellt, lautet: Gibt es überhaupt eine Gravitationstheorie, die uns in die Lage versetzt, den inhomogenen und strukturierten Kosmos angemessen zu beschreiben? Wie kann zum Beispiel die Newtonsche Theorie mit der unbequemen Realität der materiell strukturierten Welt fertigwerden? Oder kann auch sie es nicht?

Man kann sich versuchsweise, sozusagen stellvertretend für die wahre Welt, die kosmische Materieverteilung wie durch ein dreidimensionales unendliches kubisches Gitter aufgebaut denken, in dessen Gittereckpunkten jeweils punktförmig die kosmischen Massen von je gleicher Größe plaziert sind. Nur wenn dieses Gitter makellos aufgebaut, unendlich ausgedehnt und mit überall exakt gleichem Gitterabstand angelegt ist, kann jeweils ein einzelner kosmischer Massenpunkt dieses Gitters an seinem Gitterplatz im Kraftgleichgewicht sein, weil sich dann die Newtonschen Gravitationskraftkomponenten gerade in allen kartesischen Achsen streng aufheben. Rückten wir aber nun einen dieser Massenpunkte aus seinem angestammten Gleichgewichtsplatz auch nur ein wenig heraus – und etwas Derartiges kommt im wahren Kosmos ja allenthalben angesichts der ablaufenden Bewegungen vor –, so kommen sogleich enorme, sich akkumulierende Gravitationskräfte der umliegenden Massenpunkte ins Spiel. Eine solche gitterartige Anordnung der Massen im Universum würde sich also sofort als völlig instabil erweisen, indem eine nur geringfügig aus ihrem Stammplatz verrückte oder entfernte Masse sofort aufgrund der aufkommenden, weil nun nicht mehr kompensierten Gravitationswirkungen der um sie her verteilten kosmischen Massen sich noch weiter von ihrem Ursprungsort fortbewegen müßte. Ein solcher Gitterkosmos erweist sich also als völlig instabil und katastrophengefährdet. Dies kann nur heißen, daß entweder der Kosmos weit davon entfernt ist, auch nur näherungsweise eine solche gitterartige Massenrepräsentation darzustellen, oder daß die Newtonsche Beschreibung des zu einem solchen Gitter gehörigen Schwerefeldes völlig verfehlt ist. Und zwar deswegen verfehlt ist, weil ein bestimmter Umstand in dieser Beschreibung unberücksichtigt bleibt, der für den Materieaufbau im Kosmos von entscheidender Bedeutung ist.

Ein interessanter Umstand könnte hier vielleicht hilfreich und wegweisend sein: Das bekannte Newtonsche Gravitationsgesetz für eine auf ein kleines, räumlich begrenztes Volumen konzentrierte Massenansammlung M ist nämlich gegeben durch

$$K(r) = | - \text{grad } \Phi(r)| = -GM/r^2$$

wobei $K(r)$ und $\Phi(r)$ die Gravitationskraft beziehungsweise das Gravitationspotential darstellen und G die Gravitationskonstante bezeichnet. Dieses Gesetz weist die ja allenthalben bekannte Abnahme der Stärke des Gravitationsfeldes vom Zentrum der Massenverteilung mit dem Kehrwert des Quadrates des Zentrumsabstandes r aus. Diese Gleichung des Gravitationsfeldes einer punkthaft konzentrierten Masse läßt sich, was jedoch allgemein weniger bekannt ist, aus einer noch fundamentaleren Gleichung herleiten, die den allgemeinsten Zusammenhang zwischen dem Gravitationsfeld und seinen Quellen, den Massen, in Newtonscher Art formuliert. Diese Glei-

244

chung nennt sich die „Poissonsche Differentialgleichung", und in ihr wird beschrieben, wie die lokale Gravitationsfeldveränderung aufgrund der Präsenz lokaler Massen aussieht. Aus dieser Gleichung läßt sich das jeweils gesuchte Gravitationspotential $\Phi(r)$ durch Integration über die Radialentfernungskoordinate r bei Kenntnis der Massenverteilung herleiten. In dieser Gleichung steht, wie gesagt, einfach und unzweideutig formuliert, wie das Gravitationsfeld aus seinen Feldquellen, nämlich den im Volumen verteilten Massen, hervorgeht. Man könnte auch sagen, in ihr wird auf mathematisch prägnante Weise eine Art Sinnidentität zwischen Massen und Schwerefeldern formuliert.

Die mathematische Operation „grad" in der oberen Gleichung bedeutet eine Ableitung der nachfolgenden Funktion nach den Ortskoordinaten. Sie drückt also die örtliche Änderung einer betreffenden Größe aus und gibt dabei gleichzeitig die Richtung an, in der diese Größenveränderung maximal wird. Für den mathematisch Vorgebildeten sei gesagt, daß diese Poissonsche Gleichung für die Quellen des Gravitationsfeldes, die überall in der Astronomie der Kugelsternhaufen, der Galaxien und galaktischen Zentren Verwendung findet, folgende Form besitzt:

$$- \operatorname{div} \vec{K}(r) = \operatorname{div} \operatorname{grad} \Phi(r) = 4\pi G \rho_0 = G \cdot \frac{3M}{R_0^{3}}$$

Die Masse M wird hier als durch eine Kugel mit dem Radius R_0 und einer inneren homogenen Massendichte ρ_0 repräsentiert angesehen (durch die mathematische Operation „div" wird die Quellstärke des nachfolgend bezeichneten Feldes ermittelt).

Diese Gleichung besagt, nun auch für die mathematisch

weniger Vorgebildeten interpretiert, daß, um auf die Newtonsche Gravitationsbeschreibung zu kommen, die Massedichte ρ_0 innerhalb der Kugel als lokale Quelle des Gravitationsfeldes angesprochen werden muß. Wenn dem aber generell so sein soll, so kann man sinnvollerweise mit der Gültigkeit der Poissonschen Gleichung auch nicht vor einem homogen oder inhomogen mit Materie erfüllten Weltraum haltmachen. Wenn hierin etwa eine Materiedichte ρ vorherrschend ist, so zeigt sich aber sogleich, daß die Poissonsche Gleichung trotz eines homogenen Materieuniversums keine Lösung mit konstantem, also homogenem Gravitationspotential zuläßt. Es müßte also folglich in einem solchen Universum (wegen grad $\Phi = 0$!) überall ein nichtverschwindendes örtliches Gravitationsfeld geben, welches dann natürlich auch noch unschönerweise einen Punkt, nämlich den frei gewählten Koordinatenursprungspunkt, vor allen anderen auszeichnet, obwohl doch ansonsten nach rein intellektuell-logischer Forderung in einem solchen Universum jeder Punkt jedem anderen gleich sein sollte.

Nun hat sich schon Ende des letzten Jahrhunderts (1896) der deutsche Physiker und Mathematiker Neumann überlegt, daß man aus vielerlei Problemen, in die die Newtonsche Theorie hineinführt und die wir zum Teil weiter oben erwähnt haben, wieder herauskommen könnte, wenn man die Schwerkraftwirkung von Massen jeweils auf einen bestimmten, zu ihnen gehörigen Wirkungsbereich beschränken würde. Wenn man also einmal davon ausginge, daß das Schwerkraftfeld einer Punktmasse nicht wie bei Newton umgekehrt proportional zum Quadrat des Abstandes r abnimmt und damit faktisch bis in beliebig große Entfernungen wirkt, sondern daß es auf eine endliche Reichweite r_0 beschränkt ist und jenseits dieser Entfernung vollkommen verschwunden ist, so benötigte man anstelle der Newtonschen etwa die folgende Darstellung für das Gravitationspotential einer Punktmasse

$$\Phi(r) = -\frac{GM}{r} \cdot e^{-r/r_0}$$

Hierin beschreibt die als Faktor an das Newton-Potential auftretende Exponentialfunktion eine Yukawa-artige Abschirmung des Gravitationspotentials einer Punktmasse gegenüber der ferneren Außenwelt. Eine solche Form der Kraftfeldabschirmung hat der japanische Kernphysiker Yukawa zum erstenmal für die Kraftverhältnisse im Atomkernbereich formuliert. Sie tritt auch im Bereich elektrisch leitfähiger Plasmen auf, wo das elektrische Coulombfeld jeder elektrischen Ladung über der sogenannten Debyedistanz abgeschirmt wird. Im obigen Fall nun würde eine solche gravitative Abschirmung besagen, daß zwei Massen, die voneinander weiter als $2r_0$ entfernt sind, demnach gravitativ überhaupt nichts mehr voneinander merken. Das hätte nun enorme Bedeutung für den Kosmos, und es böte gewichtige Vorteile für denjenigen, der das Weltall als eine unendliche Massenverteilung aufbauen will, denn jetzt merkt jeder Körper im Weltall nur noch die Gravitationseinwirkung derjenigen Massen, die in einem bestimmten, endlichen Umkreis um ihn angesiedelt sind; das weitere unendliche Weltall dagegen kann ihm gleichgültig sein.

Nun kann man sich jedoch fragen, wie die Natur eine solche, wenn auch von den Theoretikern erwünschte, räumliche Begrenzung der Gravitationswirkung erreichen könnte. Dazu kann man sich noch einmal auf die oben schon erwähnte Poisson-Gleichung des Gravitationsfeldes besinnen, um in ihr die für ein solches gewünschtes Potential dann zu fordernden, maßgebenden Quellen zu ermitteln. Dabei stellt sich heraus, daß man, um zu einem Yukawa-artigen Gravitationspotential zu gelangen, einfach nur von folgender Form der Poissonschen Gleichung ausgehen müßte

$$\text{div grad } \Phi(r) = 4\pi G\rho + \Phi/r_0^2$$

Hier zeigt sich offensichtlich, daß nicht nur die Massendichte ρ, sondern zusätzlich auch noch das Gravitationspotential Φ selbst als Quelle des Feldes auftritt.

Besonders interessant in diesem Zusammenhang ist dann aber der Umstand, daß ein negatives Potential sich wie eine lokale Senke des Gravitationsfeldes auswirken würde. Gerade dieser Befund könnte einen dazu bewegen zu sagen, daß wir nicht eigentlich zu wenig Masse im Weltall haben, also dunkle Materie brauchen, sondern daß wir deren eigentlich zu viel haben. Wenn wir die Dinge angemessen beschreiben können wollen, so müssen wir etwas einführen, das sich gravitationsmäßig wie eine Feldsenke auswirkt und somit die realen Massen als Feldquellen gravitativ nur sehr geringfügig oder gar nicht zur Wirkung kommen läßt. Wir könnten sogar im Handumdrehen durch das oben Gesagte endlich erreichen, daß trotz einer unendlich ausgedehnten Materieverteilung im Universum mit endlicher Massendichte ρ überall dennoch kein globales Gravitationsfeld in diesem All existiert, wenn eben gerade dafür gesorgt wäre, daß Dichte und Potential des Universums streng aufeinander abgestimmt sind, so daß überall gelten würde: $\Phi = -4\pi G\rho r_0^2$! In dieser Beschreibung ginge schönerweise schließlich auch ein homogenes Materieuniversum mit einem homogenen Gravitationspotential zusammen. Alles wäre logisch einwandfrei und außerdem auch noch stabil! Man müßte lediglich das örtliche Potential nach Maßgabe durch die örtliche Materiedichte bemessen, wie es die obige Relation fordern würde. Das nennt man unter Physikern eine örtliche Potentialeichung (lokale Eichung!) durchführen.

Es scheint sich also nach dem obengesagten eine recht wirkungsvolle Verbesserung der Newtonschen Gravitationsgesetze anzubieten. Aber viele werden dazu die Meinung haben, daß man ja heute sowieso nicht mehr von der Newtonschen Gravitationstheorie, sondern doch inzwischen von der weit umfangreicheren und allgemeingültigeren Einsteinschen Theorie ausginge, wenn man die Probleme der Welt theoretisch meistern will. Dazu muß man sich jedoch in Erinnerung rufen, daß die Einsteinschen Feldgleichungen gerade so formuliert sind, daß sie im Grenzfall sehr entfernter Massen, also etwa im Fernbereich einer Punktmasse, genau auf die Newtonsche Gleichung zurückführen. Wenn also das klassische Newton-Potential aus überzeugenden Gründen durch ein Yukawa-artiges Potential ersetzt werden müßte, so müßten dann zwangsläufig auch die Einsteinschen Gleichungen revidiert werden, denn so, wie sie sind, führen sie ja im Grenzfall gerade nicht auf dieses Yukawa-artige Potential.

Die Frage muß hier nun weiterhin sein, ob man sich denn wirklich soviel Sorgen um das Problem der durchgängig hierarchischen Strukturiertheit der Materie im Universum machen muß oder ob nicht doch, bei einem nur genügend auf das Große des Kosmos hin geweiteten Blick, das Phänomen eines homogenen Materiebildes bestätigt werden kann. Ein genereller Meinungsstreit um diese Frage wird seit langem schon unter den Astronomen ausgetragen, aber die Ansichten hierzu bleiben selbst unter den größten Experten grundverschieden: Während der französische Astronom De Vaucouleur den astronomischen Daten eine nicht endenwollende Strukturierungstendenz des Kosmos bis zu größten kosmischen Entfernungen hin entnimmt, glaubt der Schweizer Astronom Tammann aus der näherungsweise gegebenen himmlischen Gleichverteilung der Quasare, der fernsten Leuchtelemente im Kosmos also, auf eine sich bei diesen Entfernungen vollziehende Materiehomogenisierung im Universum schließen zu können. Jedoch alles bleibt unentschieden. Auf kosmischen Raumskalen der Größenordnung von 10 bis 100 Megaparsec sieht man mit immer größerem Erschrecken, wie wir an anderer Stelle dieses Buches genauer zeigen, immer mehr kosmische Materiestrukturen hervorkommen.

Je mehr und je tiefer man also ins Weltall blickt, um so spruchreifer wird die Tatsache, daß es bis hinauf zu den größten Raumskalen Galaxiengruppierungen gibt, die ganz und gar nicht einer Poissonschen Zufallsstatistik wahllos verteilter Objekte im Universum entsprechen wollen. Das besagt aber deutlich genug, daß wir uns bei unseren zukünftigen Bemühungen um eine stimmige Welterklärung nicht um die Tatsache einer durchgängig strukturierten Welt herumdrücken dürfen: Wir brauchen eine Theorie von Dynamik und Gravitation im Kosmos, die uns gestattet, diese überall bewegte und strukturierte Welt angemessen zu beschreiben!

Kapitel 8

Über die kosmologische Dynamik des absolut leeren Raumes

Wenn man mit modernen Physikern über das Vakuum spricht, so erfährt man, daß dieses weder leer noch energielos ist. Im Gegenteil, so die heutige Physik, ist der leere Raum voller Geschehnisse und von kosmologisch relevanter Dynamik.

Heute repräsentiert das Vakuum nichts anderes als den Grundzustand aller wechselwirkenden Teilchenfelder, doch bleibt noch unklar, wie dieser Grundzustand zu beschreiben ist und ob ihm wirklich eine von Null verschiedene Energiedichte zukommt. Außerdem werden die Theoretiker zu dem Schluß geführt, daß eine solche Vakuumenergiedichte eventuell vom Bezugssystem des jeweiligen Beobachters abhängen könnte, mit der fatalen Folge, daß es entgegen den Forderungen Einsteins dann doch ein absolut bevorzugtes System im Weltall geben würde, nämlich dasjenige, in dem die Vakuumenergiedichte am kleinsten ist!

All diese Dinge bieten heute revolutionierende Perspektiven für unser Weltverständnis an. Man beginnt sich gar vorzustellen, daß das Weltall als leerer Raum seine Expansion durch den Übergang von einem „falschen" in einen „wahren" Vakuumzustand eingeleitet und sich dann erst in der Expansion Zug um Zug materialisiert hat.

251

Es mag müßig scheinen, sich überlegen zu wollen, wie ein leerer Raum sich wohl in der Zeit verhalten wird, wenn man ihm Gelegenheit gibt, sich frei von materiellen Teilchen oder Teilchen-bindenden Kraftfeldern zu entfalten. Warum denn sollte ein solch leerer Raum sich überhaupt verändern? Was an sich und seiner Beschaffenheit sollte er wohl verändern können, wenn er doch nun einmal leer ist und damit eigentlich keine Strukturen an sich tragen können sollte? Dennoch, so aberwitzig oder tragikomisch das scheinen mag, wird gerade diese Frage, ob auch die Leere in der Natur eigentlich irgend etwas bewirken kann, heute in der Kosmologie von immer zentralerer Bedeutung, und alles entwickelt sich geradezu auf die konsternierende Feststellung hin, daß wir die kosmische Dynamik überhaupt nicht zu verstehen hoffen können, wenn wir nicht zuvor den absolut leeren Raum in seiner Dynamik verstehen und beschreiben lernen.

Es stellt sich nämlich heraus, daß die physikalische Beschreibung eines kosmischen Vakuums den Anfang und das Ende aller Probleme in der Kosmologie darstellt. Die Theorie des Vakuums bleibt bei der Betrachtung der Evolution des Universums nicht etwa außen vor, wie man vielleicht meinen könnte; vielmehr führt sie unweigerlich auf die Festlegung des Wertes von Einsteins geheimnisumwitterter kosmologischer Konstanten Λ, die in seinen allgemein-relativistischen Feldgleichungen mögliche Formen von kosmologischen Weltevolutionen ganz entscheidend mitbestimmt. Die theoretisch angelegte, fundamentale Verbindung zwischen der Theorie des Vakuums und dem Wert dieser kosmologischen Konstanten muß in ihrer letzten Konsequenz das bisher noch ausstehende Verständnis für die Vereinheitlichung aller Teilchenfelder mit dem Gravitationsfeld liefern. Dieses herzustellen bleibt eine intellektuelle Herausforderung an das naturwissenschaftliche Denken unserer Zeit. Wir würden uns an dieser Stelle jedoch nicht mit einer solchen Frage zu beschäftigen haben, wenn sich nicht erwiesen hätte, daß die sogenannte kosmologische Konstante Λ mit der Energiedichte ε_v des Vakuums, also des Grundzustandes aller anderen Teilchenfelder neben der Gravitation, eng verbunden ist. Wenn man in den Einsteinschen Feldgleichungen nun eine solche positiv-wertige Vakuumenergiedichte zu berücksichtigen hat, ergeben sich völlig neue Verlaufsmöglichkeiten für die kosmologische Evolution, und man kommt insbesondere zu einer völlig anderen Bewertung des Weltalters des heutigen Universums im Rahmen der Urknallhypothese. Wie aber soll man nun einen Wert für die Energiedichte des Vakuums finden, wenn man schon zu der Meinung kommt, es lohne sich zu erwägen, sie könne eventuell nicht einfach naiv gleich „Null" gesetzt werden?

Im Laufe der äonischen Geschichte des menschlichen Denkens hat der Begriff des Nichts (oder in einer etwas naturwissenschaftlicheren Weise bezeichnet: des Vakuums) eine lange Reihe von Revisionen, Inversionen, Iterationen und Neuprägungen erfahren. Beginnend mit dem Prinzip des „horror vacui" bei Aristoteles bis hin zum Vakuumbegriff der modernen Quantenfeldtheorie zieht sich ein langer, oft umständlich mäandrierter Weg nicht immer systematischer Präzisionen dessen, was unter der materiellen Leere eigentlich verstanden werden muß. Am Ende dieses Weges steht anstelle eines kristallklaren, operationalen Begriffes leider eine eher überaus kontroverse, im Hegelschen Sinne beinahe antinomisch zu nennende Definition des Vakuums, nach der die gesamte materielle Realwelt mit ihren komplexen Strukturen beherrscht und bestimmt ist von den Gesetzen der fluktuierenden Feldvakua. Schon die geringste Änderung an den Gesetzen des Vakuums würde eine totale Wandlung der Erscheinungsformen unserer Realwelt zur Folge haben. Vorwegnehmend kann man sagen, daß uns im Rahmen einer allgemein-relativistischen Kosmologie homogener Universen aus dem derzeitigen Zustand unseres Kosmos ein späterer Kollaps beziehungsweise eine inflationäre Expansion beschieden sein wird, je nachdem, ob das Vakuum aller Felder eine negative oder eine positive Energiedichte besitzt. Es sieht demnach so aus, daß das Schicksal der Welt nicht, wie bisher immer geglaubt wurde, durch die reale Materiedichte im Weltall, sondern vielmehr durch das Nichts, also das Vakuum, bestimmt wird.

Im folgenden wollen wir diese immens wichtig gewordene Bedeutung des Vakuumbegriffes insbesondere daraufhin untersuchen, welche kosmologischen Konsequenzen mit diesem neuzeitlichen, so totalitären Vakuumbegriff verbunden sind. Hierbei dürfte die interessanteste Frage diejenige nach der Art und Weise sein, wie die Energiedichte des fluktuierenden Vakuums das Gravitationsfeld und damit die Dynamik der realen Materie im Kosmos beeinflußt. In Verbindung mit einer Antwort auf eine solche Frage wird auch die Entscheidung stehen, ob ein Universum denkbar ist, in dem sich alle realen Strukturen als alleinige Folge eines expandierenden Vakuums entwickeln können.

Albert Einstein hatte seine Formulierung des Zusammenhangs zwischen der Energiedichte realer Materie und der durch deren Gravitationswirkung bedingten lokalen Krümmung der Raumzeitmetrik 1915 zunächst ohne Benutzung einer kosmologischen Konstanten gegeben. Dann aber stellte er 1917 fest, daß diese zuvor aufgestellten Gleichungen einen Schönheitsfehler haben könnten, denn sie erlaubten ihm offensichtlich nicht, ein statisches, homogenes Universum zu beschreiben, woran ihm damals noch sehr viel lag. Als er daraufhin abermals in die mathematische Ableitung seiner Feldgleichungen hineinsah, konnte er feststellen, daß im Interesse einer größeren mathematischen Allgemeingültigkeit ein weiterer Term hinzugefügt werden konnte, der ein bestimmtes, koordinatenunabhängiges Vielfaches des die Raumzeitgeometrie beschreibenden Metriktensors darstellte. Diesen konstanten Multiplikator nannte er „die kosmologische Konstante Λ". Ihre Einführung in die Feldgleichungen geschah 1917 lediglich gestützt auf eine mathematische Legitimation, ohne daß sich Einstein zu diesem Zeitpunkt irgendeine Rechenschaft über die physikalische Bedeutung, geschweige denn über den numerischen Wert dieser Größe hätte geben können.

Die Konsequenzen dieser Einführung ließen sich jedoch dessenungeachtet sogleich erkennen: Während die vorherigen Feldgleichungen von 1915 kein statisches Weltmodell zu beschreiben gestatteten, war ein solches nunmehr mit den um den Λ-Term erweiterten Gleichungen sofort möglich, wenn nur die Konstante Λ einen positiven Wert zuerkannt bekam. Dann nämlich wird eine Situation beschrieben, bei der selbst der leere Raum über Entfernungen von

$$L \approx 1/\sqrt{\Lambda}$$

sich als nicht mehr euklidisch, sondern als positiv gekrümmt erweist. Wenn man also zum Beispiel die Winkelsumme in einem Dreieck mit Kantenlängen der Größenordnung L bestimmen würde, so müßte man mehr als den euklidischen Wert von 180 Grad herausbekommen. Ebenso müßte sich herausstellen, daß das Volumen einer Kugel mit dem Radius $R \geqq L$ in einem solchen Vakuum kleiner als das euklidische Kugelvolumen von

$$V = \frac{4\pi R^3}{3}$$

ist.

Weiterhin hat ein positiver Wert der Konstanten Λ die Folge, daß mit ihm eine Raumzeitgeometrie beschrieben wird, in der alle realen Objekte mit Massen M sich jenseits einer kritischen Entfernung von

$$R \approx \sqrt[3]{\frac{GM}{\Lambda c^2}}$$

nicht mehr gravitativ anziehen, sondern sich abzustoßen beginnen. Das bedeutet dann aber auch, daß man sich ein Weltall vorstellen kann, in dem die Verteilung der realen Massen gerade so angelegt ist, daß sich die gravitativen Anziehungs- und Abstoßungskräfte in ihm vollkommen kompensieren und damit keine Kräfte wirksam sind. Ein solches Weltall könnte in seiner Ausdehnung tatsächlich stagnieren, das heißt, es brauchte weder zu expandieren noch zu kontrahieren. Dazu wäre lediglich erforderlich, daß die reelle Materiedichte im Weltall gerade den kritischen Wert

$$\rho_c = \frac{\Lambda c^2}{8\pi G}$$

annimmt. Wenn die reelle Materiedichte ρ des Weltalls immer größer (bzw. kleiner) als dieser kritische Wert ρ_c wäre, so würde dies ein Kollabieren (bzw. ein inflationäres Expandieren) des Universums zur Folge haben. Ein solches, gerade ausbalanciertes Weltall befände sich demnach in einem labilen Gleichgewicht, und schon die geringste Störung in der zu diesem Zustand gehörigen Materiedichte würde das stagnierende sofort in ein entweder expandierendes oder kollabierendes Universum umschlagen lassen. Als Einstein diesen Umstand erkannte und man ihm außerdem von den Ergebnissen Edwin Hubbles über die allgemeine Galaxienflucht berichtete, verlor sich sein Interesse an der kosmologischen Konstanten gänzlich, und er hielt die Einführung dieser Größe sogar für einen seiner größten Fehler. Dennoch ist die Frage bis heute offen und bedeutsam geblieben, welchen Wert man dieser Konstanten wohl zuzuschreiben hat, und die Antwort darauf kann nur aus einer vertieften Theorie des Vakuums kommen.

In diesem Zusammenhang ist es interessant, sich einmal etwas genauer die sibyllinische Semantik des Begriffes „Vakuum" anzusehen. Eine pragmatisch-positivistische Weise, die Diskussion um den Begriff des Vakuums zu eröffnen, könnte hier zunächst die Frage sein: Warum ist das Vakuum beziehungsweise seine begriffliche Fassung überhaupt eine Erörterung wert? Liegt es doch einfach zu nahe, apodiktisch festzulegen, Vakuum sei eben nichts anderes als leerer Raum, also ein Bereich des physikalischen Raumzeitkontinuums ohne irgendeine Erfüllung durch Materie (oder vielleicht auch durch Energie, weil beides ja äquivalente Erscheinungsformen der Realität sind). Es stellt demnach die Privation jeglicher Realität dar und ist begrifflich denkbar einfach als Abwesenheit von jedwedem Reellen zu fassen. Nun stellt sich jedoch bei näherer Betrachtung heraus, daß im allgemeinen nicht die Definition des Vakuums Anliegen des Nachdenkens ist, sondern die Frage nach der Realität des Vakuums selbst.

Kann dem Vakuum überhaupt Realität zukommen, wenn es schon selbst die Abwesenheit jeglicher realweltlicher Strukturen darstellen soll? Existiert das Vakuum eigentlich? Wie kann ein Vakuum dort realisiert werden, wo vorher noch keines bestanden hat? Wenn man der langen Reihe solcher Fragen nachgeht, so mag man am Ende zu dem überraschenden Schluß kommen, daß auch die Frage nach der Realität des Vakuums nicht die eigentlich wichtige, im Grunde intendierte Frage ist. Vielmehr ist man letztlich daran interessiert zu wissen, wie man überhaupt logisch das Vakuum denken sollte. Ist es überhaupt möglich, das „Nichts" zu denken, wäre demnach die philosophisch richtig pointierte Frage!

Womöglich läßt sich das Vakuum nur als ein „regressus ad infinitum" denken, wie die Philosophen dies zu bezeichnen pflegen, also als eine Prozedur der systematischen Entfernung aller physikalischen Realitäten aus dem Raumzeitkontinuum zum Zwecke einer Reduktion auf die schließliche, wenn auch nur gedanklich approximative, völlige Leere. Hierbei darf man nicht vergessen, daß gerade deswegen alle unsere Ideen über das Nichts engstens verbunden sind mit dem, was wir jeweils über das „Etwas" denken, also über die physikalische Konstitution der Realität.

Je komplizierter wir uns die Strukturen der Realität beschreiben, um so schwieriger wird andererseits auch die Fassung der Abwesenheit von solcher Realität. Da nun aber einmal im Laufe der Wissenschaftsgeschichte die Konzepte der physikalischen Realität immer komplexer geworden sind, muß sich auch unser Verständnis vom Nichts, also vom Vakuum, immer weiter verkomplizieren. Um zu einer operationalen Vorschrift zu gelangen, wie man aus einem realitätserfüllten Raumzeitkontinuum zu einem Vakuum kommt, indem man reale Materie und Energie daraus entfernt, ist unabdingbar ein Verständnis dessen erforderlich, was Materie und Energie selbst darstellen. Dieser Umstand vermag leicht klarzumachen, warum der Begriff des Vakuums ebenso wie derjenige von Materie und Energie im Laufe der Zeiten ständigen Revisionen unterworfen war und bleiben wird. Vakuum und Realität sind gegensätzliche, einander ausschließende Begriffe; sie sind überhaupt nur in ihrer gegenseitigen Bezüglichkeit faßbar und sinnvoll. Daraus versteht sich auch die atemberaubende Revolution in der intellektuellen Konzeption des Vakuums über die Epochen des menschlichen Denkens hinweg mit ihrem Beginn bei den Ideen der griechischen Naturphilosophen, ihren Mutationen und Bifurkationen in den Jahrhunderten des Mittelalters und schließlich mit der Wiedergeburt des Vakuumbegriffes in der alten, „Parmenideischen" Form in der neuzeitlichen Epoche der Physik.

Wollte man diese Revolutionsgeschichte in eine Kurzformel zwingen, so könnte man sagen: Das „alte" Vakuum stand für die völlige Abwesenheit materieller Repräsentationen, Strukturen und Raumgeometrien, es war ein Synonym für das komplette Nichts. Das „neue" Vakuum ist davon so völlig verschieden, daß die semantische Verwandtschaft zwischen diesen Begriffen praktisch nicht mehr zu entdecken ist. Der heutige Begriff gibt dem Vakuum den Status der realen Welt, jedoch in deren Grundzustandsform. Bereits die gesamte Realwelt ist in diesem „Vakuumzustand" der Realität schon manifest, sie ist eigentlich nur ein „angeregter Zustand" des Vakuums. Mit Aristoteles mag man vielleicht sagen wollen, daß das

Vakuum das Sein in seiner potentiellen Form (esse in potentia) darstellt, während die reelle Welt das Sein in seiner aktuellen Form (esse in actu) verkörpert. Früher war das Vakuum „nichts", heute repräsentiert es schon eigentlich „alles".

Schon zwischen den griechischen Philosophen des Altertums bestand eine erstaunliche Uneinigkeit über die richtige Fassung des Begriffes vom Vakuum. Die Naturphilosophen jener Zeit einerseits, wie gerade die Atomisten Demokritos, Leukippos und Eudoxos, sprachen vom Vakuum als dem leeren Zwischenraum zwischen den realen Dingen, der diesen überhaupt erst die Möglichkeit gibt, sich relativ zueinander zu bewegen und sich als diskrete Entitäten zu manifestieren. Die idealistischen Philosophen jener Zeit andererseits dagegen, wie Parmenides, Plato und Aristoteles, hielten einen solchen leeren Zwischenraum für nicht existent. Ihrer Meinung nach läßt die Natur keine Räume unerfüllt von Realität, alles ist vielmehr von Realität ausgefüllt, wie sie glauben. In Wahrheit gibt es, ihnen folgend, keine wirkliche Diskretheit der realen Objekte, sondern alles hängt mit allem anderen auf vielfältige Weise zusammen.

Der konkreteste Vakuumbegriff wurde wohl von den griechischen Atomisten Leukippos, Eudoxos und Demokritos gegen 400 v. Chr. geprägt. Die Leere zwischen den Begrenzungen diskreter materieller Körper war von ihnen als eine notwendige Voraussetzung für deren gegenseitige Beweglichkeit gesehen worden. Diese Idee vom leeren Raum als Garant für die Separabilität diskreter Objekte und für deren gegenseitige Verrückbarkeit bewahrte sich ihrer strengen Form nach bis hinein in das Denken des römischen Philosophen Lucretius (60 v. Chr.), wie man in seinem Buche „De rerum naturae" nachlesen kann: „Die ganze Welt besteht aus zwei verschiedenen Dingen, konkrete Körper und die Leere zwischen diesen."

Etwa zur selben Zeitperiode mit den griechischen Atomisten war jedoch gleichzeitig ein konkurrierendes Vakuumkonzept in Mode, das auf den idealistischen griechischen Philosophen Parmenides (480 v. Chr.) zurückgeführt werden kann und das sich zwangsläufig aus dessen ganzheitlichem, monistischen Weltbild ableitet. Danach ist alles mit allem anderen verbunden: Diskrete Objekte existieren nur in unserer intellektuellen Fiktion, nicht aber in der Wirklichkeit. Das Universum ist ein kompaktes Plenum von Realität, im physikalischen Raum gibt es nirgendwo einen Übergang von Realität in Nichtrealität. Wie auch in der Philosophie Heraklits ausgedrückt, bestand Einigkeit darin, daß das Sein „ist", aber das Nichtsein „nicht ist". Nichts kommt vom Nichtsein zum Sein, denn nur das Sein ist immer schon und währet immerdar. Noch Platon (380 v. Chr.) behielt die Idee des Parmenideischen Monismus weitgehend bei, indem auch er erklärte, daß jeder Gegenstand mit jedem anderen in vielfältiger Weise verbunden sei, wobei die Gegenstände sich gegenseitig durch geometrische Flächen voneinander abgrenzen, dabei jedoch den leeren Raum umschließen und in sich einschließen. Physikalische Körper sind nur als ein Außenaspekt dieser Flächenkonturen existent – innerhalb dieser geometrischen Flächen bleibt nichts von diesen Körpern zurück, hier existiert nur die Leere. Sein und Nichtsein sind hier nur der Außenaspekt und der Innenaspekt einer und derselben Sache.
Auch Aristoteles (350 v. Chr.) lehnte die atomistische Idee des Vakuums ab. Es erschien ihm als unvernünftig,

die reale Welt als eine Struktur bestehend aus diskret Seiendem umgeben von Nichtseiendem verstehen zu wollen. Der physikalische Raum war für ihn eine abzählbar unendliche Menge von „topoi", also disponiblen Plätzen, an denen reale Objekte erscheinen können; unbesetzte Topoi nehmen deshalb jedoch nicht den Charakter der Leere an, sie prägen vielmehr die Struktur der Wirklichkeit mit.

Von etwa 1500 n. Chr. an steht die Entwicklung des Vakuumbegriffes dann ganz im Zeichen physikalischer Prinzipien. In dieser Hinsicht wurde das Vakuum als ein Raumgebiet frei von Materie schon bald als ein zu idealistisches und naives Konzept entlarvt. Die Definition des Vakuums muß so sein, daß mit ihr real physikalische Implikationen verbunden sind und daß mit ihr eine Vorschrift an die Hand gegeben wird, wie man sich methodisch einem solchen Zustand nähern kann. Eine ungeeignete Vakuumdefinition mag das dahinterstehende Konzept unanwendbar, unpraktisch oder gar nutzlos machen. Da nach Einstein Materie und Energie als äquivalente Formen der physikalischen Realität gelten müssen, kann das Vakuum nicht einfach als ein Raum frei von materiellen Teilchen definiert werden. Vielmehr muß zwangsläufig für ein Vakuumgebiet auch die Abwesenheit von allen vorstellbaren Repräsentationen der Energie sowie allen Feldern und den sie vermittelnden Feldquanten gefordert werden.

Der Gedanke, daß die Definition des Vakuums physikalisch pragmatischen Charakter haben sollte, erwies sich in den Jahren nach 1600 als zunehmend fruchtbarer. So begann Otto von Guericke (1640) auf der Basis dieses Gedankens mit dem Vakuum zu experimentieren, indem er die Luftpumpe erfand und damit den Innenraum zweier gasdicht aufeinandergepaßter Kugelhalbsphären partiell luftleer pumpte. Auf diese Weise konnte er das schon bei Aristoteles formulierte Prinzip des „horror vacui", dem Widerstreben der Natur, leere Räume aufkommen zu lassen, eklatant bestätigen. Die Natur vermeidet leere Räume, und wenn dennoch aufgrund künstlicher Manipulationen gegen dieses natürliche Prinzip eine Evakuation erzeugt wird, so ist dies mit dem Auftreten von kolossalen Reaktionskräften verbunden, die diesen Zustand wieder aufzuheben versuchen.

In dieser Hinsicht stellt es auch eine Mißdeutung des Torricellischen Versuches mit Reagenzglasröhrchen in einem Quecksilberbad dar, wenn man behauptet, hierin sei die Erzeugung eines reinen Vakuumzustandes gelungen. Wenn nämlich das zunächst mit Quecksilber gefüllte Reagenzglas mit seinem geschlossenen Ende nach oben aus dem Quecksilberbad herausgehoben wird und das Quecksilber vom Oberrand des Röhrchens nach unten wegsinkt, so bildet sich deswegen trotzdem im freiwerdenden Zwischenraum kein Vakuum aus, sondern ein Raum, der unter dem Dampfdruck des Quecksilbers bei gegebener Temperatur mit Quecksilberdampf erfüllt ist. Dies läßt sich leicht nachweisen, wenn man versuchen will, den ursprünglichen Zustand des mit flüssigem Quecksilber gefüllten Röhrchens durch Absenken in das Quecksilber schnell wieder herzustellen: Es bleibt dann ein Restvolumen unter dem Oberrand des Röhrchens, weil von Quecksilberdampf erfüllt, frei von Flüssigquecksilber.

Auf ein verwandtes Problem trifft man auch, wenn man versucht, von metallischen Wänden begrenzte Hohlräume zu schaffen. Wenn etwa in einem System aus einem einseitig geschlossenen Metallzylinder und einem darin axial beweglichen, dicht abschließenden Kolben dieser vom Boden des Zylinders ausgefahren wird, so sollte er in dem entstehenden Zwischenvolumen ein Vakuum schaffen, weil kein Gas von außen dorthin nachdringen kann. Wie man aber schon lange (seit der Formulierung des Planckschen Strahlungsgesetzes zu Ende des letzten Jahrhunderts) weiß, wird dieser Erwartung jedoch nicht einmal nach der klassischen Physik entsprochen. Wenn die Gefäßwände eine endliche Temperatur besitzen, so füllt sich der Zwischenraum vielmehr in endlicher Zeit erstens mit dem Gleichgewichtsdampfdruck des Wandmaterials und zweitens mit dem Planckschen Strahlungsfeld, das im Gleichgewicht mit der thermischen Abstrahlung der Wände steht. Nur in einem Raumgebiet, dessen materielle Wände sich auf der Temperatur des absoluten Nullpunktes (-273 °C) befinden, würde demnach beides, der Dampfdruck und die Energiedichte eines solchen von Planck beschriebenen elektromagnetischen Strahlungsfeldes, verschwinden können.

Nun hängt aber interessanterweise die Unerreichbarkeit dieses energielosen elektromagnetischen Vakuums gar nicht mit der thermodynamischen Unerreichbarkeit des absoluten Nullpunktes der Temperatur zusammen, sondern vielmehr mit dem modernen Quantenfeld-theoretischen Unschärfeprinzip. Dies liegt daran, daß die sogenannten Nullpunktfluktuationen eines Quantenfeldes niemals unterbunden werden können. Im elektromagnetischen Falle besagt dies folgendes: Jedes Raumgebiet stellt ein bestimmtes Eigenwertsystem von elektromagnetischen Oszillatoren dar, also von Eigenschwingungsmoden, die in dem betrachteten Gebiet existenzfähig sind. Diese Oszillatoren können nicht bis zu verschwindender Oszillatorenergie heruntergefahren werden, denn

sie müssen mindestens ihre quantenmechanische Null-
punktsenergie bewahren. Selbst wenn die Abschlußwän-
de eines Raumgebietes auf der Temperatur 0 K wären,
würde das elektromagnetische Eigenoszillatorsystem in
dem eingeschlossenen Raumgebiet ein Fluktuationsfeld
mit endlicher Energie unterhalten mit einem spektralen
Energiedichteverlauf proportional zur vierten Potenz der
Frequenz.

Ein solches Fluktuationsfeld hat außerdem die überaus
interessante Eigenschaft, daß es Lorentz-invariant ist,
wie die Physiker sagen, daß also sein Spektralcharakter
sich von allen gleichförmig bewegten Bezugssystemen
(und damit von jedem Beobachter aus) gleich ansieht. Es
besitzt demnach einen absoluten Charakter, so wie die
Eigenschaften des Vakuums ja schließlich auch nicht für
jeden Beobachter verschieden sein dürfen. Das Vakuum
muß eben für alle gleich sein!

Das interessanteste in unserem Zusammenhang ist aber
nun, daß hier ein Vakuum mit inhärentem elektromagnetischen Vakuumstrahlungsfeld postuliert wird, dem eine
Feldenergie zugesprochen werden muß. Addiert man
nämlich den Energieinhalt dieses Spektrums bis zu immer höheren Frequenzen hin auf, so stellt man fest, daß
dieser mit der fünften Potenz der oberen Frequenzgrenze
anwächst. Würde man bis zu beliebig großen Frequenzen
aufsummieren, so würde man beliebig große Energiedichten für dieses Vakuumfeld erhalten. Was fängt man
aber mit einem Vakuum solch horrend hoher Energiedichte ε_v an? Kann denn so etwas überhaupt sinnvoll
sein? Man könnte geneigt sein zu hoffen, daß das Theoretisieren um ein Vakuumfluktuationsfeld mit den oben
beschriebenen Eigenschaften unser Denken über die Realität der physikalischen Felder irgendwo in die Irre ent-

führt hat und daß man hier einer Chimäre aufgesessen ist.

Gegen die Begründbarkeit einer solchen Hoffnung spricht jedoch vehement, daß man unter Experimentalphysikern glaubt, die Existenz dieses Vakuumfeldes durch den darauf zurückführbaren sogenannten Casimir-Effekt nachgewiesen zu haben. Dieser nach dem holländischen Physiker Casimir benannte Effekt besteht darin, daß zwei unter bestem Hochvakuum in geringem Abstand zueinander parallel aufgehängte Metallplatten einander mit einer Kraft anziehen, die sich als der vierten Potenz des Plattenabstandes umgekehrt proportional erweist. In der Tat läßt sich ein solcher Effekt quantitativ genau auf das Wirken des grundsätzlich vorhandenen elektromagnetischen Vakuumfeldes mit den oben genannten Eigenschaften zurückführen. Man muß also wohl davon ausgehen, daß dieses Vakuumfeld tatsächlich überall im Raum gleichermaßen ausgebildet ist. Nicht eindeutig sagen läßt sich allerdings bisher, ob dieses Vakuumfeld vielleicht eine natürlich erscheinende obere Frequenzgrenze zugesprochen bekommen kann, durch die der Energieinhalt dieses Feldes beruhigenderweise wenigstens wieder als endlich groß erwiesen werden könnte.

Eine solche Obergrenze dürfte in einem beliebigen Bezugssystem jedoch nicht einfach durch einen absoluten Frequenzwert festgesetzt sein, sonst würde diese Grenze wegen des Dopplereffektes in jedem anderen Bezugssystem zu einem anderen Wert führen mit der Folge, daß jedes Bezugssystem einen anderen Wert für die Energiedichte des Vakuumfluktuationsfeldes bestimmen würde. Damit gäbe es also von vornherein eine absolute Bevorzugung eines bestimmten Bezugssystems vor jedem anderen, gegeben durch die relative Größe der jeweils dem Vakuum zugeschriebenen Energiedichte.

Dies widerspräche aber in schärfster Form dem relativistischen Äquivalenzprinzip, wonach alle Inertialsysteme einander gleichwertig sein sollen, was die Beschreibung der Naturvorgänge anbetrifft. Um diesem Problem in angemessener Form gerecht zu werden, müßte man in jedem System eine „systemimmanente" Frequenzgröße v_0 durch das kürzeste physikalisch sinnvoll erscheinende Eigenzeitintervall

$$\Delta \tau_0 \text{ über } v_0 = \frac{1}{\Delta \tau_0}$$

definieren und erhielte dann die dazugehörige Energiedichte des elektromagnetischen Vakuumfeldes zu

$$\varepsilon_v = \frac{3}{5} (h / \Delta \tau_0) / (c \cdot \Delta \tau_0)^3$$

Was auch immer man sich hier als geeignete Festlegung eines solchen Eigenzeitintervalles $\Delta \tau_0$ einfallen lassen könnte – zum Beispiel etwa die Zeit, die das Licht zum Überbrücken des Elektronendurchmessers benötigt (etwa 10^{-24} sec) –, es würde in jedem Falle zu einem bestürzend großen Wert der Vakuumenergiedichte führen. Kann man nun, ob als Physiker oder als Normalbürger, damit intellektuell und faktisch weiterleben, daß das Vakuum so überaus energiegeladen ist? Die Antwort ist ja! Denn im Rahmen der normalen physikalischen Prozeßabläufe kümmert uns ja auch niemals der absolute Wert der Energie eines Zustandes! Was uns vielmehr nur angeht, ist der Unterschied in den Energien zwischen einem und dem nachfolgenden Zustand eines Systems. So interessiert uns überhaupt nicht der absolute Wert der

Energie eines Kilogramms Wasser in einem hochgelegenen Stausee; was lediglich für die Stromerzeugung durch ein Wasserkraftwerk interessiert, ist der Unterschied in den Energien eines Kilogramms Wasser im hochgelegenen Stausee und im tiefer gelegenen Tal. Der Energieaustausch zwischen der Energiedichte eines reellen thermischen Strahlungsfeldes und derjenigen eines elektromagnetischen Vakuumfeldes ist jedoch gerade durch das Plancksche Gesetz, beziehungsweise durch das Stefan-Boltzmannsche Gesetz, gegeben.

Was die Physiker also bisher immer beschrieben haben, ist sozusagen der energetische Zustand eines realen physikalischen Systems relativ zu dem ihm zugehörigen Vakuum- oder Grundzustand.

Im Detail läßt sich mehr über die Vakuumproblematik zum Beispiel in Arbeiten von Mashhoon (1973), Rafelski und Müller (1985), Fahr (1989) und Weinberg (1989) nachlesen. Insgesamt kommt jedoch, wenn man die Betrachtungen von den elektromagnetischen Vakuumfeldern zu den Vakuumzuständen der massetragenden und ladungtragenden Teilchenfeldern ausdehnt, stets ein zu dem obengesagten ähnlicher Befund heraus; nämlich daß die Vakuumzustände all dieser Felder für sich separat betrachtet zu ganz erheblichen Vakuumenergiedichten ε_v und damit zu ganz erheblichen Werten der kosmologischen Konstanten $\Lambda = 8\pi G \varepsilon_v/c$ führen. Aufgrund solcher Werte der kosmologischen Konstanten, wie sie aus derartigen Übertragungen hervorgehen, sollte man die Nichteuklidizität, also die Krümmung der leeren Raumzeit, bereits über Distanzen von etwa einem Kilometer feststellen können, was glücklicherweise bis heute niemals bestätigt werden konnte. Wir könnten ansonsten kein Objekt im Raum jenseits einer Entfernung von einem Kilometer mehr sehen! Da wir jedoch konkrete Objekte im fernen Kosmos bis zu Entfernungen von 10^{23} Kilometern zu sehen glauben, müßte die wahre Vakuumenergiedichte schon um mindestens 46 Größenordnungen kleiner als die derzeit von Feldtheoretikern berechnete sein.

Daraus kann man entweder schließen, daß wir die Vakuumdichten, insbesondere im Zusammenspiel der einzelnen Quantenfelder, bis heute nicht richtig zu berechnen vermögen, oder daß die Vakuumdichten eben gar nicht als Quellen der Gravitation auftreten können. Viele Quantenfeldtheoretiker vermuten heute, daß die richtig berechneten, alle Selbstwechselwirkungen bis zu den höchsten Ordnungen berücksichtigenden Vakuumenergiedichten sich eventuell einzeln in ihrer Summe kompensieren könnten, indem einige Beiträge sich als positiv, andere sich als entsprechend negativ ergeben. Eine solche ideale Kompensation von (absolut genommen) riesigen Größen zu einem Gesamtwert von praktisch „Null" muß jedoch derzeit wie ein Schöpfungswunder par excellence erscheinen, für das es, wenn überhaupt, dann nur eine „anthropische Erklärung" geben könnte: daß wir alle heute nicht da wären, wenn dem nicht von Anbeginn des Kosmos her so gewesen wäre.

Es scheint also viel eher so, als würde sich die Geometrie der Raumzeit ebenso wie die Physiker im Labor einfach nicht um die absoluten Werte der Energiedichte im All kümmern, sondern nur um die relativen Werte, nämlich um den jeweils gegebenen Unterschied in der Energiedichte des vorliegenden Anregungszustandes zu dem des Grundzustandes, also dem Vakuumzustand aller Felder. Das Vakuum selbst gravitiert demnach nicht, es wirkt nicht mit bei der Determination der Raumzeitgeometrie.

Reelle elektrische Ladungen sind nach allgemeinem Verständnis die Quelle eines elektrischen Feldes, und so sollten auch nur reelle Energiedichten Quellen des Gravitationsfeldes sein können. Anders gesagt, wo weder reelle Ladungen noch reelle Energien repräsentiert sind, da sind auch weder elektrische noch gravitative Felder zu erwarten.

So vernünftig dies klingen mag, so beirrend bleibt der Umstand, daß von dem Wert der Energiedichte des Vakuums und damit dem Wert der kosmologischen Konstanten, so klein sie vielleicht letzten Endes auch sein mag, dennoch ungeheuer viel abhängt, was die aus dem Urknall herkommende Evolutionsgeschichte des Universums anbelangt. Löst man die Einsteinschen Feldgleichungen für ein homogenes und isotrop expandierendes Universum und setzt die kosmologische Konstante Λ gleich „Null", so wird in solchen Lösungen eine Expansion beschrieben, deren Expansionsgeschwindigkeit durch die allgemeine Gravitationsanziehung aller Massen untereinander vermindert wird. Das hat auch eine klare Folge für den jeweils zu einer gewissen Weltzeit aktuellen Hubbleparameter $H(t)$ als Funktion der Weltzeitkoordinate t, durch den diese Form der homologen Expansion ja in geeigneter Weise nach der Hubble-Relation beschrieben werden soll. Ein rein unter der Wirkung gravitierender Massen im Weltraum expandierender Kosmos wäre bis zum eventuellen Kollapspunkt einer ständigen Abbremsung unterworfen mit der Folge, daß sich der jeweilige Hubbleparameter $H(t)$ mit wachsender Weltzeit verkleinern würde. Wenn unser tatsächliches Universum sich in einer solchen Weise entwickelt hätte, so ließe sich sein Alter mit Leichtigkeit durch einen entsprechenden Maximalwert festlegen, bei dem man vom heutigen Wert des Hubbleparameters $H_0 = H (t = \tau_0)$ auszugehen hat, wenn τ_0 die heutige Weltzeit darstellt. Das Weltalter τ_0 all solcher Universen läßt sich dann nämlich aus ihrem jeweiligen Ist-Zustand mit einer Obergrenze abschätzen, die durch den Kehrwert des für den Jetztzustand jedes solchen Universums gültigen Hubbleparameters H_o, eben durch $\tau_0 \leqq (1/H_0) = S_0/\dot{S}_0$ gegeben ist. (Hier ist wieder S_0 und $\dot{S}_0$ der jeweils heutige Durchmesser des Universums bzw. seine zeitliche Veränderung). Kurz gesagt konnte also, wie wir leicht ausrechnen können, unter solchen Voraussetzungen unser Universum heute nicht älter als 10 Milliarden Jahre sein, wenn wir von einer für das heutige Weltall charakteristischen Hubblezahl von H = 100 km/s/Mpc ausgehen müßten, einer Zahl, die heute von zahlreichen Astronomen gestützt wird.

Ein solches Alter des Universums wird jedoch zu einer äußerst kritischen Größe für die Geschlossenheit oder die Konsistenz der Gesamttheorie, wenn man in diesem Universum auf Dinge oder Objekte stößt, die älter als das Gesamtweltalter sein sollten. Aus den chemischen Isotopenanomalien in meteoritischen Gesteinen, die auf die Erde gefallen sind, erschließt man ein Meteoritenalter von 15 bis 18 Milliarden Jahren, und die ältesten Sterne in den Kugelsternhaufen unserer Galaxie datiert man auf ein Alter von 18 bis 20 Milliarden Jahren. Es kann aber ja wohl kaum angehen, daß solche Dinge wie Meteoriten oder Sterne älter als der Urknall sind, der zu diesem ganzen Universum geführt haben soll.

Was kann man daraus schließen?

Wiederum zweierlei Alternativen! Entweder stimmt die Theorie von der Urknallkosmogenese unseres Universums überhaupt als ganze nicht (das wäre ein Schluß von enormer Tragweite!), oder die Vakuumenergiedichte des Universums ist nicht gleich „Null", sondern führt zu einer positiven kosmologischen Konstanten Λ – ein alternativer Schluß von mindestens ebensolcher Tragweite! Letzteren Schluß wollen z. B. die deutschen Astronomen D. Liebscher, W. Priester und J. Hoell (1992) ziehen, wenn sie sich die Absorptionskonturen in den Spektren ferner Quasare ansehen.

Mit einer positiven kosmologischen Konstanten, also mit der Situation, daß das Vakuum doch gravitiert, läßt sich das Weltalter jedes expandierenden Universums dann allerdings mühelos mehr oder weniger beliebig vergrößern, so daß angesichts dann möglicher Weltalter keine Altersdatierung irgendeines Objektes in diesem Weltall mehr anstößig zu erscheinen braucht.

In einem solchen Weltall konkurrieren während der Expansion die anziehenden Wirkungen der reellen Massen und die abstoßende Wirkung des Vakuums miteinander, und es läßt sich jeweils zeigen, wie auch immer das Zahlenverhältnis von reeller kosmischer Energiedichte zu Energiedichte des kosmischen Vakuums ausfällt, daß zunächst die anziehende Wirkung beherrschend ist, das heißt die Expansion wird gebremst. Später dann nimmt wegen der Abnahme der reellen Energiedichte bei der Expansion schließlich die abstoßende Wirkung des Vakuums überhand und diktiert dem Kosmos danach (zumindest bei verschwindendem Krümmungsparameter) eine nie mehr endende inflationäre Expansion. Diese ist durch einen schließlich konstant werdenden Hubbleparameter

$$H_\infty = \sqrt{24\pi G \varepsilon_v / c}$$

gegeben, der nur mit der Vakuumenergiedichte ε_v selbst zusammenhängt. Die Frage bleibt also hier dann nur, was man wohl lieber bezweifeln will: die Evolution unseres Kosmos als diejenige eines Urknalluniversums oder die schwer verdauliche „Doktrin" eines gravitierenden Vakuums!

Zum Abschluß dieser Diskussion um die Energiedichte des Vakuums möchten wir hier noch einmal auf Argumentationen zurückkommen, die wir im dritten Kapitel dieses Buches als Hinweis auf die tief innere Verflechtung zwischen dem makroskopisch Großen und dem mikroskopisch Kleinen im Naturganzen angeführt hatten und die letzten Endes auf Paul Dirac als deren Urheber zurückgehen. Dirac hatte die extrem auffällige Ähnlichkeit sogenannter dimensionsloser Zahlenverhältnisse aus Mikro- und Makrophysik auf ihren Grund hin befragen wollen, und als die einzig angemessene Antwort auf diese Frage schien ihm suggeriert zu sein, daß die in diesen Zahlenverhältnissen auftretenden, von uns gewöhnlich als physikalische Naturkonstanten behandelten Größen in Wirklichkeit keine Konstanten, sondern kosmologische Zeitfunktionen sind. So sollte sich nach Dirac eventuell herausstellen, daß die Elementarladung der elektrisch geladenen Partikel oder Newtons Gravitationskonstante sich im Laufe der Äonen der Weltgeschichte verändern, wenn vielleicht auch so langsam, daß wir sie über den kurzen Zeitabschnitt der Menschheitsgeschichte hinweg gut und gerne als unverändert ansprechen können. Aber über die langen kosmischen Zeitverläufe zurückgesehen mag dies falsch sein.

Wir hatten bereits im 2. Kapitel gesehen, daß der Durchmesser des heutigen Universums, angegeben in Einheiten des klassischen Elektronenradius, eine ähnlich große Zahl ergibt wie das Verhältnis zwischen elektrostatischer und gravitativer Anziehung zwischen Proton und Elektron. Nimmt man (mit Dirac) an, daß diese riesigen Zahlen nicht zufällig nur ungefähr, sondern aufgrund höherer Fügung tatsächlich gleich groß sind, so kann man den jeweiligen Durchmesser des Universums durch die übrigen „Konstanten" angeben als

$$S_t = (e^4/m_p m_e c^2 G)_t.$$

Um diese Beziehung bei expandierendem Universum zu erfüllen, würde es zum Beispiel reichen, wenn die Lichtgeschwindigkeit sich mit der Größe des Universums wie

$$c \sim 1/\sqrt{S(t)}$$

verkleinern oder eine der anderen Naturgrößen aus der obigen Relation sich in einer ihr entsprechenden Weise verhalten würde. Das hätte natürlich Konsequenzen, die in ihren Auswirkungen kaum auszudenken wären. Wenn das Licht sich bei kleinerem Weltall zum Beispiel wie oben unterstellt schneller als bei größerem Weltall ausbreiten würde, so würde sich sofort eine völlig neue Beziehung zwischen Rotverschiebung und Entfernung eines leuchtenden Himmelsobjektes beziehungsweise zwischen Rotverschiebung und Weltallgröße zur Zeit der Lichtemission von diesem gesehenen Objekt ergeben. Wenn wir eine lineare Abhängigkeit der Lichtgeschwindigkeit vom Radius des Universums als Antwort auf die Diracsche Relation fordern wollten – allerdings dann verbunden mit entsprechenden Zeitabhängigkeiten anderer Fundamentalgrößen –, so würden wir sogar zu dem unerhörten Ergebnis kommen, daß überhaupt keine kosmologische Rotverschiebung eintreten sollte – ein

Ergebnis, das gewiß auch seine eigene Schönheit besitzen würde: Zwar wäre dadurch nicht die Konstanz der Lichtgeschwindigkeit an sich, wohl aber die Konstanz des Verhältnisses aus Weltradius und Lichtgeschwindigkeit zu jeder Phase der Weltentwicklung gewährleistet. Wenn wir nun noch einmal auf die uns unbekannte Vakuumenergiedichte und die zu ihr gehörige kosmologische Konstante Λ zurückkommen, so könnten wir geneigt sein, auch zu ihr eine Diracsche Relation herzustellen in dem Sinne, daß wir folgendermaßen argumentieren: Bei positiver Vakuumenergiedichte wird früher oder später das Schicksal des Kosmos allein durch sie bestimmt sein, während die Massen im Universum für die Raumzeitstruktur dann ohne jede Bedeutung sind. In dieser Phase kann das All durch eine mit der kosmologischen Konstanten verknüpfte Länge

$$L \, = \, 1 \, / \, \sqrt{\Lambda}$$

charakterisiert werden. Dann also sollten nach der Diracschen Relation die physikalischen Konstanten dieser kosmischen Endzeit die folgende Bedingung erfüllen:

$$L \, = \, 1 \, / \, \sqrt{\Lambda} \, = \, (e^4 \, / \, G \, m_e \, m_p \, c^2)_\infty$$

Nimmt man nun an, daß die heutigen Werte der obigen Naturgrößen bereits ihren asymptotischen Endwerten entsprechen, so kann man mit der Diracschen Relation die kosmologische Konstante Λ beziehungsweise die Vakuumenergiedichte in unserem Universum problemlos ausrechnen. Dabei erhält man einen Energiedichtewert, der um den Faktor 50 über dem Energiedichteäquivalent der derzeit angedeuteten kosmischen Massendichte leuchtender reeller Materie liegt. Wir sollten demnach mit unserer derzeitigen kosmologischen Expansion längst schon vom Vakuum dominiert sein!

An dieser Stelle wäre schließlich noch der Gedanke vom Anfang des Kapitels wieder aufzugreifen: Wenn das Vakuum schon als energietragend anerkannt werden muß und damit eine Inflation der universellen Raumzeit betreibt, dann wäre eventuell auch vorstellbar, daß der gesamte heutige materieerfüllte und expandierende Kosmos aus diesem Vakuum hervorgegangen ist. Dazu müßte nur verständlich gemacht werden können, wie eine anfänglich leere Raumzeit, die ja bei positiver Vakuumenergiedichte automatisch zu größeren Skalen $S(t)$ hin expandiert, sich allmählich genau bei diesem Geschehen mit materiellem Substrat füllt, sozusagen als Folge der expandierenden Raumzeit.

Letzteres zu erklären sollte jedoch den heutigen Feldtheoretikern unter den Physikern eigentlich gar nicht schwerfallen. Für sie ist doch der Unterschied zwischen reeller Materie und Vakuum reduziert auf den Unterschied zwischen angeregten Feldzuständen und Grundzuständen der Quantenfelder. Wenn also bei der Raumzeitexpansion des Vakuums die in die Raumzeit eingebetteten Grundzustände aller Felder in einer gewissen Stärke eine Anregung erfahren, so tauchen als schiere Reflexion dessen im Zuge der Anregungen mit wachsender Wahrscheinlichkeit immer mehr materielle Teilchen aller Arten auf. Diese beteiligen sich natürlich dann durch ihre lokalitäre und ubiquitäre Energierepräsentanz insbesondere auf großen Raumskalen an der Ausbildung der kosmischen Gravitationsfelder, das heißt, an der Bildung der universellen Raumzeitmetrik.

Wären wir damit dann schon am Bild des heutigen

Universums angekommen? Hätten wir also unsere heutige Welt als deterministische Folge des energetischen Urvakuums aufgezeigt? Daran müssen berechtigte Zweifel bleiben! Wir hätten zwar die Expansion des Universums, und wir hätten auch das darin eingebettete materielle Substrat. Aber wie werden wir das Entropiemaximum los, in dem wir uns in der Zeit voranbewegen würden? Anders gefragt: Wie werden wir die Informationslosigkeit unseres so geschaffenen Universums los, und wie schaffen wir uns die Strukturen in diesem Weltall, die wir nun einmal allenthalben vorfinden?

Kapitel 9

Was soll nun aus der Welt werden?

Wenn wir die vielen anstehenden Probleme im Ringen um eine Erklärung des Universums und seiner Geschichte einmal unvoreingenommen erkennen, so scheint sich doch zwingend zu ergeben, daß wir die Kosmologie in eine ganz neue Richtung weiterdenken müssen. Stammt die Welt denn wirklich aus einem Urknall her?

Wenn es eine bevorzugte, vom kosmischen Generalgeschehen vorbestimmte Epoche für die Galaxienentstehung gegeben hat, so sollten die uns fernen Galaxien typischerweise anders, nämlich „älter" aussehen als die uns nahen. Nehmen wir dagegen einmal an, es gäbe keine absolute, alles mittragende Evolution im Kosmos, sondern nur sich unkorreliert und unsynchronisiert entwickelnde kosmische Teilsysteme mit einem je eigenen Anfang und Ende, lauter unkorrelierte Schicksale also!

Unsere Welt hat viele verschiedene Anfänge, nicht nur einen. Ein Geschehen bedarf nicht der Verursachung von einer bezeichenbaren Stelle her, es ist vielmehr als Einzelveränderung in die Universalmechanik aller kosmischen Veränderungen voll eingebettet. Das Universum als ganzes altert aus diesem Grund nicht. Diese selbstverjüngenden Prozesse im Universum müssen wir in Zukunft stärker aufzeigen und darüber hinaus das Vitalitätsgleichgewicht finden, das für die Erhaltung der Vielfalt des Realen und des kosmischen Informationsgehaltes sorgt.

In den vorangegangenen Kapiteln dieses Buches haben wir viel Kritisches über das kosmologische Weltbild unserer Zeit vorgebracht und dabei vielleicht nachweisen können, daß viel leichtsinniges Denken an der Auszimmerung des bisherigen geistigen Weltgebäudes beteiligt ist. Wohin aber hat uns diese kritische Ausleuchtung der zahlreichen Schwachpunkte unserer heutigen kosmologischen Weltansicht letzten Endes geführt? Müssen wir alles bisher Gedachte verwerfen, indem wir zuerst einmal die vielen selbstteilen, an unserem Weltbild beteiligten logisch-wissenschaftlichen Kalküle bereitwillig wieder völlig abstoßen, um sodann in einer Wüste des Denkens einen Neuanfang zu besserem Begreifen der Welt zu suchen? Oder gereicht uns denn doch vielleicht das bisher Gedachte, wenn es auch Falsches enthielt, wenigstens zu einer Informationshilfe für einen allfälligen Neuanfang?

Gewöhnlich lernt man doch auch aus der Tatsache, daß man lange Zeit in einer bestimmten Richtung vergeblich die Wahrheit der Welt gesucht hat – zumindest, daß man gerade eben in dieser Richtung nicht weiter nach der Wahrheit der Welt suchen sollte. So gewinnt man auch aus beschrittenen Irrwegen schon eine gewisse Orientierungshilfe!

Versuchen wir uns also in einem intensiven Resümee unserer vorhergegangenen kritischen Betrachtungen genau diese Orientierungshilfe zu verschaffen und zunutze zu machen! In welchen Punkten und welchen Hinsichten könnten die für das heutige kosmologische Weltbild verantwortlichen geistigen Strömungen korrekturbedürftig sein? An welchen Punkten kann man denn überhaupt einen Neuanfang im Denken machen? Expandiert die Welt nun? Oder expandiert sie nicht? Stammt sie aus einem Urknall oder nicht? Ist sie einem Entropietod geweiht oder führt sie zu einem Urkollaps zurück? Das alles sind Fragen mit einem klar unterstellten Ausschließlichkeitsaspekt, so, als ginge es um rein logische Entscheidungen nach dem Modell: A ist entweder richtig oder falsch. Tertium non datur! Etwas Drittes daneben gibt es wohl nicht.

Kann es nicht aber vielmehr sein, daß die Welt wohl zwar expandiert, aber nicht überall und andauernd, und vor allem nicht überall gleich stark, so daß es keine monotone gemeinsame Entwicklungslinie im ganzen Universum gibt, sondern viele disjunkte und sich vielleicht sogar teilweise durchkreuzende Entwicklungslinien? Jede Strukturform hat vielleicht als eine solch individuelle Form ihre eigene, aus allem anderen Geschehen herauslaufende Evolution, wie etwa diejenige jedes einzelnen Menschen innerhalb der Menschheit, die zwar mitgetragen und mitverursacht wird von den vielen anderweitigen Evolutionen, die aber nicht an eine absolute Evolution im Kosmos fest angebunden werden kann, wie dies etwa über eine absolute kosmische Zeitkoordinate geschehen würde.

Vielleicht hat jede Struktur ihre je eigene Zeitzählung, aber die absolute kosmische Zeit, die wir immer in allen bisherigen Erklärungen des Universums zugrunde legen wollten, ist „absolut" unsinnig. Denn es gibt eventuell ja gar keinen absoluten Entwicklungsstand des kosmischen Gesamtgeschehens, es gibt vielmehr nur den jeweiligen individuellen Status in der Entwicklung einer von unserer geistigen Intentionalität in der transzendenten Naturrealität anvisierten Einzelheit aus diesem universalen Kosmos.

Wenn man dies in einem Vergleich sehen möchte, so

280

könnte man sagen, daß es sich ja auch nicht lohnt, die Geschichte von zwei oder drei oder mehreren zueinander beziehungslos lebenden Menschen beschreiben zu wollen, weil es sich ja hierbei um eine offene, völlig kontingente Gruppe von selbständig agierenden Lebewesen handeln würde: Nur die Geschichte jedes einzelnen Menschen, oder dann eben die der gesamten Menschheit, zählt ja doch eigentlich! Wenn also die verschiedenen kosmischen Strukturen in erster Linie physikalisch unkorreliert nebeneinander koexistieren und wenn es keinen kohärenten Ereignisstrom gibt, der alle diese Strukturen in sich mitträgt, so macht es gar keinen Sinn, von der Evolution des Kosmos als ganzem sprechen zu wollen. Es gibt dann eben nur die Evolution der Einzelbereiche des Kosmos! Aber diese Einzelevolutionen mögen dafür durchaus unkorreliert sein. Die eine hat so gut wie nichts mit all den anderen zu tun. Einzelne morphologisch und hierarchisch verschiedene Erscheinungswelten im Kosmos mögen ihren je eigenen Anfang und ihr je eigenes Ende haben. Ihnen allen ist womöglich gar kein gemeinsamer Anfang zuzuordnen, denn sie stehen in keinem sie alle gemeinsam in der kosmischen Zeit führenden Zusammenhang. Ist nicht vielleicht das Weltall eher ein turbulentes Geschehen zwischen immer wieder entstehenden und danach vergehenden Strukturen mit multikausalen gegenseitigen Beeinflussungen, eher jedenfalls als eine monokausale, monolithische und in der Einbahnstraße der absoluten Zeit sich entwickelnde Ereignispyramide, die in ihrer Spitze einen Urknall annehmen muß und allein von daher ihre Auffächerung in alle heutigen und kommenden Strukturen erfahren soll?

Der Urknall mag für die Erklärung des Wesens der Welt schließlich und endlich, wenn man es sich nur lange genug überlegt, so unwichtig sein wie Adam und Eva für die Erklärung des Wesens der Menschheit!

Wenn eine Atlantikwoge auf die Bretagne-Küste aufläuft, weiß sie dann eigentlich davon, daß sie einem über den Erdball ausgedehnten Ozean mit geoidisch gekrümmter Wasseroberfläche und einer dichtemäßigen Tiefenstruktur angehört, die von einem sehr komplex angelegten, effektiven Erdgravitationsfeld geprägt ist? Oder verhält sie sich in der Art, wie sie vor der Küste lokal zur Brandungswelle wird, einfach so, als sei sie schlicht nur ein rein lokales System mit einer ausschließlichen Wahrnehmung der lokalen Wasseruntiefenverhältnisse? Oder vielleicht noch suggestiver und noch sinnfälliger gefragt: Wenn man ein einzelnes Wassermolekül aus diesem Ozean herausgreifen würde, könnte man ihm wohl die Zugehörigkeit zum irdischen Ozean und zu dessen Geschichte ansehen? Es ist klar, daß mit dem Grade der gegebenen Abgeschlossenheit solch herausgegriffener Untereinheiten auch das Maß der Mitgeprägtheit in ihren Eigenschaften durch die jeweilige globale Umwelt gradualisiert und moderiert wird.

Die Formen einer solchen Abgeschlossenheit sind dabei jeweils sehr spezifisch zu bewerten und zu analysieren. Ein Atom ist nicht einfach, nur weil es eben ein Atom ist, von seiner weiteren Umwelt unabhängig, ganz egal, in welchem Materieverband es sich befindet. Ein Gasatom in einem Gas, ein Wassermolekül im Wasser, ein Eisenatom in einem Stück metallischen Eisens, dies sind bezüglich des Grades an Abgeschlossenheit gegenüber der Umwelt grundsätzlich recht verschiedene Dinge! Einem Gasatom im Gas merkt man seine atomare Nachbarschaft nur durch die spektrale Verbreiterung seiner charakteristischen Emissionslinien an, ansonsten ist ein

Gasatom wie das andere, ganz gleich, in welch heißer und welch dichter Gasumgebung es sich auch befindet. Der Einfluß der Wasserumgebung auf ein Wassermolekül ist dagegen schon tiefgreifender. Dies liegt zum einen an der größeren Nähe und deswegen stärkeren Einflußnahme der Nachbarmoleküle, und es liegt zum anderen an der größeren Störanfälligkeit eines Moleküls gegenüber einem Atom. Als loser Verband von Atomen ist ein Molekül leicht elektrisch polarisierbar, das heißt, es wird unter dem Einfluß eines lokalen äußeren elektrischen Feldes zu einem elektrischen Dipol. Dadurch ergibt es sich nun, daß sich benachbarte Moleküle über ihre elektrischen Coulombfelder beeinflussen, indem sie selbstinduzierte elektrische Dipol- und Multipolmomente hervorrufen und so relativ leicht größere Molekülverbände bilden, zum Beispiel Cluster und Ketten aus Wassermolekülen, in denen Eigenschaften aufscheinen, die das einzelne isolierte Wassermolekül einfach nicht haben würde. Noch anders verhält es sich mit Eisenatomen in einem Eisengitter, wie es zum Beispiel jedes Stück metallischen Eisens nun einmal darstellt. Hier teilen sich die einzelnen, an bestimmten Gitterstellen plazierten Eisenatome ihre äußersten Hüllenelektronen, die mehr oder weniger frei zwischen den Atomen kommunizieren und auf elektrische Felder reagieren können. Damit sind Eisenatome im Metallgitter nicht mehr unabhängig voneinander; sie verhalten sich mehr oder weniger wie ein Kollektiv gegenüber Störungen von außen. Wenn die Eisenatome eines kleinen lokalen Bereiches einer elastischen Deformation unterworfen werden, so teilt sich diese äußere Einwirkung den anderen Nachbarbereichen dieser Eisenatome durch Deformationswellen oder, wie man quantentheoretisch sagt, durch Phononen mit. Die Eisenatome verhalten sich hier in dieser Gitteranordnung also durchaus nicht mehr unabhängig voneinander, sondern vielmehr wie ein Verbund!

Die entsprechende Frage nach dem Grad der Abgeschlossenheit an kosmische Objekte gerichtet hieße demnach hier, inwieweit solche strukturellen oder hierarchischen Einheiten wie Sterne, Galaxien und Haufengalaxien im Universum sich als unabhängige Entitäten frei von Wechselwirkung mit Nachbarelementen der gleichen oder einer anderen Hierarchiestufe beschreiben lassen: Weiß ein Stern, daß er zu einer Galaxie gehört? Weiß eine Galaxie davon, daß sie zu einem Galaxienhaufen gehört? Weiß ein Galaxienhaufen, daß er sich in einem expandierenden Universum befindet, welches dem Urknall entstammt?

Wenn es unter den Strukturgebilden unseres Universums eine klare Alterszeichnung gäbe, so würde dies auf eine höhere Gemeinsamkeit unter ihnen hinweisen und damit anzeigen, daß diese Gebilde kein unabhängiges Dasein voneinander führen. Wenn es also etwa für die Sterne unserer Galaxie einen eng begrenzten Zeitabschnitt gäbe, in dem sie alle entstanden sind, so würde dies zum Ausdruck bringen, daß alle diese Sterne in einen gemeinsamen Schicksalsstrom eingebettet sind, ihr Schicksal demnach nicht restlos unabhängig voneinander sein kann. Ebenso würde die Existenz einer eng begrenzten kosmischen Epoche, aus der alle Galaxien und Galaxienhaufen herstammen, auf ein gemeinsames Schicksal all dieser Gebilde hinweisen und die allgemeine Synchronisation durch ein Urknallereignis wahrscheinlich machen. Wenn jedoch die Geburt von Sternen in unserer Galaxie ein geschichtlich unsynchronisiertes Ereignis ist, wenn demnach also Sterne in unserer Galaxie ebenso gut früher, heute oder auch noch viel später geboren würden, so spräche das eher dafür, daß solche Sterngeburten ganz unkorrelierte Ereignisse sind. Und wenn selbst heute noch, so wie auch zu früheren Zeiten, Galaxien im Weltall entstehen würden, so würde auch dies darauf hinweisen, daß es für die Galaxienentstehung keine kosmisch bevorzugte Periode gibt und es sich folglich nicht um ein kosmisch korreliertes Bildungsgeschehen handelt.

In der Tat weiß man nun, daß auch in unserer Zeit überall in unserer Galaxis neue Sterne aller Klassen entstehen. Solche Sterngeburten sind an der Tagesordnung im galaktischen Alltag und können heute mit Infrarotteleskopen wie die Entwicklung eines Kindes im Mutterleib in allen Einzelheiten verfolgt und diagnostiziert werden. Viele Sterne in unserer Galaxis wären gar nicht mehr sichtbar, wenn ihre Existenz zum Beispiel auf eine gemeinsame Entstehungsperiode mit unserer Sonne zurückginge. Denn während unsere Sonne bereits 4,5 Milliarden Jahre alt ist, können heiße O- und B-Sterne nur einige Millionen Jahre alt werden, bevor sie in einem Supernovaexplosionsereignis vergehen. Nun sagt man aber unter Astronomen, daß zwar die Astration des interstellaren Gases, also die gravitative Fragmentation des in den Galaxien ausgebreiteten Wasserstoffgases zu konkreten Sternen, so lange voranschreitet, wie der Vorrat an Gas eben ausreicht, und meint damit absehen zu können, daß die Sternbildungsraten in früheren Epochen unserer und der anderen Galaxien weit höher waren, als sie heute sind; in diesem Fall wären die heute noch ablaufenden Sternbildungen wie das apotheotische Ausklingen eines Erzeugungsprozesses mit einer für die jeweilige Galaxie typischen Halbwertszeit anzusehen.

Die Beweise dafür sind aber nicht sehr schlagend und eher von salomonischer Aussagekraft. Wenn eine Galaxie ein Gebilde mit einem streng korrelierten Sternentstehungsprozeß wäre, so sollten ja Galaxien, die man bei unterschiedlichen Abständen, sprich: zu unterschiedlichen Zeiten, sieht, ganz verschieden aussehen; insbesondere sollten sie sehr verschiedene Leuchtkraft haben. In der Phase höchster Astrationsrate müßten solche Galaxien besonders stark leuchtend sein, und in den Phasen danach müßten dieselben Galaxien systematisch schwächer leuchtend werden: Ihr Masse-Leuchtkraft-Verhältnis müßte sich über ihre Lebenszeit hin stark verändern. Das schon öfter angesprochene Problem der „dunklen Materie" käme hierbei automatisch um so stärker zur Erscheinung, je mehr galaktische Primärmaterie durch die Sternzyklen prozessiert und ausgebrannt würde, also unwiederbringlich in nekrotische, nichtleuchtende Formen von Materie verwandelt würde.

Was aber spricht denn nun eventuell eher dafür, daß das Weltall weder als Ganzes noch in seinen Teilen eine monoton alternde Angelegenheit ist? Man kann sich relativ leicht klarmachen, wie ein Universum aussehen müßte, dessen gesamte Strukturbildung mit einem Initialereignis, dem Urknall nämlich, und der sich daran anschließenden Einmaligkeit einer expandierenden Raumzeit zusammenhängt.

In einer sogenannten Blasenkammer, die die Physiker zum Nachweis von hochenergetischen und deshalb ionisierenden Teilchen verwenden, wird ein sich in einem bestimmten Kammervolumen befindendes, mit Wasserdampf übersättigtes Gas plötzlich auf größeres Volumen ausgedehnt und dabei abgekühlt (man sagt: unterkühlt). Das sich abkühlende, dampfübersättigte Gas neigt dann

286

spontan zur Tröpfchenbildung, insbesondere dort, wo Kondensationskeime in Form von elektrisch geladenen Gasionen vorhanden sind. Da letztere aber gerade von hochenergetischen Teilchen erzeugt werden, die die Gaskammer im Moment der Volumenexpansion durchlaufen, findet die spontane Tröpfchenbildung gerade längs der Bahnen dieser Teilchen statt und markiert so sichtbar den Weg, den diese Teilchen genommen haben. Wenn die Expansion des Kammergases jedoch erst einmal stattgefunden hat, so klingt die Tröpfchenbildung innerhalb kürzester Zeit ab, und hochenergetische Teilchen, die nach dieser Zeit durch die Kammer hindurchlaufen, hinterlassen keine Tröpfchenspuren mehr, weil bereits aller Wasserdampf aus der Gasphase in die Flüssigphase auskondensiert ist. Die Tröpfchenbildung ist demnach nur einmal pro Expansionsakt für kurze Zeit möglich und tritt weder davor noch danach jemals wieder auf. Was aber hat dies mit dem Weltall zu tun, wenn überhaupt?

Im Urknalluniversum wird sozusagen auch ein Gas bereitgestellt, das bei Expansion zur Abkühlung und zur gravitativen Kondensation neigt. Aus diesem kosmischen Gas bilden sich jedoch die kosmischen Tröpfchen nicht unter der organisierten Wirkung der molekularen Van-der-Waals-Kräfte zwischen den Wasserdampfmolekülen wie in der Blasenkammer, sondern unter der organisierten Wirkung der Gravitationskräfte zwischen den einzelnen Gasbereichen des Universums. Wenn jedoch der kondensationskritische Zustand für die kosmische Strukturbildung im expandierenden Urknallgas gekommen ist, so sollten sich innerhalb einer kosmisch mehr oder weniger kurzen Zeitperiode spontan die kosmischen Kondensationen bilden; danach aber sollte die Zeit für kosmische Strukturbildung verstrichen sein und nie mehr wiederkehren, es sei denn, in einer Phase erneuter Expansion nach einem vorherigen kosmischen Kollaps und einem nachmaligen weiteren Urknall. Wenn das, was wir heute in unserem Universum sehen, die Nachhut eines einzigen Urknallereignisses ist, so sollte die Entstehungsgeschichte der kosmischen Strukturen zurückliegen in der Vergangenheit, und der kosmische Strukturbildungsprozeß sollte heute gänzlich abgeschlossen sein.

Das Strukturgeschehen innerhalb der Galaxien selbst versuchen die Astronomen dabei immer gerne von dieser Eschatologie auszunehmen, indem sie sagen, daß die Galaxien, kosmisch-evolutionär gesehen, erst sehr spät als ein Endprodukt aus der allgemeinen kosmischen Strukturierung hervorgegangen sind und daß demnach das in ihnen ablaufende Strukturgeschehen, was die Sternbildung, die Sternverdichtung und die Elementerzeugung anbelangt, hier noch nicht abgeschlossen sein mag. Was aber die großen Strukturanlagen im Kosmos auf der Hierarchieebene der Galaxien und Galaxienhaufen anbetrifft, so glauben sie allerdings allgemein annehmen zu müssen, daß hier die Weichen ein für allemal schon sehr früh gestellt waren.

Gegen diesen Glauben scheint zweierlei Faktisches zu sprechen: Erstens scheinen sich nach wie vor in unserem urknallmäßig gesehen doch schon reichlich vergreisten Universum große Strukturen in ganz jungfräulicher Schönheit herauszubilden! Und zweitens zeigt sich keine eindeutige Alterserscheinung an den Galaxien unserer ferneren kosmischen Nachbarschaft! Die uns fernen Galaxien müßten schließlich in ganz eindeutigem Sinne jünger aussehen als die uns nahen!

Was die jungfräuliche Entstehung neuer Großstrukturen

anbelangt, so mögen neueste Entdeckungen gegen Ende des letzten Jahres von den Astronomen Martha Haynes und Riccardo Giovanelli mit dem 305-Meter-Radioteleskop in Arecibo auf Puerto Rico den entscheidenden Beweis dafür geliefert haben. Im Lichte der typischen Emission des Wasserstoffs bei 21 Zentimetern Wellenlänge haben diese beiden Wissenschaftler etwas entdeckt, das die eindeutigen Merkmale einer Vorstufe zu einer sich bildenden Galaxie in unserer näheren kosmischen Nachbarschaft zeigt. Es handelt sich um eine riesige Wolke neutralen Wasserstoffs, die als solche die Eigenschaften einer Protogalaxie besitzt. Diese Wolke befindet sich in einer Entfernung von etwa 80 Millionen Lichtjahren von uns und weist einen Durchmesser von 800 000 Lichtjahren auf. Sie ist damit um ein Mehrfaches größer als unsere Milchstraßengalaxie. Ihre Gesamtmasse an Wasserstoffgas scheint etwa einem Massenäquivalent von 20 bis 100 Milliarden Sonnenmassen zu entsprechen und weist damit eindeutig die Potenz dieses neuen kosmischen Gebildes aus, eine zukünftige Galaxie mit ganz normalen Charakterzügen zu werden.

Wenn es aber stimmt, daß sich hier in den Tiefen des Universums eine neue Galaxie entwickelt, so widerspricht dies allen urknallorientierten Theorien, nach denen diese Art der Strukturbildung schon längst (zu einer Zeit nämlich, als das urknallgetriebene Universum gerade 1 Milliarde Jahre alt war) zum Abschluß gekommen sein sollte. Das Licht von der gerade entdeckten Protogalaxie ist aufgrund der dem Objekt zugeordneten Entfernung von 80 Millionen Lichtjahren aber nur 80 Millionen Jahre zu uns unterwegs gewesen, und es sollte damit sozusagen den „modernsten" Zustand des dortigen Universums anzeigen! Wenn jedoch in diesem sehr fortgeschrittenen Zustand immer noch Galaxien und Galaxienhaufen entstehen, so sollte das klar aufzeigen können, daß etwas ganz Gravierendes im Urknallbild des Kosmos verfehlt wird!

Eine ähnlich urknallkritische Situation ergibt sich von einer etwas anderen Seite aus der galaxieinternen Strukturentwicklung. Wenn Galaxien und Galaxienhaufen im Kosmos ihre gemeinsame Entstehung in einer weit zurückliegenden Zeitperiode hatten, so sollte die Strukturbildung innerhalb dieser Objekte von da an systematisch bis heute vorangeschritten sein. Wenn wir also heute von der Erde aus Galaxien bei verschiedenen Entfernungen im Kosmos beobachten, so sollte uns dabei eine entfernungskorrelierte Alterungsgeschichte der Strukturbildung in diesen Galaxien klar vor Augen geführt werden: Die entfernteren Galaxien sollten ihrer Struktur nach jünger sein, die näheren ihrer Struktur nach älter, also vergleichbar der Struktur unserer eigenen Galaxie.

Eine solche genealogische Staffelung mit der Entfernung läßt sich jedoch nicht bestätigen, zumindest dann nicht, wenn man sich bei dieser Aussage zunächst einmal auf normale Galaxien beschränkt!

Normale Galaxien pflegt man ihrer Morphologie nach in elliptische Galaxien, Spiralgalaxien und Balkengalaxien zu klassifizieren, wobei diese rein morphologische Klassifizierung von den Astronomen eher als eine Klassifizierung nach dem spezifischen Drehimpuls dieser Objekte denn nach deren Alter verstanden wird. Dennoch scheint zumindest eine Subklassifizierung der elliptischen Galaxien in E 0-, E 1-, E 2-, ..., E 7-Typen, oder der Spiralgalaxien in S0-, Sa-, Sb-, Sc-Typen so etwas wie eine Alterssequenz mit systematisch wachsendem Strukturierungsgrad anzuzeigen.

Bei den elliptischen Galaxien, die ja rein qualitativ eine diffuse ellipsoidische Sternanordnung repräsentieren, wächst im Zuge der obigen Sequenz systematisch die Verdichtung der Sternpopulation im Zentralbereich der Galaxie, bei den Spiralgalaxien entsprechend die Ausbildung eines linsenförmigen Zentralbereiches und nach außen laufender, eng fokussierter Spiralarme. Diese wachsende Strukturierung scheint von einem eindeutigen Fortschreiten in der Zeit an solchen Objekten gekennzeichnet zu sein. Danach sollten die heutigen Spiralgalaxien im Universum eher vom Sc-Typ sein, während die früheren Erscheinungsformen solcher Galaxien, die wir ja bei größeren Abständen im Kosmos zu sehen bekommen, eher den Sb-, Sa- beziehungsweise den S0-Typ favorisieren sollten.

Dem scheinen die astronomischen Tatsachen jedoch keineswegs entsprechen zu wollen, denn hierin findet man ziemlich eindeutig etwa gleiche Verhältnisse all dieser Galaxientypen in den verschiedensten Galaxienhaufen wieder, egal, ob diese Haufen nun nahe bei uns sind oder sich sehr weit von uns entfernt befinden. Es scheint also ziemlich eindeutig, daß wir im Kosmos keine Alterssequenz in Form einer Entfernungssequenz angelegt sehen, wie es ein Urknalluniversum erwarten lassen müßte, sondern daß wir in Form von Galaxienhaufen eher so etwas wie sich selbst unterhaltende, im vollsten Sinne vital-stabile und bei Erhaltung ihrer wesentlichen Eigenschaftlichkeit dennoch sich evolvierende Makrogebilde vor Augen haben. Sie sollten so etwas wie einen kosmischen Makroorganismus darstellen, der trotz Energieabstrahlung und entropischer Irreversibilität in den Energiekonversionsprozessen als langlebige Struktur sich in gewissem Sinne zumindest begrenzt erneuern kann.

Aus diesem Zusammenhang herkommend stößt man sich im übrigen, insbesondere als Urknallbezweifler, noch an einer anderen sehr auffälligen kosmischen Tatsache. Sie geht von dem Umstand aus, daß man unter Astronomen allenthalben glaubt, den allgemeinen Hubblefluß des expandierenden Universums gut an der bekannten Relation zwischen scheinbarer Leuchtkraft und Rotverschiebung der kosmischen Objekte bestätigt zu finden, wie sie sich an den Galaxien unseres nahen und fernen Universums widerspiegelt. Legt man den von Sandage und Tammann revidierten Shapley-Ames-Galaxienkatalog zugrunde und beschränkt sich auf Spiralgalaxien vom Sb-Typ mit derselben Leuchtklasse wie die uns nahen Galaxien M 31 und M 81 aus unserer lokalen Galaxiengruppe, so ergibt sich in einem Diagramm der scheinbaren Helligkeit dieser Objekte aufgetragen gegen deren Rotverschiebung eine relativ gute tendenzielle Bestätigung für eine Hubblerelation mit einem Hubbleparameter von $H_0 = 65$ Kilometer pro Sekunde und Megaparsec, wenn auch die einzelnen Galaxien eine erhebliche entfernungsunabhängige Streuung in der Rotverschiebung um eine best-angepaßte lineare Beziehung aufweisen.

Im Gegensatz dazu weisen Spiralgalaxien vom Sc-Typ, aus dem gleichen Katalog entnommen, ganz signifikante und einsinnige Abweichungen von einer solchen für Sb-Galaxien abgeleiteten, linearen Hubblebeziehung auf. Es scheint hier so, als wären den Sc-Galaxien, bei gleicher scheinbarer Helligkeit wie Sb-Galaxien, viel zu große Rotverschiebungen weit oberhalb der Hubblerelation für Sb-Galaxien zugeordnet. Machen die Sc-Galaxien demnach vielleicht die allgemeine kosmische Expansion gar nicht mit, sondern befolgen ihre eigene oder sogar gar keine Hubblerelation?

Nach landläufig astronomischem Verständnis drückt sich in der scheinbaren Leuchtkraft der kosmischen Objekte vom morphologisch gleichen Typ praktisch deren Entfernung von uns aus, und es ergibt sich nach vorausgegangener Absoluteichung der Helligkeit solcher Objekte die Möglichkeit, diesen Objekten aufgrund ihrer scheinbaren Helligkeit eine eindeutige kosmische Entfernung zuzuordnen. Weil aber diese scheinbare Leuchtkraft oder Helligkeit der Objekte mit einem bestimmten Wert der spektralen Rotverschiebung gekoppelt ist, ergibt sich der Befund, daß die Entfernung der Objekte selbst mit einer bestimmten Rotverschiebung verknüpft ist, allerdings im Rahmen einer erheblichen Streuung. Diese Rotverschiebung, die zumindest tendenziell mit der Entfernung der Objekte wächst, deutet man als allgemeine Fluchtgeschwindigkeit der fernen Objekte gegenüber unserem Standpunkt und schreibt sie dem allgemeinen Hubblefluß des expandierenden Universums zu; die Streuung in den Rotverschiebungen bei jeder gegebenen Helligkeit oder Entfernung gilt dagegen als jeweils singuläre oder pekuliare Abweichung vom eigentlich für diese Gegend des Kosmos üblichen Hubblefluß.

Offensichtlich muß man den einzelnen Objekten eine gewisse Eigenwilligkeit zugestehen, aufgrund derer sie sich nicht vollkommen dem Hubblefluß unterwerfen, sondern abweichende Bewegungen durchführen. Nun stellt sich aber ganz klar heraus, daß Abweichungen dieser Größenordnung nicht ausreichen, die Rotverschiebungen der Galaxien vom Sc-Typ im Vergleich zu denjenigen vom Sb-Typ zu verstehen. Ihre Rotverschiebungen sind signifikant größer als die der Sb-Galaxien gleicher scheinbarer Leuchtkraft beziehungsweise Hubble-Entfernung. Daraus kann man schließen, daß entweder die

Entfernungen dieser Objekte falsch eingeschätzt werden und daß diese in Wirklichkeit deutlich größer sind oder daß diese Objekte an den gleichen kosmischen Plätzen im Universum von einem weit schnelleren Hubblefluß als dem für die Sb-Galaxien typischen getragen werden, oder schließlich, daß zumindest ein Teil ihrer Rotverschiebung gar nicht auf den Dopplereffekt zurückgeht und demnach auch überhaupt keine Geschwindigkeit anzeigt.

Dieser letzte Verdacht wird durch eine unabhängige Entfernungsermittlung für Sc-Galaxien über die sogenannte Tully-Fisher-Relation erhärtet; sie stellt einen offenbar eindeutigen Zusammenhang zwischen der wahren Leuchtkraft solcher Objekte und der Rotationsgeschwindigkeit ihrer galaktischen Peripherien her, die ihrerseits aus der spektralen Breite von Emissionslinien dieser Objekte gemessen werden kann. Aus dem Verhältnis von scheinbarer Leuchtkraft zu dieser aus der Breite der Emissionslinien abgeleiteten wahren Leuchtkraft kann man dann diesen Sc-Galaxien eine „nicht-kosmologische" Tully-Fisher-Entfernung zuordnen. Wie sich dabei aber interessanterweise zeigt, sind diese Tully-Fisher-Entfernungswerte bei allen Sc-Galaxien mit zu hohen Rotverschiebungen deutlich kleiner als die ihnen allein aufgrund ihrer Rotverschiebung zukommenden kosmologischen Entfernungen. Dies scheint dafür zu sprechen, daß zumindest ein Teil der bei Sc-Galaxien festgestellten Rotverschiebung nicht-kosmologischer Natur ist und auch nicht auf Bewegungen irgendwelcher Art zurückgeht.

Der letztgenannte Befund tritt, wie der amerikanische Astronom Halton Chip Arp, derzeit am Max-Planck-Institut für Astrophysik in Garching bei München, klar herausstellt, insbesondere bei einer Unterklasse der Sc-Galaxien, den sogenannten Sc-I-Galaxien mit besonders eng begrenzten und prägnant ausgebildeten Spiralarmen, ganz deutlich zum Vorschein: Diese Klasse weicht noch einmal von der schon eigenartigen Hubbleschen Rotverschiebungsrelation für normale Sc-Galaxien zu höheren Rotverschiebungen hin ab. Das läßt wiederum als Erklärung nur zu, daß auch hier, und zwar in nochmals erhöhtem Maße, nicht-kosmologische Rotverschiebungen im Spiel sind, oder aber, daß diese Sc-I-Objekte erheblich höhere Leuchtkräfte als normale Sc-Galaxien besitzen. Mit der ersten Erklärung brächte man die Hubblerelation tief in Mißkredit, und mit der zweiten würde man den Glauben an irgendwelche sinnvoll definierbaren Einheitskerzen im Weltraum klar unterlaufen müssen.

Beides wäre gleichermaßen schlimm für das Verständnis des Weltalls! Ohne kosmische Objekte, die als sogenannte zuverlässige Einheitskerzen mit bekannter, wahrer Leuchtkraft verwendet werden können, wäre jeder Versuch zum Scheitern verurteilt, die Entfernung weit entfernter Objekte im Universum verläßlich einzustufen. Andererseits wäre ohne Hubblerelation und ohne Rotverschiebungen mit einer klaren Implikation für die kosmologische Expansionsdynamik ein Verständnis der universalen Raumzeitgeometrie ebenso völlig ausgeschlossen.

Wie Halton Chip Arp außerdem herausstellt, zeigt sich als weiteres, düsteres Indiz in dieser Richtung, daß der Winkeldurchmesser der Galaxien vom Sc-I-Typ mit deren Rotverschiebungswerten ständig anwächst statt abzunehmen, obwohl doch bei wachsendem Abstand solche morphologisch verwandten Objekte im Winkel kleiner erscheinen sollten. Entweder sind diese Objekte also alle viel näher, als kosmologisch nach ihrer Rotverschiebung zu erwarten wäre, und die Rotverschiebung wäre demnach weder ein Maß für die Entfernung noch für die Fluchtgeschwindigkeit, sondern eher vielleicht für die Größe der Objekte; oder Sc-I-Galaxien sind bei großen Entfernungen viel, viel größer und leuchtstärker als bei geringen Entfernungen, so daß sie dann aber folglich überhaupt nicht als Einheitskerzen zu benutzen wären.

Mit dem, was man im Weltall wohl als Einheitskerze oder Leuchtstandard verwenden könnte, haben die Astronomen leider ohnehin große Probleme. Ihre strahlenden Objekte im Kosmos erweisen sich bei genauerer Analyse alle doch als irgendwie individuell geprägte Lichtquellen mit eigener Charakteristik. Das wird bei etwas exotischeren Objekten wie den sogenannten quasistellaren Radioquellen oder Quasaren noch deutlicher, als es schon an den „normalen" Galaxien hervortritt. Unter diesen Objekten scheint es einen ganzen Zoo von Individuen zu geben, die alle in ihrer Eigenartigkeit völlig unverstanden sind.

Während es sogenannte Radiogalaxien gibt, die mit einer optisch ausgebildeten Galaxie identifiziert werden können, jedoch den Hauptteil ihrer Energieausstrahlung im Radiowellenbereich haben, wurden in den sechziger Jahren zunehmend Objekte entdeckt, die sich in ihrer Radioemission den Radiogalaxien als verwandt erweisen, die sich jedoch nicht mit einer optischen Galaxie, sondern nur mit einem nicht auflösbaren, sternartigen Gebilde mit weniger als einer Bogensekunde Durchmesser identifizieren ließen. Diese optisch sowie radioastronomisch untersuchten Objekte wiesen eine enorme Flächenhellig-

296

keit auf und deuteten aufgrund der erstaunlich großen Rotverschiebungswerte in ihren Emissionslinien riesige Entfernungen an.

Nach der gewöhnlichen Hubblerelation beurteilt stehen solche Objekte in solch großen Entfernungen, daß man ihnen aufgrund ihrer scheinbaren Leuchtkräfte absolute visuelle Helligkeiten zuschreiben muß, die um den Faktor 100 und mehr über denjenigen heller Riesengalaxien lägen. Der zunächst für diese Objekte geprägte Name Quasare (für *quasi*stellare Radioquelle) erwies sich später als verfrüht, weil sich zeigte, daß es Objekte dieser Art gibt, die optisch ganz ähnlich sind, die jedoch im Unterschied zu den zunächst entdeckten Quasaren mit starker Radiostrahlung keine solche Strahlung im Radiowellengebiet aussenden. Seitdem unterscheidet man diese Objekte etwas genauer in sogenannte „QSRs" und „QSOs", also in quasistellare Objekte „mit" und „ohne" Radiostrahlung; mitunter ist auch von radiolauten und radioleisen Quasaren die Rede.

Wenn man nun einmal versucht, solche QSO-Objekte auf die an ihnen widerscheinende Hubblerelation hin zu untersuchen, so erlebt man Schreckliches. Trägt man für die QSOs, die in dem 1987 veröffentlichten Himmelsobjektkatalog von Hewitt und Burbidge verzeichnet sind, in einem Diagramm die scheinbare Leuchtkraft gegen die Rotverschiebung auf, so würde man aus dem dabei erscheinenden, wild streuenden Punktefeld niemals eine Bestätigung für eine Relation zwischen Entfernung und Rotverschiebung entnehmen können. Die Streuung der Datenpunkte tritt hier noch weit auffälliger in Erscheinung als bei normalen Galaxien, bei denen wenigstens doch eine gewisse Tendenz zur Unterstützung einer Hubblerelation zu erkennen war. Auf den ersten Blick könnte man die Aussage eines solchen QSO-Diagramms glatt so interpretieren, als habe die Rotverschiebung dieser Objekte überhaupt nichts mit ihrer Entfernung zu tun!

Hierfür lassen sich wiederum zwei alternative Erklärungen beibringen. Entweder: Die Rotverschiebungen sind doch zuverlässige Abstandsindikatoren – dann gilt dies aber überhaupt nicht für die scheinbaren Helligkeiten der QSO-Objekte (sie sollten dann vielmehr eine abstandsabhängige Morphologie und Genealogie besitzen, die man nur als morphologische Entwicklung in der absoluten kosmischen Zeit verstehen könnte!). Oder: Die Rotverschiebungen der QSO-Objekte sind mit deren Abständen völlig unkorreliert und damit unkosmologisch – dann können die scheinbaren Helligkeiten dieser Objekte zuverlässige Abstandsindikatoren sein und bleiben. Ein den Astronomen böswilliger Häretiker könnte sogar als weitere Möglichkeit zu einer Erklärung die Behauptung anbringen, daß weder die scheinbaren Helligkeiten noch die Rotverschiebungen dieser Objekte irgendeine zuverlässige Indikation für deren Abstand abgeben! Das würde der Kosmologie dann überhaupt jegliche Basis entziehen. Aber man darf sich vielleicht nicht gleich diesem tiefsten Pessimismus anschließen.

Bei den normalen Galaxien haben die Astronomen, was die Bestätigung einer Hubblerelation anbetrifft, ja schließlich doch einigen Erfolg erzielt, wenn sie nur eben nicht einfach alle Galaxien in ein solches Hubblediagramm einbringen, sondern jeweils nur die hellste Galaxie aus einem Galaxienhaufen. Es scheint dann, als ob sich diese hellste Galaxie eines Haufens immerhin besser als alles andere als „kosmische Einheitskerze" benutzen läßt, und mit ihr wird die Streuung im Hubblediagramm dann auch deutlich geringer. Allerdings wird sie jenseits von Rotverschiebungswerten von $z = 0,2$ schließlich dennoch wieder so erheblich, daß entweder jedes beliebige kosmologische Expansionsmodell gleichermaßen oder aber gar keines darin eine Bestätigung erfährt.

Auch bei den QSO-Objekten hat sich gezeigt, daß man unter ihnen eine Auswahl von typischeren aus weniger typischen Quellen treffen kann. Es hat sich nämlich erweisen lassen, daß bei den typischeren Quellen mit enger morphologischer Verwandtschaft die spektrale Breite der Kohlenstoff-Emissionslinien (C-IV-Linien) eine gute Korrelation mit der wahren Leuchtkraft dieser Objekte aufweist. Wenn man nun mit Hilfe dieses Kriteriums QSO-Objekte mit verwandter absoluter Leuchtkraft auswählt und dann nur diese in ein Hubblediagramm übernimmt, so reduziert man auch hierbei die Streuung der Datenpunkte. Wenn man dann allerdings versucht, diese Datenpunkte mit Hilfe eines gängigen kosmologischen Expansionsmodelles nach Art des bekannten Friedmann-Modelles zu repräsentieren, so wird man auf ein Universum mit sehr starker gravitativer Expansionsverzögerung geführt ($q_0 \leqq 3$), dessen Weltalter angesichts des Alters allein unserer Milchstraßengalaxie als viel zu kurz zu bewerten wäre. Eine kosmologische Deutung selbst dieses vom „Untypischen" bereinigten Hubblediagramms fiele, jedenfalls im Rahmen konservativer Expansionsmodelle des Kosmos, recht schwer oder wäre gar unmöglich.

Weitere Hinweise darauf, wodurch eigentlich alle Objekte den Standardkosmologen ihr Handwerk schwer oder gar unmöglich machen, kommen aus der Beobachtung der Winkeldurchmesser dieser Objekte als Funktion ihrer Rotverschiebung. Wenn man die Standardmodelle der kosmologischen Expansion des Universums heranzieht, so geben alle diese Modelle eine eindeutige Aussage darüber ab, wie sich der Winkeldurchmesser einer Kugel vom Radius R mit dem Abstand dieser Kugel von uns beziehungsweise mit der diesem Abstand zugeordneten Rotverschiebung z dieser Kugel verhalten sollte. Es zeigt sich, daß dieser Winkeldurchmesser eines sich selbst morphologisch gleich bleibenden, kosmischen Objektes in einem positiv gekrümmten und gravitativ geschlossenen Weltall zunächst mit der Rotverschiebung des Objektes abnehmen sollte, dann aber jenseits eines kritischen Rotverschiebungswertes aufgrund der involvierten Raumzeitgeometrie des Universums wieder zunehmen sollte, weil ja die objektbegrenzenden Lichtstrahlen sich auf einer gekrümmten Fläche zu uns hin ausbreiten.

Dabei zeigt sich, daß sich bei allen diskutablen Weltmodellen ein Minimum des zugeordneten Objektwinkels bei Rotverschiebungswerten zwischen 1 und 2 ergeben sollte. Bis zu solchen Werten lassen sich aber selbst normale Galaxien oder Radiogalaxien ohne weiteres untersuchen, und dabei konnte ein solches Minimum des Objektwinkeldurchmessers in keinem Falle gefunden werden. Im Gegenteil wird eigentlich völlig klar, daß die Objektwinkeldurchmesser ganz systematisch mit wachsender Rotverschiebung abnehmen. Das scheint alles nicht zusammenpassen zu wollen. Und es kommt ständig Neues noch dazu, das die Dinge, so wie sie bisher gedacht werden sollten, nur noch rätselhafter und vor allem suspekter macht!

Haben wir demnach nicht wirklich Grund genug zum Umdenken? Die Frage müßte doch dann sein, ob diese weite Welt denn tatsächlich überhaupt einen gemeinsamen Anfang hat, von dem alles ersichtlich geprägt ist, oder ob sie nicht vielmehr viele verschiedene Anfänge und die diesen entsprechend zugeordneten Endstadien hier und dort im Universum hat.

Wir wollen uns nun dieser faszinierenden Spekulation halber auf den revolutionären Standpunkt begeben und behaupten: Es gibt für das Universum als ganzes überhaupt keine absolute Zeit, die alle Prozesse in diesem Weltall gleichermaßen wie ein kosmischer Parameter in Szene ruft oder festlegt, und es gibt auch keine monokausale Einbahnstraße im kosmischen Geschehen! Es gibt vielmehr nur ein in sich abgeschlossenes, auf sich selbst rückgekoppeltes Wirkgeschehen, das zwar lokal und singulär betrachtet wie Veränderung und Entwicklung aussieht, das jedoch, global bewertet, so angelegt erscheint, daß die sich lokal verschleißende Information in der Geschehensanlage gerade dazu dient, an anderen Stellen durch entsprechende Informationskristallisation neuen Geschehensanstoß zu liefern!

Es gibt somit den sich selbst generierenden kosmischen Geschehensfluß und den sich in seinen Teilen immer wieder repetierenden Kosmos. Wirkungen, die sich in ihrer Konstellation verschleißen, müssen durch das Geschehen, das sie bewirken, die Wiederherstellung der Wirkursachen zu erreichen verstehen!

Wenn also Kraftfelder Bewegungen der Materie des Weltalls verursachen, so muß man für dieses Geschehen eine zugrundeliegende Gesetzmäßigkeit verlangen, durch die gewährleistet wird, daß solche materiellen Bewegungen wiederum neue Kraftfelder konstellieren. Wenn diese Forderung ganzheitlich für den Kosmos gestellt ist, so muß dann auch klar sein, daß hinter diesem ganzheitlichen Geschehen niemals so etwas wie ein chaotisches Walten erscheinen kann, das ansonsten ja bei allen nichtlinearen Prozeßabläufen in dissipativen, also informationsverschleißenden physikalischen Systemen zwangsläufig ist: Hier würde ja keine Information vernichtet, sie strömt vielmehr einfach nur von einem Platz zu anderen Plätzen im Universum, indem Wirkungen neue Wirkursachen konstellieren.

Diese Wissenschaftsapodiktik weist ganz in die Richtung dessen, was von dem Österreicher Viktor Soucek in seinem Buch *Vom Uratom zum Kosmos* von Anbeginn an als thetische Erkenntnis durchklingt: Daß nämlich in einer linearkausalen Naturbeschreibung zwar die Unbestimmbarkeit der Naturprozesse bei ihrem Verlauf in der Zeit als ein evidentes Phänomen hervortritt, aber eben nicht als ein Phänomen der Natur selbst, sondern als ein Phänomen der sie verfehlenden heutigen Naturbeschreibung. Nicht das Chaos bestimmt nach Soucek die Naturverläufe, sondern nach wie vor eine Ordnung, die jedoch als eine dynamische Ordnung zu sehen ist, in der nicht lineare Kausalität vorherrscht, sondern eine Ganzheitsbedingtheit, wie er sich ausdrückt. In der Chaostheorie glaubt man zu dem absurd klingenden Schluß kommen zu können, daß bereits der Flügelschlag eines Schmetterlings in China als Anlaß zu einem Hurrikan im Bermudaraum dienen kann. Dies kann jedoch nur aus einer linearkausalen Fehlsicht des Naturgeschehens her fälschlich so geschlossen werden. In Wirklichkeit hat sich überall in der nahen und weiten Welt die bewirkende Konstellation geändert, und sie verändert sich in der Tat in jedem Punkt des Universums, wodurch aber auch in jedem Punkt des Universums letzten Endes neue Ursachen konstelliert werden.

Wenn das Universum nun aber gemäß dieser neuen Sicht der Dinge durch seine in sich abgeschlossene Selbstbedingtheit und durch seine voll rückgekoppelten Bewirkungen sich ganz wie ein biologisch organistisches Gebilde in seinen entstehenden und vergehenden Teilen ständig jung und vital erhalten können soll, dann sollten sich keine sich eindeutig und monoton vollziehenden Alterungsprozesse in diesem Universum erkennen lassen! Zwar dürfte es alternde Teile in diesem Universum geben, aber wegen der geforderten Erhaltung der kosmischen Gesamtinformation sollte das Universum selbst als ganzes keiner Alterung unterliegen.

Eine solche eindeutige Alterungslinie scheint sich, wie wir zuvor diskutiert hatten, ja auch tatsächlich an den einzelnen Teilgebilden des Universums nicht aufzeigen zu lassen. Hier kommt man viel eher zu dem Schluß, daß gleiche Verhältnisse von morphologisch jüngeren und älteren Galaxien oder Galaxienhaufen in allen Entfernungen des Universums – und das hieße, zu allen zurückliegenden Zeiten (!) – vorliegen. Hier findet man also eher als ein völlig neues kosmologisches Prinzip bestätigt, daß der Kosmos überall und zu allen Zeiten den gleichen Vitalitätsstatus besitzt. Einzig und allein die Quasare – so würden es die Astronomen jedenfalls gerne empfinden – durchbrechen dieses Prinzip vehement: Sie nämlich stehen, nach ihren großen Rotverschiebungen zu urteilen, offensichtlich nur in sehr großen kosmischen Entfernungen von uns, tauchen also für die Bekenner der Urknallhypothese nur in kosmisch sehr frühen Zeiten auf.

Dagegenhalten läßt sich, daß dieser der Panvitalitätsthese zuwiderlaufende Befund nur dadurch entsteht, daß man die großen Rotverschiebungen als Indikatoren für große Entfernungen nimmt. Würde man dagegen zu der Einsicht übergehen, daß Objekte wie die Quasare einfach ihrer Natur und ihrer physikalischen Beschaffenheit nach große Rotverschiebungen in ihren Emissionen produzieren, so könnte man sie praktisch freimütig so im Raum verteilen, daß sie dann, zusammen mit den anderen kosmischen „Individuen", zu einem überall im Universum anzutreffenden, uniformen Artengemisch führen.

Etwas ganz Wesentliches spricht stark dafür, daß diese Sicht der Dinge gar nicht so falsch sein kann: die Elementzusammensetzung in den kosmischen Objekten! Nach der konservativen Urknalltheorie entstehen während einer kurzen Phase der kosmischen Expansion, wenn die Materietemperaturen im Weltall sich zwischen 10 Milliarden und einer Milliarde Grad Celsius bewegen, durch nukleare Kernverschmelzung die ersten leichten chemischen Elemente im Kosmos, vom Wasserstoff bis zum Bor. Sterne oder Galaxien, die sich unmittelbar aus diesem frühen kosmischen Material bilden, sollten demnach überhaupt keine höheren Elemente und damit auch keine Emissionslinien solcher höheren Elemente aufweisen. Wenn nun Quasare wegen ihrer immensen Rotverschiebungen solch extrem frühe, ja geradezu die ersten konkreten Gebilde im Kosmos wären, so sollten sie eben deswegen keine Emissionslinien höherer Elemente zeigen! Dem widersprechen die Beobachtungen allerdings gehörig: In fast allen Quasarspektren findet man Emissionslinien des Magnesiums, des Siliziums und des Schwefels, ähnlich wie auch in Spektren von normalen Galaxien! Das kann doch eigentlich nur bedeuten, daß Quasare trotz ihrer immensen Rotverschiebungen auch nicht älter oder jünger als andere Objekte im Weltraum sind.

Wenn unsere Milchstraßengalaxie sich aus dem primordialen Urknallmaterial gebildet hätte, das keine Elemente jenseits vom Bor enthielt, so sollten die ersten Sterne, die sich in unserer Galaxie entwickelten, demnach auch keine Elemente jenseits vom Bor aufweisen. In der Tat gibt es in unserer Galaxie solche Sterne, deren „Metallgehalt" oder prozentualer Anteil an Elementen oberhalb vom Sauerstoff deutlich kleiner als derjenige unserer Sonne ist. Es gibt jedoch keine Sterne mit einem verschwindend geringen Metallgehalt. Auch hier liegt also eine gesunde, vitale Mischung vor und keine eindeutige Alterssequenz!

Sicher wissen wir, daß die höheren chemischen Elemente oberhalb vom Bor in den Sternen selbst durch nukleare Fusion erbrütet werden können und sich im galaktischen Material im Laufe der Zeiten aufgrund von stellaren Materieausstößen (wie zum Beispiel stellare Materiewinde oder Supernova-Ausbrüche) anreichern. Wenn dieser Prozeß jedoch für das galaktische Material mit der Zeit zu einer eindeutigen und monotonen Metallizitätszunahme führen würde, so sollten kosmisch junge Galaxien, die wir in großen Entfernungen von uns sehen, einen wesentlich niedrigeren Metallizitätswert aufweisen als kosmisch ältere, die wir in unserer unmittelbaren Nachbarschaft sehen. Einen solchen galaktischen Metallizitätsrückgang mit der Entfernung, also mit der Rotverschiebung, konnte man jedoch bisher niemals bestätigen. Eine gelinde Hoffnung richten hier die Urknallastronomen auf Ergebnisse aus allerjüngster Zeit: So glauben die Röntgenastronomen neuerdings, eine Bestätigung für ein chronologisch monoton angelegtes Anwachsen der Anteile schwerer Elemente in den zu Anfang ihrer Bildung als extrem metallarm angesehenen Großstrukturen im Kosmos liefern zu können. Sie beobachten die Emission der heißen intergalaktischen Gase zwischen den Galaxien von Galaxienhaufen im Röntgenbereich bei Photonenenergien von 2 bis 20 keV (Kiloelektronenvolt). Längst hat sich inzwischen erweisen lassen, daß das Gesamtvolumen eines Galaxienhaufens außerhalb der einzelnen zum Haufen gehörigen Galaxienmitglieder von einem sehr dünnen, aber sehr heißen Gas (oder wie man sagt: Plasma) mit Temperaturen von 100 Millionen Grad Celsius durchsetzt ist. Wegen dieser extrem hohen Temperaturen emittiert dieses Gas im Röntgenbereich ein thermisches Bremsstrahlungsspektrum und tritt somit als helle Röntgenleuchtquelle am Himmel in Erscheinung.

Inzwischen hat man nun bei genauerer Untersuchung der spektralen Energieverteilung in solchen Röntgenspektren entdecken können, daß dem breitbandigen Röntgenkontinuum bestimmte typische Röntgenemissionslinien überlagert sind, die auf die charakteristische Röntgenemission hochionisierter Eisenatome zurückgehen; darunter sind auch Eisenatome, denen durch die hohen thermischen Energien bei Zusammenstößen bis zu 26 ihrer 56 Hüllenelektronen entrissen worden sind. Anhand dieser Linienemissionen kann man nun nicht nur das Vorhandensein selbst von Eisenatomen im intergalaktischen Medium nachweisen, sondern auch aus der relativen Intensität dieser Linienemissionen gegenüber dem Kontinuumuntergrund zusätzlich die relative Häufigkeit der Eisenatome in diesem Gas bestimmen.

Dabei stellt sich nun in allerneuester Zeit, seit man sowohl im Winkel als auch in der Energie extrem hochauflösende Röntgenteleskope zur Verfügung hat, heraus, daß die relative Eisenhäufigkeit im intergalaktischen Gas von Galaxienhaufen eine systematische Abnahme vom Haufenzentrum zum Haufenrand hin aufweist. Die besten Beobachtungen dieser Art sind kürzlich mit einem auf dem Spacelab 2 geflogenen Röntgenteleskop der Universität Birmingham am Haufengas des Perseus-Galaxienhaufens gemacht worden. Dabei hat sich zeigen lassen, daß die Eisenhäufigkeit, gemessen an derjenigen in der Sonnenatmosphäre, systematisch vom Zentrum zum Rand des Perseushaufens von Werten um 1,5 auf Werte unter 0,2 abfällt.

Diesen Befund möchten gewisse Astronomenkreise als ein klares Phänomen der systematischen Anreicherung primordialer Gasmaterie mit höheren Elementen verstehen. Diese sollte sich natürlich im Zentrum des Perseushaufens, wo die Galaxien dichter gedrängt sind, wegen der dort volumeneffizienteren Ausstoßraten an höheren Elementen durch nukleare Fusion in den galaktischen Sternpopulationen besonders intensiv vollziehen, so daß ein Metallizitätsgefälle zum Rand von großen Galaxienhaufen hin zwangsläufig scheinen will. Was aber bei einer solchen Erklärung vergessen wird, ist die Tatsache, daß es für den obigen Befund auch eine ganz andere, sehr einfache Deutung gibt, die im Gegenteil zur ersten Deutung ganz in den Rahmen der Hypothese vom „vitalen Universum" mit seiner zeitlosen Arten- und Elementenmischung unter den kosmischen Materiestrukturen hineinpaßt:

Man braucht sich bloß einmal die Mischungsverhältnisse der Gase im obersten Atmosphärenbereich unserer Erdatmosphäre anzusehen. Hier entmischen sich die schwereren von den leichteren Gasbestandteilen systematisch mit wachsender Höhe. Während bei 100 Kilometern Höhe der Stickstoff, dann bei 200 Kilometern der Sauerstoff, dann bei 1000 Kilometern das Helium vorherrscht, ist die oberste Atmosphärenhaube der Erde oberhalb von 3000 Kilometern Höhe praktisch allein vom leichtesten

Gas, dem Wasserstoff, bestimmt. Die Häufigkeit der schwereren Gase nimmt also mit der Höhe nach einer elementspezifischen barometrischen Höhenformel ab. Verantwortlich für diese Entmischung des Leichteren vom Schwereren ist die relative Diffusion der Gase gegeneinander im Gravitationsfeld der Erde. Es findet einfach eine gravitative Entmischung der Gase statt!

Auch im Perseushaufen (und in jedem anderen Galaxienhaufen) gibt es ein entsprechendes, von der galaktischen Materieverteilung bestimmtes Gravitationsfeld, das zum Haufenzentrum hin anziehend wirkt und dazu führt, daß sich ein kosmisch vorgegebenes, gasförmiges Elementengemisch zum Rand des Haufens hin barometrisch entmischt und somit schwerere Bestandteile, wie zum Beispiel auch Eisenatome, nach außen hin immer seltener werden läßt. In dem Abfall der Eisenhäufigkeit vom Zentrum zum Rand des Perseushaufens braucht man deshalb gar nichts anderes als die Wirkung des Gravitationsfeldes des Perseushaufens auf ein überall im Universum zu allen Zeiten gleichermaßen vertretenes vitales kosmisches Elementengemisch zu sehen. In den Gravitationsmulden des Universums findet man eben zwangsläufig bei einer Boltzmannschen Gleichgewichtsdurchmischung prozentual höhere Anteile an schweren Elementen.

Alles scheint letzten Endes recht gut in das Bild eines in sich abgeschlossen und multikausal agierenden Universums passen zu wollen, das auf immer gleichem, globalem Vitalitätsniveau verweilt, wenn auch durchaus lokal unterschiedliche Vitalitätsstadien anzutreffen sein mögen. So, wie es ersichtlich lokal bestimmte Alterungsprozesse im Weltall gibt, so mag es aber auch, anders angelegt und an anderen Orten und Zeiten ablaufend, erneuernde und verjüngende Prozeßverläufe geben, die – global und weiträumig betrachtet – ein Vitalitätsgleichgewicht im Kosmos unterhalten.

Gewiß, es kann keinen Zweifel daran geben, daß unsere Sonne und unsere Erde eindeutig zum Altern bestimmte kosmische Körper darstellen. Ihre Lebenswege scheinen eindeutig vorgegeben zu sein, und diese bestimmen diese Körper für eine „nekrotische", also dem Tod geweihte Endform vor. So wird die Sonne in etwa fünf Milliarden Jahren (von heute an gerechnet) zu einem Roten Riesen werden, sich aufblähen und dabei immens viel Materie und Strahlung in den nahen Weltraum emittieren, um schließlich als Weißer Zwerg zu verenden und zu verlöschen.

Was dann aber aus dem verloschenen Zwerg und aus der Gesamtenergie wird, die dieser vor Eintritt in seine letzte Daseinsform in das weitere Universum abgeschickt hat, das läßt sich nicht bis zum letzten absehen.

Sehen wir uns hier vielleicht noch ein wenig tiefer die Apotheose unserer kosmischen Geschichte an: Nach allgemeiner Vorhersage der Urknallkosmologen sollten in einem ewig expandierenden Universum alle im Kosmos ablaufenden, fusionsbetriebenen Materieumwandlungen schließlich beim stabilen Element Eisen enden. Das Eisenatom repräsentiert nämlich die stabilste Packung von Kernbausteinen, die das Periodensystem der Elemente vorzuweisen hat. Alle anderen Atomkerne von Elementen unterhalb und oberhalb des Eisens sind vergleichsweise weniger stabil gebunden, was bedeutet, daß mit ihnen noch freie Nuklearenergie zu gewinnen ist, wenn man sie in Eisenatome verwandelt. Ist aber erst einmal Eisen da, so kann es in einem auskaltenden Universum nicht mehr weiter umgewandelt werden.

Werden demnach nichts als Eisenkugeln durch das spätere, erkaltete Universum umhertreiben? Werden wir zu einem Kosmos aus Eisen veröden?

Im Rahmen der Urknallkosmologie ist auch ein dazu alternatives Szenario denkbar, nämlich für den Fall, daß die Allexpansion nicht ewig anhält, sondern irgendwann in ferner Zukunft in eine Kollapsbewegung umschlägt. Wie begännen wir wohl einen solchen Umstand wahrzunehmen? Würden die Galaxienspektren uns dann Dopplersche Blauverschiebungen statt der heutigen Rotverschiebungen darbieten? Was würde die kosmische Hintergrundstrahlung tun? Würde sie wieder heißer? Auf jeden Fall müßte die Devise heißen: Warten wir es ab! Denn es dauert gewiß noch sehr lange, bevor sich in unserer Zeit die Zeichen eines solchen Kollapses unübersehbar einstellen würden. Selbst dann, wenn sich das Universum bereits zum jetzigen Zeitpunkt entschließen würde, von einer Expansion in einen Kollaps umzuschlagen, so würden Jahrmillionen vergehen, bis wir dies in geänderten kosmischen Umständen widergespiegelt sähen.

Das hängt mit folgendem zusammen: An der Rotverschiebung der Photonen, die von einer fernen Galaxie kommen, erkennen wir nach der gängigen kosmologischen Theorie die Größe des Universums zum Zeitpunkt der Emission dieser Photonen im Vergleich zu seiner heutigen Größe. War das Universum zum Emissionszeitpunkt kleiner als heute, so führt dies zu einer entsprechenden Rotverschiebung. In der Kollapsphase wird es jedoch dereinst einmal den Fall geben, daß das Universum zum Zeitpunkt der Emission eines fernen Galaxienlichtes größer war als im Moment der Ankunft dieser Photonen bei uns. Dies würde uns dann durch eine

Blauverschiebung solcher Photonen signalisiert werden. Selbst die uns nahen Galaxien sind aber von uns schon einige Millionen Lichtjahre entfernt. Das heißt also, daß das Licht von solchen Galaxien uns immer einen kosmischen Zustand von vor etlichen Millionen Jahren anzeigt. Erst wenn demgemäß der Kollaps des Universums schon seit mehr als 10 Millionen Jahren im Gang wäre, würden diese Galaxien anfangen, uns mit blauverschobenen Spektren zu erscheinen, während die noch viel ferneren Galaxien nach wie vor rotverschobene Spektren aufweisen würden.

Anders müßte sich dies bei der Spektralverteilung der Hintergrundstrahlung bemerkbar machen. Hier handelt es sich ja nach allgemeiner Vorstellung um ein freies Photonenfeld im einheitlichen kosmischen Raum. Wenn letzterer kleiner wird, so erhöht sich simultan damit die Dichte der Hintergrundphotonen. Die Wellenlänge dieser freien kosmischen Photonen im Moment des Eintreffens bei uns hat jedoch direkt mit der Größe des Universums zur Zeit der Emission dieser Photonen, also dem Moment des sich elektrisch neutralisierenden Universums, im Vergleich mit der Größe zum jeweiligen Zeitpunkt des Empfanges dieser Photonen zu tun. Sobald also das Universum bereits angesetzt hat, sich wieder zu verkleinern, sollten wir dies unmittelbar an einer Temperaturerhöhung, also an einer „Entrötung", der Hintergrundstrahlung erkennen können. Von diesem Zeitpunkt an sollte die Temperatur der Hintergrundstrahlung also wieder systematisch von 3 Kelvin auf höhere Werte klettern. Die Hintergrundstrahlung als kosmisches Thermometer sollte uns also stets die aktuelle Größe der Welt anzeigen.

Warten wir also einfach ab, bis eines von diesen apokalyptischen Zeichen im Kosmos aufscheint, und beurteilen dann, ob die Urknallkosmologie richtig gedacht ist. Leider können wir nun aber nicht so lange warten, bis entweder alles in der Welt zu Eisen geworden ist oder bis die ersten Galaxien in unserer kosmischen Nachbarschaft uns mit blauverschobenen Spektren erscheinen. Wir können aber spekulieren und versuchen, das logisch Befriedigendste zu ersinnen:

Es mag ja doch vielleicht auch sein, daß auf dem kosmischen Wege der „Eisenapokalypse" bei späteren Zusammenstößen zwischen den vielen nuklear ausgebrannten Schwerefeldruinen, wie etwa der Sonne als „schwarzem Zwerg", die beteiligte Materie, zumindest zum Teil, neu auf einen weiten, gravitationsarmen Bereich des Weltraums umverteilt wird, so daß sie wieder als freies Gas für neue Sternbildungen zur Verfügung steht. Auch mag sein, daß es in diesem freien kosmischen Gas eine Tendenz zur „Primordialisierung" gibt, die dafür sorgt, daß das kosmische Gas nuklear neu vitalisiert, also von höheren Elementen durch Spaltungs- und Stripping-Prozesse in Verbindung mit hochenergetischen kosmischen Geschoßteilchen gereinigt wird, sozusagen eine kosmische Frischzellenkur im Rahmen eines Recycling-Prozesses auf kosmischer Skala durchmacht. Das könnte, kosmisch global gesehen, letztlich in einem „circulus vitiosus" angelegt sein, nur müßte man sich um die genaue Bilanzierung von Alterungs- und Verjüngungsprozessen im Kosmos erst einmal noch sehr viel mehr Gedanken machen, bevor diese Möglichkeit abschließend beurteilt werden kann.

Von einem urknall-generierten Universum demnach, zumindest versuchsweise einmal, ganz abzugehen, könnte also unter solchen Auspizien durchaus angeraten sein.

Wenn doch schon die Rotverschiebungen der verschiedenen Himmelsobjekte zumindest zu gewissen Teilen keine Fluchtbewegungen markieren, wenn darüber hinaus die Fluchtbewegungen an gleichen Orten im Universum ganz verschieden sind und sich schließlich überhaupt kein mit dem allgemein unterstellten Hubblefluß synchron expandierendes kosmisches Substrat finden läßt, warum dann nicht einfach konsequent werden und den Urknall als einen ausgemachten Spuk ansehen?

So weit könnte das ein guter Ratschlag sein, den man gern in einem erneuerten Denken befolgen würde, wenn da nicht das Phänomen der kosmischen Hintergrundstrahlung wäre! Was fangen wir mit ihr in einem ewig vitalen, metabolistisch angelegten, also sich selbst in seinen Strukturgebilden regenerierenden Universum an? Ist sie doch nun einmal anerkanntermaßen das Echo des Urknalls! Zumindest wie es bisher immer gesehen wurde. Aber daran läßt sich vielleicht etwas ändern! Wie könnte man denn alternativ diese Strahlung in einem vitalen Universum verstehen? Immerhin erfreulich in diesem Zusammenhang, und zugleich den allerwenigsten bekannt, ist die Tatsache, daß diese kosmische Hintergrundstrahlung samt all ihren Eigenschaften auch ganz anders verstanden werden kann, als es gewöhnlich geschieht.

Eine der reizvollsten Alternativerklärungen stammt von dem Astrophysiker Martin J. Rees vom Astronomischen Institut der Universität Cambridge in England. Er stellt zunächst einmal heraus, daß es im Rahmen der Urknallkosmogenese völlig zufällig bleiben muß, warum die Anzahl der Photonen in der kosmischen Hintergrundstrahlung im Vergleich zur Anzahl der im Kosmos vorhandenen Baryonen (Wasserstoffatomkerne), wenn beide aus der Urknallkosmogenese herrühren, so immens groß ist. Das Zahlenverhältnis zwischen beiden beläuft sich nämlich, bei herkömmlicher Erklärung der Gegebenheiten, auf etwa eine Milliarde!

Die Urknalltheoretiker, die sich inzwischen eng mit den Elementarteilchenphysikern verbündet haben, verstehen dies als Anzeichen eines ganz schwachen Symmetriebruches bei der Erzeugung von Materie aus Energie im Rahmen von Paarerzeugungsprozessen. Normalerweise gilt unter Laborphysikern streng der Satz von der Baryonenzahlerhaltung, der kurz besagt, daß bei allen Prozeßabläufen zwischen Teilchen und Feldquanten die Zahl der involvierten Baryonen (Atomkerne) vor und nach der Reaktion stets die gleiche ist. Dabei zählen Teilchen positiv und ihre Antiteilchen negativ. Man kann damit aus elektromagnetischen Feldquanten, also sozusagen aus Energie, Teilchen in einer entsprechenden Reaktion entstehen lassen, jedoch nur, wenn man dabei gleich viel Teilchen und Antiteilchen erzeugt.

Prozeßabläufe, bei denen dieser Baryonenzahlerhaltungssatz verletzt würde, wurden unter Physikern bisher stets als in der Natur unmöglich angesehen. Wenn dies immer überall und zu allen Zeiten des Kosmos in dieser Weise streng gültig gewesen ist, so kann der Urknall abgelaufen sein, wie er auch immer will – wenn er dabei aus Energie materielle Teilchen in entsprechender Zahl hervorgehen ließ, dann können dabei nur gleichzahlig viele Teilchen und Antiteilchen entstanden sein. Solange der Kosmos sich bei höchsten Energien aufhielt, konnten alle diese Teilchen und Antiteilchen immer wieder aus Energie nacherzeugt werden. Wenn aber der Urknall den Kosmos durch Expansion in die Abkühlung hineintreibt, so kommt es schließlich bei Unterschreiten bestimmter

314

Temperaturen zu irreversiblen Vernichtungsprozessen, bei denen sich paarig vorhandene Teilchen und Antiteilchen völlig in Strahlung umsetzen. Wären in dieser Phase also noch alle materiellen Teilchen gleichzahlig mit ihren Antiteilchen vorhanden, so würde es zu einer einzigartigen Vernichtungsorgie im Kosmos kommen, bei der sich sämtliche ruhemassehafte Materie in Strahlung umsetzen würde, so daß wir heute überhaupt nur noch die kosmische Hintergrundstrahlung im Universum antreffen sollten.

Da dies nun ganz offensichtlich nicht der Wahrheit entspricht, kommt man notgedrungen auf die Idee, daß es eine geringe Symmetrieverletzung bei der Teilchenerzeugung geben oder jedenfalls früher gegeben haben muß, die dafür sorgt, daß bei einer Milliarde Teilchenerzeugungsprozessen gerade ein einziges Mal ein erzeugtes Teilchen unpaarig bleibt. Das hilft dann zu erklären, daß sich später im Kosmos etwa eine Milliarde Teilchen mit ihren Antiteilchen zu Hintergrundphotonen vernichten können, während nur das eine unpaarige Teilchen überbleibt. Das Zahlenverhältnis zwischen Hintergrundphotonen und Atomkernen im Kosmos wäre damit immerhin logisch als möglich erwiesen und durch Gesetzesänderung vor unserem Verstand gesetzesstimmig gemacht. Aber wäre es damit schon im guten Sinne des Wortes erklärt? Martin Rees und viele andere mit ihm, der Autor eingeschlossen, meinen: Nein!

Für ihn läßt sich dieses Zahlenverhältnis viel besser verstehen, wenn es nicht als Abbild eines geeignet erfundenen Symmetriebruches angesehen wird, sondern vielmehr als ein Abbild für den lokal und global gegebenen Ordnungszustand der Materieverteilung in unserem Teil des Universums. Wenn gasförmige Materie sich im Universum unter der Wirkung der eigenen Gravitation auf kleinere Räume zusammenballt, so wird dabei Gravitationsenergie frei, die sich bei Energieerhaltung in elektromagnetische Strahlungsenergie umsetzt. Diese dient entweder der Erwärmung der verdichteten Materie (adiabatische Verdichtung) oder entweicht dem sich verdichtenden Gas in die benachbarten Raumgebiete hinein (isotherme Verdichtung). Bei dem letztgenannten Verdichtungsprozeß entsteht genau in dem Maße, wie Gravitationsenergie gewonnen wird, Strahlungsenergie für den Weltraum, die sich dort in Form von freien kosmischen Hintergrundphotonen verteilt. Es wird dann leicht ersichtlich, daß der Strukturierungsgrad der kosmischen Materieverteilung sich letztlich in der Intensität und Spektralverteilung der kosmischen Hintergrundstrahlung widerspiegeln muß, daß letztere also nichts anderes ist als ein geeigneter Entropieindikator für die kosmische Materieverteilung, an der man den Ordnungszustand der kosmischen Ruhemassen ablesen kann. Die Temperatur der Hintergrundstrahlung wäre demnach also kein Maß für die jeweilige Größe der Welt, sondern für deren Ordnungsgrad!

Wenn die Materie im weiten Weltraum eine gewisse statistisch gesehen gleichbleibende Form von Klumpigkeit repräsentiert, die in Gestalt einer mittleren Materiedichte im Weltall als Funktion der Raumskala anzugeben wäre, so läßt sich klar ausrechnen, wieviel Gravitationsenergie im ganzen dabei freigemacht worden sein muß, um aus einem homogenen Materieuniversum ein strukturiertes mit dem gegebenen Grad an Klumpigkeit hervorgehen zu lassen. Von einem solchen Universum ausgehend können wir dann ohne weiteres ausrechnen, welche Energiemenge, sozusagen als äquivalente Erstattung gewonnener Gravitationsenergie, von einer solchen, im Weltall verklumpten, ruhemassebehafteten Materieformation in Form von elektromagnetischen Photonen ausgegangen sein muß, als diese sich im Kosmos herausbildete. Die spannende Frage ist dann, ob wir nicht genau die Menge an Photonen als heutige kosmische Hintergrundphotonen sehen, die gerade in diesem bilanzmäßigen Sinne den Strukturierungsgrad unserer Welt in einem entsprechenden Entropiegewinn widerspiegelt. Diese Frage läßt sich mit sehr viel Aufwand sehr genau und quantitativ, aber dabei vielleicht auf zuviel zusätzlichen Annahmen aufgebaut, beantworten. Sie läßt sich aber auch mit ganz einfachen Mitteln, zumindest für Abschätzungszwecke, genügend gut beantworten.

Dazu sollte man sich zunächst noch einmal darüber klarwerden, woran man die Gesamtmenge ruhemassehafter, baryonischer Materie im Kosmos ermessen kann. Diese Menge geht im wesentlichen doch aus einer Einschätzung der mittleren Leuchtdichte im Universum hervor, welche die mittlere Zahl leuchtender Sonnen pro kosmischem Einheitsvolumen angibt. Da wir jedoch wissen, wieviel Materie in einer Standardsonne, wie etwa der unseren, vereinigt ist ($2 \cdot 10^{30}$ kg!), können wir daraus die mittlere Materiedichte im heutigen Universum ableiten und kommen dabei auf den schon früher angegebenen Wert von etwa $0,5 \cdot 10^{-30}$ g/cm^3! Wir können nun davon ausgehen, daß ein jeder dieser irgendwo im Weltall leuchtenden Sterne sich aus frei im Kosmos verteilter, gasförmiger Materie durch gravitative Verklumpung gebildet hat und dabei im Ersatz für gewonnene Gravitationsenergie während der hydrostatischen Phase seiner Kelvin-Helmholtz-Kontraktion Energie in entsprechender Menge als Photonen abgegeben hat (die Kelvin-

Helmholtz-Kontraktion bezeichnet eine Phase, in der die bei der Schrumpfung gewonnene Gravitationsenergie im gleichen Maße, wie sie entsteht, als Photonenenergie von der Oberfläche des kollabierenden protostellaren Gebildes in den ferneren Weltraum abgestrahlt wird).

Man kann dann leicht ausrechnen, daß ein jeder dieser Sterne bei Kontraktion auf seinen typischen Sternradius, bei dem er dann anschließend den wesentlichen Teil seines Lebens verbringt, etwa ein Millionstel seiner Eigenmasse durch Bildung von Bindungsenergie, sozusagen als Massendefekt, verliert und in Photonen umwandelt. Diese Photonen gehen entsprechend einem Emissionsspektrum von 3000 K (strahlende Oberfläche des kollabierenden Kelvin-Helmholtz-Sterns!) zumeist als Photonen einer Energie von rund 0,3 eV in den weiteren Weltraum verloren. Daraus läßt sich eine Bilanz errechnen, die angibt, wieviel Photonen aus diesem Prozeß auf ein Baryon (einen Atomkern) kommen sollten: etwa 10^4 (zehntausend). Diese Verhältniszahl liegt allerdings deutlich unter der erwarteten Zahl für die kosmische Häufigkeit von Photonen pro Baryon, die etwa 10^9 (eine Milliarde) beträgt. Wenn man jedoch bedenkt, daß jeder leuchtende Stern auch, und besonders in der Phase stagnierender Kontraktion, über nukleare Fusion ruhemassehafte Energie in Photonen verwandelt und es dabei einen Energiekonversionsfaktor von etwa 0,02 zu beachten gibt (er besagt, daß ein Stern im Laufe seines Lebens etwa 2 Prozent seiner Eigenmasse in Strahlung verwandelt), so wird man leicht zu einem daraus hervorgehenden Photonen-zu-Baryonen-Verhältnis von $2 \cdot 10^8$ geführt, einem Wert also, der „praktisch" schon dem kosmisch erwarteten Wert, bei der Unsicherheit, die ihm anhaftet, voll entspricht!

Es scheint demnach so, als benötige man den Urknall und die daran gekoppelte Rekombination von Materie und Antimaterie überhaupt nicht zum Verständnis der Hintergrundstrahlung im Universum. Zwar müßten die Details der Hintergrundstrahlung, wie ihre Isotropie, ihr Planckscher Spektralcharakter und ihre Temperatur, noch einer genaueren quantitativen Erklärung zugeführt werden, aber dies erscheint immerhin durchaus im Rahmen des Machbaren, wenn wir uns statt in einem Urknalluniversum in einem dynamisch-organistischen Universum mit seinen als dauerhaft gedachten Bewegungs- und Strukturumsetzungen wähnen dürfen. Es ist also ganz und gar nicht so, als könnten wir ohne Urknall die kosmische Hintergrundstrahlung nicht verstehen.

Es gilt vielmehr in der kommenden Zeit, genau das jetzt in eine angemessene physikalische Naturerklärung umzusetzen, was Victor Soucek in seinem Buch *Ungleichheit vom Uratom zum Kosmos* als das Grundprinzip des realen Universums, bewiesen an endlosen Beispielen aus allen Bereichen der Natur, hervorgehoben hat: nämlich das Prinzip der konstanten Vielfalt des Realen oder – wie ich es lieber nennen möchte – das Prinzip der Erhaltung der Information in der Gesamtnatur des Universums.

Das Konzept des einander Gleichen muß nach seiner Ansicht aus der Naturbeschreibung eliminiert werden, weil es etwas Derartiges einfach nicht gibt. Selbst ein Elektron ist dem anderen nicht gleich, und es so zu beschreiben, als sei dies dennoch der Fall, heißt von etwas reden, was nicht zur Natur gehört. Es kann in der Natur überhaupt nichts Gleiches jemals entstehen, weil sich jeweils die Entstehungsbedingungen für das Werden durch Ort und Zeit und darin sich ändernde Weltbewirkungskonstellationen ständig ändern. Damit erklären sich sofort die maßlose Formenvielfalt und geradezu zwangsläufig der Ursprung des erstaunlichen morphologischen Reichtums in dieser Welt. Die Ungleichheit tritt mithin als das eigentliche Wesen der Schöpfung in Erscheinung. Allbewegtheit in sich wandelnden, aber einander niemals gleichen Strukturen macht das Leben und den dynamisch vitalistischen Charakter unseres Universums aus. Wir haben eben kein zentralistisch, monistisch angelegtes Universum.

Dieses Ungleichheitsprinzip, gedacht als das Wesensprinzip der Schöpfung, verbietet demnach eindeutig, einen Urknall in Form einer homogenen Initialversammlung nicht dynamisierter Energie als Ausgangspunkt des Daseins der Welt anzunehmen, einen Gleichheiten stiftenden Urknall also, von dem ausgehend sich ein gleichförmiger Geschehensstrang durch alle Zeiten und alle Orte des Kosmos hindurchzieht.

„Irren sich demnach die heutigen Wissenschaften total in der Beschreibung des Kleinen und des Großen im Kosmos?", so könnte man sich zu fragen beginnen. „Ja" muß man nach Soucek dann darauf antworten! Sie müssen sich einfach irren, und immer wieder irren, denn sie schauen das an sich Unvergleichbare in der Realität der Welt auf das darin steckende Vergleichbare hin an, sie suchen doch stets nur das Kommensurable unter den Naturerscheinungen auf und erklären dies sodann zum Wesentlichen, obwohl es so etwas im Weltganzen gar nicht gibt, denn in der Realität ist nichts dem anderen gleich. Lediglich unser Verstand erkühnt sich, dem vielen Ungleichen in der Naturrealität das Konzept des Kommensurablen überzustülpen und damit der Dinglichkeit der Welt Gewalt anzutun. Das zumindest muß man argwöhnen, wenn man Victor Soucek in der groß angelegten Beweisführung folgen will, die er in seinem Buche präsentiert: Kein Gebilde in unserem weiten Universum gleicht jemals irgendeinem anderen. Alle Realität ist geprägt von absoluter Ungleichheit und Unkommensurabilität, alles Werden ist nur immer wieder ein Anderswerden, also eine fortwährende Umformung von immer schon Vorhandenem. Die Welt als ganzes evolutioniert nicht, sie ist vielmehr nur die Bühne der Erscheinungsformen der einen in sich geschlossenen Ganzheit der Naturrealität.

Der Autor Soucek will gewißlich mit diesen Ansichten der alten heraklitischen Weisheit neue Geltung verschaffen, daß nämlich alles im Fluß ist, daß nicht das Sein ist, sondern nur das Werden! (Heraklitos von Ephesos, 540–480 v. Chr.) Auch was die Idee des strengen Zusammenhängens der Einzelgeschehnisse mit dem universalen Ganzen anbelangt, so scheinen die Lehren des Parmenides, wonach jedes Reale mit allem anderen Realen zusammenhängt, den Autor beeindruckt zu haben. Vielleicht sogar buddhistisches Denken läßt sich im Denken des Autors nachweisen, wenn er die naturwissenschaftliche Konzeptbildung als einen die Realität immer wieder verfehlenden Mayaismus bloßstellt, als eine Bemühung nämlich, die Realitätsobjekte in Bilder des Verstandes zu pressen. Dennoch scheint Soucek in seinem Denkansatz über alles Bisherige hinauszugehen, indem er den totalen panvitalistischen Zusammenhang im Realitätsganzen viel konsequenter und letztlich sogar mechanistischer als andere jemals vor ihm ausdenkt.

„Das Universum ist an jeder Teilbewegung mit einer absoluten Konstellationsveränderung beteiligt!" Kein Elektron kann seine Lage verändern, ohne daß sich dadurch sofort die gesamte Weltlage ändert. Umgekehrt läßt sich der Einfluß der Konstelliertheit des ganzen Universums bei der Beschreibung jedes Teilgeschehens nicht außer acht lassen. Alles ist durch alles bedingt, es gibt nur wechselseitige Kausationen. Die Gesamtkonstellation bedingt in einem allerdings unausgesprochen bleibenden „Wie" nach Soucek die Bewegung des einzelnen und wird wiederum durch den Vollzug aller Einzelbewegungen selbst geändert. Dadurch ist ausgeschlossen, daß jemals etwas Gleiches hervorgebracht wird im Universum, denn wenn das erste seiner Art hervorgebracht ist, ist die Weltkonstellation schon eine andere, so daß kein zweites dieser Art entstehen kann.

All diese immer wieder in dem vorliegenden Buch skandierten Weisheiten haben zweifellos etwas Beschwörerisches an sich, und es fällt schwer, sich ihrem Bann zu entziehen, jedoch müßte die daneben wie verfehltes Tun wirkende, gewollt wissenschaftliche Nüchternheit auch irgendwo zu ihrem Rechte kommen können, wenn wir nicht in ein wissenschaftsloses Zeitalter mit rein taoistischem Weltverständnis (siehe Kapras Buch *Das Tao der Physik*) eintreten wollen. Dazu zeigt sich so leicht kein gangbarer Weg auf, denn die absolute Ungleichheit in der Natur nimmt dem Wissenschaftler im Prinzip die Chance, von etwas Generellem statt von nur einer in seiner Form kontingenten Einzelheit zu sprechen. Das Prinzip der konstanten Formenvielfalt mag zutreffen und heuristisch erleuchtend sein. Man mag sicherlich auch zugeben wollen, daß es nicht zwei exakt gleiche Schneekristalle, Schmetterlinge, Fingerabdrücke, Planeten oder Sterne gibt.

Das Interessantere aber ist doch für die Wissenschaft, daß unser weltaspektierender Verstand sich vor der unendlichen Formenvielfalt nicht geschlagen geben will,

322

sondern sich Ordnungen unter dieser Vielfalt durch Verwesentlichungen auf das Eigentliche und durch Abstraktionen von den gegebenen „differentiae specificae" schaffen will. Unser wissenschaftlicher Verstand will das Verschiedene auf seine Gemeinsamkeiten hin ansehen. Das ist ein Ziel und Bemühen!

Sicher wird Soucek recht haben, daß kein Stern exakt gleich viel Masse und die gleiche chemische Zusammensetzung hat wie irgendein anderer Stern. Viel wichtiger aber ist die astrophysikalische Erkenntnis, daß trotz der Ungleichheit in all den Eigenschaften wie Masse, Drehimpuls und Chemie alle diese Objekte sich im Rahmen einer einzigen Theorie behandeln lassen und sich dabei sogar etwas Allgemeingültiges über das Verhalten all dieser Objekte aussagen läßt. Trotz der Aussage der Daktyloskopie, daß kein Fingerabdruck eines Menschen jemals gleich dem eines anderen Menschen sein wird, lohnt es sich, vom Genus „Mensch" zu reden. Auch das Pauliprinzip, das keine Elektronen in gleichen Zuständen zuläßt, stempelt es deswegen nicht etwa zur Sinnlosigkeit ab, wenn Wissenschaftler von „den Elektronen" gemeinhin theoretisieren wollen.

Die spannende und sicherlich immer wieder Genialität erfordernde Mühe der Wissenschaft um ein Verständnis der Natur geht eben darauf hin, die Dinge der Welt unter geeigneten Ordnungen zu vergemeinsamen. Unter Anwendung welcher Konzepte lassen sich angemessene Ordnungen unter die Vielfalt der realen Dinglichkeit bringen? In ihrer Kontemplation schaffen sich die Wissenschaften ihre Objekte an dem Vielfältigen der Realität durch ideelle Abstraktion vom „Unwesentlichen". Das ist gerade die Kunst des wissenschaftlichen Weltverstehens: nämlich unter dem in wechselseitiger Kausation Befindlichen das einander sich enger Bedingende als ein abgeschlossenes System zu betrachten und dabei von dem weniger Einfluß Nehmenden in der Gesamtrealität auszugrenzen.

Für die Zukunft des Weltverstehens gilt es nunmehr herauszufinden, wie man unter Wahrung der wissenschaftlichen Erkenntnisattitüde ein dynamisch-vitalistisches, Urknall-loses, sich statt dessen in seiner Vielfalt ewig unterhaltendes und reproduzierendes Universum verstehen und physikalisch beschreiben will. Eine dafür zu erfüllende Forderung wird sicherlich die folgende sein: Die Gesetze, die die Vorgänge dieser Welt bestimmen, müssen skaleninvariant formuliert sein, so daß man die Geschehensabläufe auf der Basis von Ähnlichkeiten skalieren kann. Wenn nur für jeden Ausschnitt aus der Naturrealität des Kosmos die geeignete Längenskala, das geeignete Zeitmaß und das geeignete Kraftmaß benutzt wird, so sollte die Welt auf allen Hierarchiestufen sich selbst ähnlich werden. Das Universum kann dann als eine fraktale Struktur erkannt und begriffen werden. Es bedarf keines Anfanges und keines Endes, es bewegt sich vielmehr ständig, ohne sich als Ganzes zu entwickeln und ohne kosmische Information im Ganzen zu verschleißen. Die Gesetze der Gravitation müssen dazu so angelegt sein, daß die Bewegungen der vielen gravitierenden Körper im All undissipativ und nichtrelaxierend verlaufen, so daß wir mit diesem Kosmos nicht einem Entropiemaximum und auch nicht dem absoluten Strukturchaos zutreiben, sondern daß sein pankosmischer Vitalitätsstatus ewig erhalten bleibt.

Register

Spannende Text- und Bildbände

Andreas von Rétyi
█ Gefahr aus dem All
Seit Jahrmillionen ist die Erde Zielscheibe kosmischer Bomben. Der Autor hat viele Beispiele hierfür zusammengetragen und beschreibt an ihnen die langwierige Suche der Forscher nach einer Erklärung für die „Steine, die vom Himmel fallen" – bis hin zur Hypothese, daß die Saurier durch die Folgen eines oder mehrerer Einschläge großer Asteroiden ausgerottet wurden.
266 Seiten, 25 Abb.
ISBN 3-440-06501-4

Stevens/Kelley
█ Unser wunderbarer Planet
Eindrucksvolle Bilder zeigen die bewundernswerte Schönheit und empfindliche Zerbrechlichkeit der Erde. Diese Außenansichten unseres Planeten enthalten aber auch die dringende Warnung: Wir müssen verstehen, wie die Systeme der Erde zusammenwirken und wie wir sie beeinflussen.
176 Seiten, 200 Abb.,
ISBN 3-440-06486-7

Hermann-Michael Hahn
█ Das neue Bild vom Sonnensystem
Nach über 25 Jahren Erforschung der Planeten mit unbemannten Raumsonden bietet dieses Buch die längst fällige vergleichende Gesamtschau der großen und kleinen Geschwister der Erde. So erfährt man, daß die Planeten und Monde trotz ihrer Verschiedenartigkeit viele Gemeinsamkeiten aufweisen und was wir aus den Besonderheiten der übrigen Planeten für die Zukunft der Erde lernen können. Eine aktuelle, reich bebilderte Beschreibung unserer kosmischen Nachbarschaft und damit der Welt, in der wir leben.
141 Seiten, 106 Abb.
ISBN 3-440-06368-2

franckh
kosmos

Franckh-Kosmos · Stuttgart